有色金属行业教材建设项目

高职高专"十四五"规划教材

冶金工业出版社

冶 金 设 备

主　编　魏建华　　徐兴莉
副主编　卢栋林　　毛志丹
主　审　张希军

北　京
冶 金 工 业 出 版 社
2024

内 容 提 要

本书共分9章，主要内容包括绪论、散料输送设备、流体输送设备、冶金传热设备、混合与搅拌装置、非均相分离设备、电化学冶金设备、干燥与焙烧设备、熔炼设备。

本书可作为高等职业院校冶金专业教材及冶金企业相关职工培训教材，也可供冶金工程技术人员参考。

图书在版编目（CIP）数据

冶金设备／魏建华，徐兴莉主编 . -- 北京 ：冶金工业出版社，2024. 12. -- （高职高专"十四五"规划教材）. -- ISBN 978-7-5240-0028-0

Ⅰ. TF3

中国国家版本馆 CIP 数据核字第 2024WM8142 号

冶金设备

出版发行 冶金工业出版社		**电　话**	（010）64027926
地　址 北京市东城区嵩祝院北巷 39 号		**邮　编**	100009
网　址 www. mip1953. com		**电子信箱**	service@ mip1953. com

责任编辑　刘林烨　美术编辑　吕欣童　版式设计　郑小利
责任校对　葛新霞　责任印制　禹　蕊
三河市双峰印刷装订有限公司印刷
2024 年 12 月第 1 版，2024 年 12 月第 1 次印刷
787mm×1092mm　1/16；17.75 印张；428 千字；271 页
定价 49. 00 元

投稿电话　（010）64027932　投稿信箱　tougao@cnmip. com. cn
营销中心电话　（010）64044283
冶金工业出版社天猫旗舰店　yjgycbs. tmall. com
（本书如有印装质量问题，本社营销中心负责退换）

编　委　会

主　编　魏建华　甘肃有色冶金职业技术学院

　　　　徐兴莉　甘肃有色冶金职业技术学院

副主编　卢栋林　甘肃有色冶金职业技术学院

　　　　毛志丹　甘肃有色冶金职业技术学院

主　审　张希军　金川集团有限公司

参　编　祝丽华　有色金属工业人才中心

　　　　张宏伟　中铝洛阳铜加工有限公司

　　　　杨柳青　金川集团有限公司

　　　　薛世威　白银有色集团股份有限公司

　　　　王晓丽　包头职业技术学院

　　　　江名喜　湖南有色金属职业技术学院

前　言

党的二十大报告提出人才强国战略，非常明确地把大国工匠和高技能人才作为人才强国战略的重要组成部分。我们编写本书的目的，旨在将职业教育的类型特色融入职业教育全过程、全方位，为培养技能型人才提供职业特色教材。

冶金技术的发展进步，离不开冶金设备的支撑。在高职冶金专业课程设置中，"冶金设备"课程承担着冶金专业基础理论与专业实践技能训练的重任，是冶金专业的专业核心课程之一。

本书针对高职学生就业中存在的实际问题，从专业技术、就业能力、职业素养三个维度，对"冶金通用设备、湿法冶金设备与火法冶金设备"按照现代冶金单元操作过程中所涉及的设备类型来组织内容，进而分专题进行具体介绍。各模块融入思政教育，内容注重科学性、先进性和适用性，强调学以致用。参与编写的教师主要是长期从事冶金专业"理实一体化"教学的专职教师和冶金企业生产一线技术人员。在具体编写中，编者抓住高职学生的特点，在内容的组织上，简化理论内容，强化实践操作应用能力的培养，书中所列模块均为结合专业岗位实际任务设计，紧密贴近行业企业生产实际，通过相关设备结构原理、操作维护等内容的学习与训练，提高学生运用理论知识分析并解决实际问题的能力，同时提升学生团队协作精神和自主创新意识。本书侧重实用性和典型代表性，以现代冶金生产过程中典型设备基本结构为基础，有机结合冶金设备的控制、操作、维护和调试各项工艺参数，旨在培养学生的工程实践能力和创新应用能力。本书为智能化融媒体新形态教材，配套资源丰富，包括设备视频动画资源平台、在线习题解析、课件等，读者可扫描二维码浏览查看。

本书编写工作由甘肃有色冶金职业技术学院冶金教研室承担，其中魏建华、徐兴莉担任主编，卢栋林、毛志丹担任副主编，张希军给予技术支持及内容审核。魏建华编写第1、2、7、8章，徐兴莉编写第4~6章，卢栋林编写第3章，毛志丹编写第9章，全书由魏建华、毛志丹统稿并校对，金川集团公司张希军审定。

本书的编写依托全国有色金属新材料行业产教融合共同体和金昌国家级经开区有色金属新材料产教联合体，充分汇聚了行业与教育领域的多方资源与智慧。编写过程中得到了有色金属工业人才中心、金川集团公司、中铝洛阳铜加工有限公司、白银有色集团股份有限公司、江西铜业有限公司等企业的大力支持，并为本书的编写提供了宝贵的实践经验和案例。包头职业技术学院王晓丽老师、山西工程职业技术学院史学红老师也在本书内容的选取组织和案例应用等方面提出了宝贵建议，在此一并表示衷心的感谢！本书参考和引用了有关文献资料，在此向原作者致以诚挚的谢意。

由于编者水平所限，书中难免有不妥之处，诚请广大读者批评指正。

编　者

2024 年 10 月

目　录

1　绪论 ………………………………………………………………………… 1

1.1　冶金设备发展简史 …………………………………………………………… 2

1.1.1　冶金设备发展的四个关键时期 ……………………………………… 2

1.1.2　现代冶金设备的特点 ………………………………………………… 6

1.2　"冶金设备"课程设置 ……………………………………………………… 8

1.2.1　"冶金设备"与其他课程的关系 ……………………………………… 8

1.2.2　"冶金设备"在人才培养中的地位与作用 …………………………… 8

1.3　"冶金设备"课程的内容 …………………………………………………… 9

1.3.1　"冶金设备"课程的特点 ……………………………………………… 9

1.3.2　冶金设备的使用特点 ………………………………………………… 9

习题 ………………………………………………………………………………… 10

2　散料输送设备 ……………………………………………………………… 11

2.1　散料输送工程基础 …………………………………………………………… 12

2.1.1　散料的性质 …………………………………………………………… 12

2.1.2　冶金散料输送的特点 ………………………………………………… 13

2.1.3　冶金散料输送设备的评价 …………………………………………… 14

2.2　机械输送设备 ………………………………………………………………… 15

2.2.1　链式输送机 …………………………………………………………… 15

2.2.2　槽式输送机 …………………………………………………………… 19

2.2.3　带式输送机 …………………………………………………………… 20

2.3　气力输送设备 ………………………………………………………………… 21

2.3.1　稀相气力输送 ………………………………………………………… 21

2.3.2　浓相气力输送 ………………………………………………………… 24

2.3.3　超浓相气力输送 ……………………………………………………… 28

2.4　给料设备 ……………………………………………………………………… 30

2.4.1　带式给料机 …………………………………………………………… 30

2.4.2　圆盘式给料机 ………………………………………………………… 31

2.4.3　螺旋给料机 …………………………………………………………… 32

习题 ………………………………………………………………………………… 32

3　流体输送设备 ·· 34

　3.1　流体输送的基础 ··· 35

　　3.1.1　流体的基本性质 ·· 35

　　3.1.2　流体在管内的流动 ·· 36

　　3.1.3　管路计算 ··· 37

　3.2　液体输送设备 ·· 38

　　3.2.1　离心泵 ··· 38

　　3.2.2　往复泵 ··· 45

　　3.2.3　旋转泵 ··· 47

　3.3　气体输送设备 ·· 48

　　3.3.1　通风机 ··· 49

　　3.3.2　鼓风机 ··· 49

　习题 ··· 50

4　冶金传热设备 ·· 52

　4.1　传热基础 ·· 53

　　4.1.1　传热的基本方式 ·· 53

　　4.1.2　冶金过程换热的方式 ·· 53

　　4.1.3　载热体 ··· 53

　　4.1.4　稳定传热与不稳定传热 ··· 54

　　4.1.5　导热系数 ·· 54

　　4.1.6　热边界层 ·· 55

　　4.1.7　对流传热系数 ·· 55

　　4.1.8　辐射传热定律 ·· 55

　4.2　换热设备 ·· 56

　　4.2.1　换热器的类型 ·· 56

　　4.2.2　冶金中的换热器 ·· 60

　4.3　热风炉 ··· 63

　　4.3.1　热风炉工作原理 ·· 63

　　4.3.2　内燃式热风炉 ·· 64

　　4.3.3　外燃式热风炉 ·· 67

　　4.3.4　顶燃式热风炉 ·· 69

　　4.3.5　球式热风炉 ··· 69

　　4.3.6　热风炉的选用方法 ·· 70

　习题 ··· 70

5　混合与搅拌装置 ·· 72

　5.1　混合与搅拌的基础 ·· 73

5.1.1 概述 …………………………………………………… 73

5.1.2 混合机理 ………………………………………………… 73

5.1.3 混合效果 ………………………………………………… 74

5.2 捏合与固体混合装置 …………………………………………… 75

5.2.1 捏合操作与捏合机 ……………………………………… 75

5.2.2 固体混合与固体混合机 ………………………………… 76

5.3 气体搅拌装置 …………………………………………………… 78

5.3.1 气体搅拌基础 …………………………………………… 78

5.3.2 气体搅拌装置 …………………………………………… 79

5.4 机械搅拌装置 …………………………………………………… 83

5.4.1 机械搅拌器的主要参数 ………………………………… 83

5.4.2 机械搅拌的功率密度 …………………………………… 84

5.4.3 机械搅拌器的分类 ……………………………………… 84

5.4.4 机械搅拌器的选用 ……………………………………… 86

5.5 电磁搅拌装置 …………………………………………………… 88

5.5.1 电磁搅拌装置的基本原理 ……………………………… 88

5.5.2 电磁搅拌的类型 ………………………………………… 88

5.5.3 感应电炉的电磁搅拌 …………………………………… 89

5.5.4 ASEA-SKF 炉的电磁搅拌 ……………………………… 89

5.5.5 连铸机用电磁搅拌装置 ………………………………… 89

习题 …………………………………………………………………… 91

6 非均相分离设备 ……………………………………………………… 92

6.1 悬浮液的性质和分离特性 ……………………………………… 93

6.1.1 悬浮液的性质 …………………………………………… 93

6.1.2 悬浮液分离的特性 ……………………………………… 95

6.2 沉降分离设备 …………………………………………………… 96

6.2.1 球形颗粒的自由沉降 …………………………………… 96

6.2.2 悬浮液的沉降过程 ……………………………………… 99

6.2.3 沉降槽的构造 …………………………………………… 101

6.2.4 重力沉降设备 …………………………………………… 102

6.2.5 离心沉降设备 …………………………………………… 104

6.3 过滤分离设备 …………………………………………………… 107

6.3.1 过滤的基本概念 ………………………………………… 107

6.3.2 过滤的基本理论 ………………………………………… 110

6.3.3 恒压过滤与恒速过滤 …………………………………… 111

6.3.4 过滤设备 ………………………………………………… 111

6.3.5 滤饼洗涤 ………………………………………………… 131

6.4 静电分离设备 …………………………………………………… 131

6.4.1　静电分离器的工作原理 ································· 131

6.4.2　静电收尘器的结构 ································· 134

6.4.3　影响静电收尘性能的因素与使用的注意事项 ················· 134

6.4.4　金属与非金属分选 ································· 136

习题 ·· 137

7　电化学冶金设备 ····································· 139

7.1　电化学冶金工程基础 ······························· 140

7.1.1　水溶液电解工程基础 ······························· 140

7.1.2　熔盐电解工程基础 ································· 144

7.1.3　电化学冶金设备的评价指标 ························· 148

7.2　水溶液电解和电积的设备 ··························· 149

7.2.1　铜电解精炼过程及设备 ··························· 149

7.2.2　铅电解精炼过程及设备 ··························· 160

7.2.3　锌电解沉积过程及设备 ··························· 167

7.3　熔盐电解设备 ································· 171

7.3.1　熔盐电解槽的结构 ································· 172

7.3.2　铝电解槽的结构 ································· 175

7.3.3　铝电解槽的作业 ································· 181

习题 ·· 182

8　干燥与焙烧设备 ····································· 185

8.1　干燥工程基础 ································· 186

8.1.1　湿空气的状态参数 ································· 186

8.1.2　湿物料的性质 ································· 188

8.1.3　干燥特性 ····································· 191

8.1.4　干燥设备的评价指标 ······························· 193

8.2　焙烧与烧结工程基础 ······························· 194

8.2.1　焙烧与烧结技术 ································· 195

8.2.2　流态化技术基础 ································· 196

8.2.3　焙烧与焙烧设备的评价指标 ························· 202

8.3　干燥设备 ····································· 203

8.3.1　通风型干燥器 ································· 204

8.3.2　蒸汽干燥机 ····································· 204

8.3.3　真空式干燥机 ································· 205

8.3.4　输送型干燥机 ································· 205

8.3.5　热传导型干燥机 ································· 208

8.3.6　微波干燥器与红外线干燥器 ························· 208

8.4　兼具干燥与焙烧功能的设备 ························· 210

　　　8.4.1　回转窑 ·· 210

　　　8.4.2　流化床 ·· 213

　8.5　焙烧与烧结设备 ·· 220

　　　8.5.1　多膛焙烧炉 ·· 221

　　　8.5.2　烧结机 ·· 221

　　　8.5.3　竖式焙烧炉 ·· 226

　　　8.5.4　链箅机-回转窑 ··· 228

　习题 ·· 228

9　熔炼设备 ··· 230

　9.1　熔炼工程基础 ··· 231

　　　9.1.1　金属的加热和熔化 ·· 231

　　　9.1.2　液态金属的结构 ·· 231

　9.2　竖炉 ··· 232

　　　9.2.1　竖炉内的物料运行和热交换 ··· 232

　　　9.2.2　炼铁高炉 ·· 233

　　　9.2.3　鼓风炉 ·· 236

　9.3　熔池熔炼炉 ·· 237

　　　9.3.1　反射炉 ·· 238

　　　9.3.2　白银炉 ·· 239

　　　9.3.3　倾动炉 ·· 240

　　　9.3.4　诺兰达炉 ·· 242

　　　9.3.5　QSL 炉 ·· 243

　　　9.3.6　奥斯麦特炉与艾萨炉 ··· 243

　　　9.3.7　瓦纽柯夫炉 ··· 245

　9.4　塔式熔炼设备 ··· 248

　　　9.4.1　闪速炉 ·· 248

　　　9.4.2　基夫赛特炉 ··· 249

　9.5　转炉 ··· 250

　　　9.5.1　氧气顶吹转炉 ·· 250

　　　9.5.2　卧式转炉 ·· 254

　　　9.5.3　卡尔多转炉 ··· 258

　9.6　其他熔炼炉 ·· 260

　　　9.6.1　矿热电炉 ·· 260

　　　9.6.2　电弧炉 ·· 262

　　　9.6.3　感应电炉 ·· 266

　习题 ·· 268

参考文献 ··· 270

1 绪 论

动画

岗位情境

无论是冶金起源的"沥尽千沙始得金""千锤百炼方成钢",还是现代冶金工厂"简约化、大型化、智能化"冶炼设备系统的"一键成金""一线成型",都充分证明冶金设备是冶金技术不可缺少的部分,设备与工艺密不可分,相辅相成。图 1-1 为古代铁匠与炼铁炉。

图 1-1 古代铁匠与炼铁炉

冶金设备是指在冶金工业的冶炼、铸锭、加工、搬运和包装过程中使用的各种机械和设备。

岗位类型

(1) 冶金熔炼炉窑炉长岗位;
(2) 冶金工艺集控岗位;
(3) 冶金生产现场管理岗位。

职业能力

(1) 具有对主要生产设备进行智能控制与维护的能力;
(2) 具有从事工业企业生产现场管理的能力;
(3) 具有较强的有色金属智能冶金技术领域相关数字技术和信息技术的应用能力。

1.1　冶金设备发展简史

人们最早从大自然中找到天然的金属为金、铜、银，并把这些金属做成了工具。早期对天然金属（铜、金、陨铁）的使用，使人们认识到了金属制作的工具更好用。但天然金属的资源有限，要获得更多的金属，只能依靠冶炼矿石制取。人类在寻找石器过程中认识了矿石，并在烧陶生产中创造了冶金技术。

在新石器时代的后期，人类开始使用金属，经历了铜—青铜（包括铜砷、铜锡、铜铅和铜锌合金）—铁（包括块炼铁、生铁、熟铁或钢）几个时代。世界各地进入铜器、铁器时代的时间各不相同，技术发展的道路也各有特色。冶金技术和金属的使用同人类的文明紧密联系在一起。新石器时期的制陶技术（用高温和还原气氛烧制黑陶）促进了冶金技术的产生和发展。冶金技术的发展提供了用青铜、铁等金属，以及各种合金材料制造的生活用具、生产工具和武器，提高了社会生产力，从而推动了社会进步。中国、印度、北非和西亚地区冶金技术的进步是同那里的古代文明紧密联系在一起的。16 世纪以后，生铁冶炼技术向西欧各地传播，从而导致了以用煤冶铁为基础的冶金技术的发展，这一发展后来又与物理、化学、力学的成就相结合，增进了对冶金和金属的了解，逐渐形成了冶金学，进一步促进了近代冶金技术的发展。

冶炼技术与冶炼设备对冶炼过程来说，后者更起决定性作用。没有相应的冶炼设备完成过程操作，再好的冶炼工艺和技术也是无法实现成果转化的。

1.1.1　冶金设备发展的四个关键时期

1.1.1.1　青铜器时代的冶金设备

最早的冶炼是火堆冶炼。最早人们用火堆烹制食物时，偶然发现某块矿石会在火焰灼烧下变成金属，从而发现了火堆冶炼技术。在青铜器时代之前，冶炼用的设备就是火堆，没有功能区的设置。火堆在敞开空间燃烧，温度最高 800 ℃，火堆中心的还原气氛弱。火堆只能冶炼出固态还原的红铜（斑铜）。红铜质软，既不适合造工具，也不适合制作兵器。

随着对燃烧和冶炼过程的认识，人们发明了火炉，并开始用火炉作为冶炼金属的设备。炉膛内置坩埚火炉如图 1-2 所示。火炉是由燃烧室、保温层与供风装置组成，火炉本体结构肩负燃烧发热与接收热量的双重任务。火炉的本体至少有一个燃料膛室，有一个供风室或风箱，有一个燃烧产物排出口。火炉有了炉膛，炉膛温度就可以达到 1100 ℃，火炉炉膛的还原气氛较火堆强。火炉能够直接烧矿石使之熔化，产出致密青铜，青铜是铜与锡（或铅）的合金或三元合金（熔点 740~900 ℃）。

火炉的结构有两种基本形式。一种是炉膛内置坩埚，就是图 1-2 所示的火炉，有炉算，上面放炭，下面是鼓风和积灰空腔。燃料在炉算上面进行燃烧，内置的坩埚里盛装矿石，燃烧直至坩埚里的矿石熔化，产出的炉渣漂浮在上部，还原出的金属沉在下部。反应完成后，把坩埚夹出，再放入一个装有矿石的新坩埚。另一种是火炉直接用耐火石砌筑，中间用耐火泥砌筑一个坩埚形状的空腔，通过风管把风鼓入炉内，先点燃风口附近的燃料，再把矿石和炭加到炉里，把矿石烧化，从而进行冶金反应，还原出的金属在下部，炉渣在上部。将金属和炉渣分别倒出或开口放出；也可以在炉膛内置一批燃料与矿石的混合料，点燃，待燃料烧尽后，把炉子冷却，撬出金属，重新修炉再炼第二炉。火炉的这两种结构都是间歇式操作，炼完一炉再来炼第二炉。

火炉冶炼比火堆冶炼先进了很多。火炉内可以置坩埚，坩埚内盛装矿石，由于坩埚的阻隔作用，能够在坩埚内产生强还原气氛，从而炼出难还原的锌。

在冶炼的早期，人们对火炉冶炼的认识是一种蒙昧的认识，凭经验体会，如火炉内的燃烧与热工、火炉内的冶金反应、火炉的温度控制与使矿石熔化产出致密金属的规律。这些认知完全是蒙昧的、经验式的，所以古人要崇拜神——冶神，要祈求神的保佑。西方崇拜的冶神是一目神，《荷马史诗》里德赫菲斯托斯就是冶神。

青铜器时代的冶金设备，最早是火炉。火炉冶炼炉膛非常小，效率非常低，之后进一步把炉膛加大，就逐步改进成坑式炉。坑式炉（古竖炉）的结构如图1-3所示。

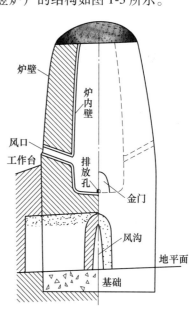

图 1-2　炉膛内置坩埚火炉示意图　　　　图 1-3　古竖炉结构图

1.1.1.2 铁器时代的冶炼设备

在世界冶炼金属的历史上，炼铜先于冶铁，其原因为：（1）在自然界有天然铜，几乎无天然铁。铜比铁被人早认识；（2）铜矿石比铁矿石容易被发现和识别；（3）炼铜比炼铁容易，铜较容易还原，铁较难还原，古代冶炼初期的设备只能炼铜，因此约公元前2000年，中国、西亚和东南欧的广大地区，普遍掌握了冶炼青铜（或红铜）技术，用的就是火炉，青铜时代所铸出来的青铜宝剑是熔炼制造的。

大约在1200 ℃，火炉内铁矿石被木炭还原就能产出炉渣和铁，与没有反应完的木屑混在一起，呈团块状。把这样的铁块趁热不断捶打、挤出其中的夹杂物，把小铁块锻打连接起来就做成器件，这种方法获得的铁称为固态还原铁。

火炉也可以炼出生铁。生铁是含碳量（质量分数）为 2.11% ~ 6.69%，并含有非铁杂质较多的铁碳合金，其中的杂质元素主要是硅、硫、锰、磷等。生铁的熔点只有 1150 ℃，生铁质硬而脆，经不起捶打，不易加工成器件，因此要火炉还原产出致密的中低碳铁是不可能的，需要改进火炉。改进方法是把火炉炉膛加高，改进成坑式炉。坑式炉进一步升高炉膛，这就成了原始的高炉。炉膛加高，燃烧产生的烟尘就很大，因此就要排烟尘，从而排烟尘就要设置烟囱。炉膛加高以后燃烧所需的空气会增多，因此需要加皮囊鼓风。在火炉的基础上增加烟囱和皮囊鼓风就成了最早的竖炉。

铁器时代的冶金设备就是坑式炉进一步改进，改进的坑式炉名为竖炉。坑式炉也称原始的竖炉，竖炉由此而来。据《天工开物》记载，古代的竖炉最早是用来炼青铜的。竖炉从下往上由炉基、炉缸、炉腹、炉顶和烟囱构成。炉料从炉上部加料口装入，块状的物料填满炉膛的整个空间；风从风口吹进来，在金门之上附近区域进行燃烧，燃烧的火焰直接把矿石熔化落入炉缸；燃烧的热气流从下往上走，加入的物料从上往下走，就形成了逆流传热。

古代竖式坑式炉已经具有现代竖炉的特征：（1）炉膛内块状物料直接受热，炉膛内风口区燃烧的热气流从下往上流动直接接触物料传热；（2）燃烧是被炉膛内物料压住的，是焖燃烧；（3）风口区物料一直被烧到熔化；（4）炉缸区进行渣铁分离；（5）有供风和排烟装置。

古竖炉的还原需要提供持续的风，风从风口区持续地鼓入。最早时期的鼓风工具称为橐，即用皮革制成的皮囊。用橐鼓风，就是通过拉压的反复动作，使其一张一合，把风鼓入炉中。春秋战国时，其发展成多橐排在一起向炉里鼓风，称为排橐，或简称为排。利用排橐鼓风，能增大进风量，加强燃烧火力，比单橐鼓风进步得多，但它需要大量人力。用人力鼓风，称为人排。接着又出现了用畜力作为鼓风动力的"马排"，所需的畜力也很可观。东汉时，南阳（今河南南阳）太守杜诗在前人经验的基础上，设计并制造以水力为动力的一套冶铁鼓风机具——水排。《后汉书·杜诗传》记载："杜诗造作水排……用力少，见功多，百姓便之。"杜诗创制的水排，具体的结构当时缺乏记载，一直到元朝王祯在他著的《王祯农书》中，才对水排作了详细的介绍："其制，当选湍流之侧，架木立轴，作二卧轮；用水激下轮。则上轮所用弦通缴轮前旋鼓，掉枝一侧随转。其掉枝所贯行桃而推挽卧轴左右攀耳，以及排前直木，则排随来去，搧冶甚速，过于人力。"卧轮式水排如图 1-4 所示。《天工开物》中也有相关记载。据文献记载，水排供风量比皮囊供风量大得多、强劲得多，水排能够提供 $100 \ m^3$ 的竖炉所需要的风。在古代，$100 \ m^3$ 的竖炉一天可以产出 $1 \sim 2 \ t$ 铁。

1.1.1.3 近代冶金设备

要把铁炼成钢，古人是趁热捶打挤出铁中的夹杂物，称作千锤百炼钢。成语千锤百炼就是由此得来。要把铁炼成钢就是趁热捶打，不断地捶打就把铁炼成钢了，这是最早的炼钢方法。后来人们发明了白口铁加热保温，缓慢冷却使碳以团状石墨析出，这种方式称为固体脱碳。该方式所用的设备是保温炉。再后来就发明了生铁趁热融化后在熔池里面加以搅拌，借助空气把铁中的碳氧化，这种方法称为炒钢。从坑式炉放出铁水与炉渣的混合

图 1-4 《王祯农书》中的卧轮式水排图

体，在坠子焖（见《天工开物》）里保温进行渣与铁分相，再把铁水转至炒钢炉，进行炒钢操作。炒钢就是脱碳。

古代竖炉冶炼是焖着燃烧的，在风口区燃烧形成火焰。这个火焰把热量传给矿石以后，它的温度就降低，随着气流从下往上流动，气流的温度降低，烟气里面的含尘颗粒变大，浓烟滚滚是坑式炉的正常标志。正因为浓烟滚滚，因此近代冶金，在搞冶炼的过程中又不能让烟气从炉子里面排放到环境，这就需要收尘，于是有了各式各样的收尘设备。

在此之前的冶金都是凭经验，是人类的经验传承，所以在此之前都是师傅带徒弟的方式来进行冶炼的。1550 年，阿格里科拉出版了《论冶金》著作。《论冶金》中明确提出了冶金是一门科学，《论冶金》的意义在于它把人们对冶金的认识，从工匠的经验式发展为理性的科学——冶金学，激发了仁人志士为冶金做贡献。

确立了冶金的科学地位后，各种冶炼设备不断地被发明。1807 年，戴维用电解的方法获得了金属钠和钾，金属钠和钾只能用电解的方法制取。有了钠与钾以后，就有了金属热还原法。随后，人们发现了金属锂、钛，才有了今天的冰晶石氧化铝熔盐电解这些设备。图 1-5 为电解氯化钠熔盐制取钠的设备。熔融的氯化钠在阴极室生成金属钠，周边阴极区是环状的，金属钠的密度比熔融氯化钠的小，所以融化了的液态金属钠通过上升通道排到液体金属储存室，通过排放阀排出。阳极室在中间。阳极室里面产生氯气，氯气从上部通道收集起来储存。

近代冶金发展时期，冶炼设备不再是单一的某个冶炼炉，而是多种冶炼设备，如反射炉、转炉、闪速炉等；除了炉子以外，还有其他冶金设备，如电解设备（用电化学来冶金），包括水溶液电解的设备、熔盐电解的设备等。近代冶金出现了工作原理互不相同的多种冶炼设备。

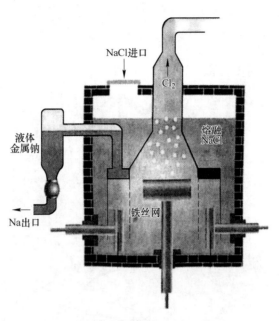

图 1-5　电解氯化钠熔盐制取钠设备

1.1.1.4　现代冶金设备

现代的冶金设备不再是单个冶金设备，而是一个冶炼设备系统。炼铜不是只靠一个设备，是为了高效率炼铜而组合成的一个冶炼系统。以铜精炼为例，现代铜电解精炼向着大极板、长周期、高电流密度、高品质阴极铜发展。阳极板是电解铜的原材料，要获得优质的电解铜，阳极板的外形须良好，阳极板外形影响电解过程中的电流效率和残极率。完整的自动化极板作业机组是实现铜电解生产高效率、高质量的前提。铜阳极板一般在火法冶炼中使用圆盘浇铸机浇铸成型，通过叉车运送到电解车间，阳极板整形机组进行整形排列等准备。精炼铜生产主要有传统法和永久阴极电解法两种，永久阴极电解机组主要由阳极整形机组、剥片机组、残极洗涤垛机组三部分组成，全自动化。阳极板从圆盘浇铸机组到电解阳极整形机组，用链条运输生产线设备，全自动化生产，能够完全无缝衔接浇铸工序及电解工序的生产，实现火法冶炼与湿法冶炼中间产品的自动化输送，生产效率大大提高。

我国现代冶炼技术注重装备的自主研发。按照设备"简约化、大型化、智能化"的原则，我国自主研发了许多高效冶炼与安全生产的冶金设备。例如江西铜业集团公司在 2002 年研制成功国内第一台全自动圆盘浇铸机，2008 年研制了全自动铅阳极板圆盘浇铸机，2011 年研制了银锭浇铸机，2015 年研制了永久不锈钢阴极剥片机。

1.1.2　现代冶金设备的特点

2000 年前，冶金人已将单台冶炼设备的潜能发挥到了极致。例如重有色金属冶炼的熔炼设备种类繁多、复杂，其中铜熔炼设备有闪速炉、合成炉（改进型闪速炉）、诺兰达炉、特尼恩特炉、艾莎炉、奥斯麦特炉、卡尔多炉、瓦纽柯夫炉、自热熔炼炉、氧焰熔炼炉、旋涡熔炼炉（CONTOP）、三菱熔炼炉、白银炉、底吹熔炼炉，加上传统的反射炉、鼓风炉、电炉等近 20 种之多。其他重有色金属冶炼炉大体包括在上述设备内，其中镍冶炼有飘浮熔炼（Inco），铅冶炼还有基夫赛特炉（同合成炉）、QSL 炉（Queneau-Schuhmann-urqireactor）、短窑等，锌的火法冶炼还有竖罐蒸馏炉等。铅冶炼多用鼓风炉，镍冶炼处理红土矿多用电炉。在锡和锑冶炼中，传统的烧结鼓风炉均有采用，其中锡冶炼水平较高的有奥斯麦特炉，锑冶炼正在开发底吹熔炼炉。2000 年前单台冶炼设备的发展大体可归纳如下。

（1）设备大型化，提高单炉产能，提高劳动生产率。如萨姆松厂的闪速炉反应塔直径最大已达 $\phi 7$ m，我国贵溪冶炼厂为 $\phi 6.8$ m；单炉产能最大已达 450 kt/a 粗铜；三菱熔炼炉内径已扩至 $\phi 10$ m；单炉产能已接近 300 kt/a；国外电炉熔炼单台最大功率已达 110 MW。

（2）提高供风的氧浓度，以便提高热强度和产能。提高冶炼的氧浓度，可提高烟气 SO_2 浓度，降低酸厂投资，减少尾气 SO_2、CO_2、NO_x 排放量，改善环境。如闪速、瓦纽柯夫炉、底吹炉的氧浓度均高达 70%~80%，Inco 炉氧浓度达 95%；离炉烟气 SO_2 浓度高于 30%；硫的捕集率达到 99.9%，降低了单位产品能耗。

（3）改善渣线耐火炉料冷却方式，延长炉寿，降低耐火材料单耗。如闪速炉与三菱熔炼炉的大修周期有的已延长至 10 年左右；瓦纽柯夫炉渣线以上全水套，大修周期达 500 天左右。

（4）重视余热回收。在前述各类熔炼炉中，除鼓风炉、竖罐与炼锌电炉外，目前仍被采用的炉型几乎都配备了余热锅炉，以生产蒸汽、发电或做它用，有效降低了单位产品能耗。

（5）优化工艺，提高劳动生产率。全熔炼系统包括烟气收尘制酸，普遍采用 DCS 系统，实现在线控制，全员劳动生产率大幅提高，以铜为例，美国 Utat 冶炼厂人均年劳动率已接近 1000 t 电铜。

现代冶金设备是一个冶炼设备系统，它具有两大特征。第一个特征是必须为自动化的生产过程。例如氧化铝设备的发展方向是设备大型化和生产过程控制的自动化。铝电解设备的发展方向是开发具有更合理的"三场"（磁场、流场与电场）、使用惰性阳极的新型电解槽，开发具有防高磁场强度、高效化、自动化、智能化，以及实现远程操作控制的电解多功能天车。碳素设备的发展方向是低能耗、高产能、大型化、连续化、自动化，以及改善生产操作环境。氧化铝厂规模和氧化铝生产线的大型化，还依赖于生产过程控制的自动化。只有提高生产过程自动化控制水平，才能保证系统的稳定运行，达到高产低耗的目的，因此现代冶金设备的特征之一是高度自动化。第二个特征是注重可持续发展。在资源方面，矿产资源储量有限，品质有好有坏，不能只用富矿，贫矿也要使用，再生资源也要合理利用，综合利用也要进行，这样才能保证冶金行业的持续发展。

因此现代可持续发展的冶金设备系统具有五个特点。第一个特点是充分利用矿石自身所含的能量。火法炼铜时，硫化铜精矿中的硫燃烧，放出大量热量，利用这些热量可使炼铜过程不需要额外补加燃料，只靠反应放出热量就完成冶炼，即自热熔炼。第二个特点是把多个传统冶金过程整合在一个设备（工序）完成，过去竖炉炼铜要把铜矿石制粒，焙烧，再用鼓风炉熔炼（至少 3 个工序），现在只需一个设备（工序）。第三个特点是设备高度自动化，现代冶金设备很多都是在计算机控制下自动运行，炉子的任何一个参数发生变化都会联动整个系统，实现智能调控和自适应。第四个特点是反应过程强化，提高设备生产力，我国贵溪冶炼厂最早从日本引进闪速炉，设计产能为年产 5 万吨铜，后经过消化、改进、强化反应过程，产能提高到 25 万吨。第五个特点是为达到特定的冶金过程采用特殊手段，HIsmelt 技术就是用特殊的手段组成了 HIsmelt 冶炼系统。

1.2　"冶金设备"课程设置

冶金技术的发展进步，离不开冶金设备的支撑。高职冶金专业课程设置中"冶金设备"承启冶金专业基础理论课程与专业实践技能训练课程，是冶金专业的专业核心课程之一。

1.2.1　"冶金设备"与其他课程的关系

高职冶金专业的培养目标：大力弘扬工匠精神，培养具有冶金行业相应岗位必备的基本理论和专业知识、较强的冶金技术岗位操作技能，以及良好的职业道德、创新意识和健全的体魄，同时具备冶金技术及其生产管理的基础理论，熟悉冶金生产工艺流程，适应新技术新工艺的发展要求，能在冶金领域从事生产、建设、管理、服务和研究工作，能适应冶金生产、建设、服务和管理第一线需要的高素质技能型专门人才。

高职冶金专业学生主要学习有色金属（包括重金属、轻金属、稀有金属和贵金属）和黑色金属冶金的基本理论、生产工艺，以及设备操作维护和资源综合利用的基本理论和操作技能。主干课程包括"冶金原理""有色金属冶金技术""冶金设备""粉末冶金技术"与工艺过程智能控制方面，如"工厂电气与 PLC 控制技术""自动化仪表与过程控制"等。

有什么样的工艺设想，就要有相应实现该工艺的冶金设备。在冶金中，往往是用设备的名称来命名方法，如闪速熔炼法就是用该方法的主体设备闪速炉来命名的。"冶金设备"在高职冶金专业培养中具有重要作用。

1.2.2　"冶金设备"在人才培养中的地位与作用

"冶金设备"课程的特点是讲授冶金工程技术的理论与实践，其教学目标是：（1）掌握本专业所需的冶金机械、识图、制图和计算机设计的基本知识和技能；（2）掌握金属冶炼过程所用设备的基础理论和生产工艺知识；（3）具有冶金生产组织、操作管理、课程设计等的初步能力；（4）具有分析解决本专业生产中的实际问题，以及进行技术创新、设备优化的初步能力；（5）了解本专业和相关学科设备发展的动态。

"冶金设备"课程要求的具体能力包括：（1）知识规格，即掌握高等数学、机械制图、计算机应用等基础知识，掌握冶金物化原理、冶金热工基础、金属学等冶金基础知识，掌握黑色金属和有色金属生产及加工的原理、工艺及设备；（2）能力规格，即具备操作冶金设备、进行冶金生产的能力，应用冶金基础知识到本专业及相关专业工艺中去，从事技术改造、新产品开发的能力；（3）素质规格，需要爱岗敬业、勤奋工作的职业道德素质，需要从事冶金生产和设计的业务素质，同时也需要注重节能减排、环境保护和可持续发展的工程伦理素质。

现代社会发展与冶金能源及资源结构的变化，迫使当代冶金工艺流程和设备结构发生变化，使得新技术、新装备不断涌现，因而需要冶金工艺及设备课程在内容上与时俱进，在教学方式上灵活多变，以培养符合社会及工业发展需求的冶金专业技术人才。

现代冶金企业希望拥有的具有主要技术特点的人才为：（1）具有认识设备可靠性和稳定性的理念；（2）掌握现代冶炼技术，掌握设备操作技术，很多技术和工艺是固化在具体的设备上的，所以要掌握设备；（3）整体素质高，具有国际化眼光，工作敬业、责任心强，具有良好的职业道德；（4）有技术创新意识，有市场意识，能够开发新的设备；（5）具有熟练驾驭 CAD/CAM/CAE 等的计算机技能。

综合上述，"冶金设备"课程在冶金工程专业人才培养中占有举足轻重的地位。

1.3 "冶金设备"课程的内容

1.3.1 "冶金设备"课程的特点

"冶金设备"课程是全国所有设置冶金专业的高校都开设的课程。本书精选冶金通用设备、湿法冶金设备与火法冶金设备，按照现代冶金单元操作过程中所涉及的设备来组织课程内容。

"冶金设备"课程涉及的单元过程有散料输送、流体输送、搅拌（浸出）、液固分离、干燥、熔炼、吹炼、焙烧与烧结、熔盐电解、金属脱气等。掌握了这些单元操作所用设备的原理，冶金工作者就能够分析解决工厂实际问题，快速制定出解决问题的有效方法，在工作中起到强化生产、提高产品质量、增加设备能力、改善设备效率及降低投资的作用；并能通过改善操作，起到降低成本、能耗及原材消耗的作用。

课程按单元过程来编排，涉及的内容包括：散料输送设备，流体输送设备，冶金传热设备，混合与搅拌装置，非均相分离设备，电化学冶金设备，干燥、焙烧与烧结设备，熔炼设备。

现代冶金是一个设备系统。按功能体系，课程涉及设备的使用、维护和开发，包含的内容有：充分了解实现冶金单元过程（某个冶金反应）的技术要求，实现单元过程的设备工作原理、设备的类型、设备的特点，冶金设备的正确选用和维护，以及冶金设备的系统革新。

1.3.2 冶金设备的使用特点

冶金设备正确选用和维护的基本条件是：按企业产品生产的工艺特点和实际需要配置设备，使其与工艺配套，布局合理、协调；依据设备的性能、承荷能力和技术特性，安排设备的生产任务；选择配备合格的操作者；制定并执行使用和维护保养设备的法规，包括一系列规章制度，保证操作者按设备的有关技术资料使用和维护设备；保证设备充分发挥效能的客观环境，包括必要的防护措施和防潮、防腐、防尘、防振措施等；保持设备应有的精度、技术性能和生产效率，延长使用寿命，使设备经常处于良好技术状态。

冶金设备的系统革新就是冶金设备的配备。合理配备是根据生产能力、生产性能和企业发展方向，按产品工艺技术要求实际需要配备和选择设备。合理配备设备，是正确合理使用设备、充分发挥设备效能、提高其使用效果的前提。冶金设备的系统革新要注意以下几点：要考虑主要生产设备、辅助设备的配套性，不然就会产生设备之间不相适应，造成生产安排不协调，影响正常生产进行；设备的配备，在性能上和经济效率上应相互协调，并随着产品结构的改变，品种、数量和技术要求的变化，以及新工艺的采用，各设备的配备比例也应随之调整；在配备设备中，切忌追求大而全或小而全。一个企业在全面规划、平衡和落实各单位设备能力时，要以发挥设备的最大作用和最高利用效果为出发点，尽可能做到集中而不分散；有的专用设备，如果能用现有设备进行改进、改装或通过某工具的革新来解决，就不要购置专用的设备；在配置设备中，要注意提高设备工艺加工的适应性和灵活性，以满足多品种、小批量、生产周期短的产品。

设备综合利用率是综合衡量设备水平的一个指标，与合格率、计划生产时间、实际生产时间、理论生产数量、实际生产数量等指标有关，总体反应设备的利用情况，设备利用越高，浪费就越少。与设备综合利用率相反的就是故障率。用故障率表示冶金设备的经济寿命。

随着现代冶炼的发展，机械设备出现了大型化、自动化等特征，设备管理中也愈加注重设备维修管理的问题。

在冶炼行业生产过程当中，冶炼设备的正确使用非常关键，冶炼设备出现任何的问题，都会在一定程度上影响企业正常的生产活动。"冶金设备"的学习就是培养学生具备冶金设备的应用、维护、调试的能力，使学生能够具备现代冶金设备的控制、操作、维护和调试设备各项工艺参数的基本能力，培养学生成为高素质技能型人才。

 # 习　题

查看习题解析

1-1　单选题

(1) 古代冶金设备发展的四个关键时期的特征是（　　）。

　　A. 炉火的温度控制技术　　　　　　B. 炉子内的冶金反应控制技术

　　C. 强劲、大流量供风技术　　　　　D. 火堆冶炼技术

(2) 现代冶金设备的特征是（　　）。

　　A. 一个冶炼设备系统　　　　　　　B. 澳斯麦特炉技术

　　C. 卡尔多炉技术　　　　　　　　　D. 高炉技术

(3) 冶金设备基础在核心制造技术中的地位与作用是（　　）。

　　A. 技术和工艺固化在具体的设备上

　　B. 技术、劳动密集型产业

　　C. 注重各工序装备动态运行的计算

　　D. 具有明确的设备开发战略，具有完备的科技管理制度，具有明确的知识产权

(4) 学习好冶金设备基础，必须（　　）。

　　A. 掌握 CAD/CAM/CAE 软件　　　　B. 掌握冶金设备的系统革新

　　C. 掌握"三传一反"　　　　　　　 D. 掌握冶炼设备的维护技术

1-2　思考题

(1) 冶金设备在冶金发展史上有哪几个关键时期？

(2) 古竖炉具有哪些现代竖炉所具有的特征？

(3) 简述现代冶金设备的特点。

(4) 简述冶金设备的内容。

2 散料输送设备

⚒ 岗位情境

愚公以人力"叩石垦壤""肩担箕运"破移太行王屋（机械输送），楼兰古城因风吹沙移被流沙掩埋，又因风卷沙飞而显露神秘遗迹（气力输送）。

图 2-1 为散料输送设备连接图。冶金工艺过程中物料的输送及给料起着重要的作用，是实现冶金大型化、自动化、智能化的必要条件之一。那么冶金过程中矿石、精矿、煤粉等物料如何输送进入冶金炉或其他反应装置？

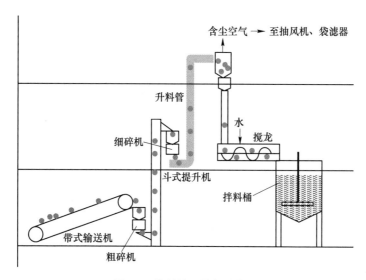

图 2-1　散料输送设备连接图

◨ 岗位类型

（1）冶金矿料输送岗位；
（2）冶金熔炼炉窑加料岗位。

🏆 职业能力

（1）具有操作输送、给料设备、进行智能控制与维护的能力；
（2）具有处理设备故障、清晰完整记录生产情况的能力；
（3）具有较强的有色金属智能冶金技术领域相关数字技术和信息技术的应用能力。

在冶金工艺过程中，金属矿物和其他冶金物料都须经过一系列物理准备过程（如物料的干燥、配料、混合、润湿、制粒、制团、破碎、筛分等）和化学准备过程（如焙烧、烧结、挥发、焦结等）。物料经过这些准备处理符合冶金过程的工艺技术要求后，才能进入冶金炉或其他反应装置，以确保冶金过程正常进行，生产出合格的冶金产品。

在冶金工厂内，输送的物料主要是散粒物料，简称散料。散料是指各种堆积在一起的块状物料、颗粒物料和粉末物料。

2.1　散料输送工程基础

2.1.1　散料的性质

散料的主要性质有粒度、堆积密度及堆积重度、堆积角、磨琢性、含水率、黏性、温度等。

（1）粒度。粒度又称为块度，是表示散料颗粒大小的物理量，以颗粒的最大线长度表示，如图 2-2 所示。散料的粒度通过试样筛分确定。散料按其粒度值的大小一般分为 5 类，见表 2-1。

表 2-1　散料按粒度分类

散料类别	散料粒度 a/mm	散料举例
大块散料	≥160	石英石、石灰石、矿石
中块散料	60~160	入炉烧结块、竖罐团块
小块散料	10~60	碎焦、原煤
小颗粒散料	0.5~10	烧结返料、水淬渣、焦粉
粉状散料	<0.5	干精矿、烟尘

（2）堆积密度及堆积重度。堆积密度（简称堆密度）是指散料在松散的堆积状态下所占据的单位体积的质量，其单位为 t/m^3。堆积重度（简称堆重度）是指散料在松散的堆积状态下所占据的单位体积的质量，其单位是 kN/m^3。

根据散料堆密度的大小，散料被分为三级，见表 2-2。

表 2-2　散料按堆密度分级

散料级别	堆密度/(t·m^{-3})	散料举例
轻级散料	≤0.8	木炭、焦炭、炉灰（干）
中级散料	0.8~1.6	白云石（粉）、铜烧结块、水淬渣
重级散料	>1.6	铜精矿、铅烧结块、铅精矿

（3）堆积角。堆积角是指散料在平面上自然形成的散料堆表面与水平面的最大夹角，又称为休止角或自然坡角，如图 2-3 所示。散料的流动性与堆积角有关。按堆积角的大小，散料又可分为 4 类，见表 2-3。

表 2-3　散料按堆积角分类

散料类别	堆积角 ϕ/(°)	散料举例
自由流动散料	≤30	干烟尘、干精砂

散料类别	堆积角 $\phi/(°)$	散料举例
正常流动散料	30~45	石英砂、水淬渣、石灰石
流动慢散料	45~60	焦炭、烧结块、石英石
压实散料	>60	湿精矿、滤饼

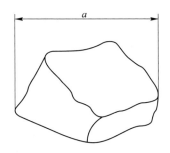

图 2-2 颗粒粒度示意图

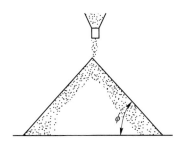

图 2-3 散料堆积角示意图

在选择输送机承载工作构件尺寸时，应特别注意堆积角。

（4）磨琢性。磨琢性是指散料在输送和转运过程中，与输送设备接触表面磨损的性质、程度。散料的磨琢性与散料品种、粒度、硬度和表面形状等有关。

（5）含水率。散料中除本身的结晶水之外，还有来自空气中吸入的收湿水和充满散料颗粒间的表面水。收湿水和表面水的质量与干燥散料的质量之比称为含水率（湿度）。

（6）黏性。散料与其相接触的物体表面黏附的性质称为散料的黏性。通常散料的黏性与其含水率有关，含水率大将增加散料的黏性。对有色金属精矿而言，当含水率为6%~8%时，都表现出较强的黏结性，从而影响输送机、料仓及溜槽、漏斗的正常工作。

（7）温度。凡未说明温度的散料，其温度等于环境温度。当散料的温度变化不定时，应标示出其温度的变化范围。输送设备选型时，应按散料的最高温度考虑。高于150 ℃（不超过200 ℃）的散料称为高温散料，胶带输送机输送的散料温度一般不高于150 ℃，最高不得超过200 ℃。

散料除具有上述性质外，还有其他一些性质，如腐蚀性、毒性、可燃性等，因此这些特性都应在输送、给料设备的选型和设计时认真考虑。

有色金属散料的特点为：（1）粒度大小不一，有大块，有颗粒，也有粉料；（2）含水范围广，有的是浓泥浆，有的不含水；（3）黏度有大有小，如烟尘或浓泥；（4）温度较高，如烧结块温度高于400 ℃。

2.1.2 冶金散料输送的特点

（1）冶金散料输送、给料的设备类型多，输送线路复杂。有色金属的品种多，冶炼工艺复杂。在不同的冶炼工艺流程中，输送的原料、中间产品及最终产品性质不同，因此采用输送、给料设备的类型也不同。在工艺过程中，物料需经过一系列处理与冶炼加工，因各冶炼处理设备配置的多样化，致使物料输送线路十分复杂，不仅需要水平、倾斜、垂直输送，有时甚至要求空间曲线输送。

（2）高温热料及时输送。有色冶金工厂某些产品或中间产品温度较高，如热烧结块的温度为 400~600 ℃，热焙砂的温度为 600~800 ℃。为了回收利用热物料的热量，要求采用耐热的输送、给料设备，并及时迅速地把这些热物料输送出去。

（3）必须避免环境污染，以及保证操作人员的身体健康。许多有色金属元素或其他化合物对人体有害。有色金属矿物在输送、给料过程中产生的机械扬尘，特别是在高温时还会散发出有害烟气，这些都将严重地污染环境，损害操作人员的健康，因而需要除尘处理。

选择合适的输送、给料设备，采取合理的密封措施，防止有害粉尘与烟气逸散到周围环境，这是有色冶金工厂输送、给料设备在选型、设计和研制时应密切注意的问题，也是环保研究的重大课题之一。

2.1.3　冶金散料输送设备的评价

2.1.3.1　冶金散料输送量的计算

冶金生产的工艺过程非常复杂，输送机瞬时输送量变化比较大，因此在输送机与给料机选型时，应按其可能出现的最大输送量来考虑。最大小时输送量 I_{max} 的计算公式为

$$I_{max} = \frac{I_a K_2}{8760 K_1} \tag{2-1}$$

式中，I_a 为年输送量，t/a；K_1 为时间利用系数，一般取 $K_1 = 0.6 \sim 0.8$；K_2 为给料不均匀系数，一般 $K_2 > 1$，根据各厂具体情况确定，对于铜及铅、锌烧结厂，取 $K_2 = 1.4$。

2.1.3.2　冶金散料输送设备的类型

有色冶金工厂使用的输送、给料设备，按国际标准 ISO 21481：2011 的规定，其分类如下（其中，括号内为国内习惯名称）。

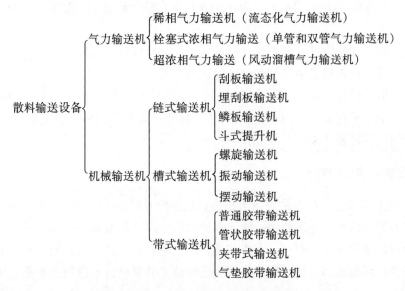

$$
散料给料设备
\begin{cases}
带式给料机 \\
板式给料机 \\
往复给料机（槽式给料机） \\
转盘给料机（圆盘给料机） \\
螺旋给料机 \\
旋转叶轮给料机（星形给料机） \\
振动给料机
\end{cases}
$$

2.1.3.3 散料输送设备的能耗与选择

输送 1 t 散料所需要的能量称为散料输送设备的单位能耗。散料输送设备的单位能耗从低到高顺序为带式机械输送→气力超浓相输送→气力浓相输送→气力稀相输送。

一般情况下，有色金属冶金块状散料采用机械输送，粉状散料采用皮带输送和气力输送。输送机与给料机的选定应充分考虑输送物料的性质及输送线路的特点。选择散料输送设备和给料设备的原则是散料温度优先考虑，散料尺寸定型、成本定类，综合考虑其他因素。

2.2 机械输送设备

动画

以连续、均匀、稳定的方式沿着一定的线路搬运或输送散状物料和成件物品的机械装置称为输送机。冶金过程散料输送设备常见的有链式输送机、带式输送机、螺旋输送机等。

2.2.1 链式输送机

2.2.1.1 刮板输送机

刮板输送机是最早出现的连续输送的设备之一。它是利用在牵引构件（如链条）上固定刮板，将被输送的物料由各个刮板一小堆一小堆地沿着料槽移送，以实现连续输送。因为刮板平面与其运动方向垂直，槽内物料靠刮板一个个地刮着向前运动，所以具有这种承载构件的输送机称为刮板输送机。

刮板输送机主要分为通用型和可弯曲型两类。可弯曲型刮板输送机主要应用于煤矿井下综合机械化采煤，与采煤机配套以完成采掘作业。有色金属冶金工厂常用的刮板输送机多属于通用型，主要用来输送烧结块、返料、烟尘、干精矿和煤等。

图 2-4 为通用型刮板输送机示意图。通用型刮板输送机由牵引件、承载构件、槽体、驱动装置、张紧装置、装料及卸料装置、机座等部分组成。固定在牵引链条上的刮板随同牵引链条沿着固定在机座上的料槽一起运动，绕过端部的驱动链轮和张紧链轮，把料斗中的物料向前输送。牵引链条由驱动轮驱动，由张紧轮进行张紧。

刮板输送机的工作分支（负载区）可以是上分支［见图 2-4（a）］，也可以是下分支［见图 2-4（b）］，如需要两个方向进行输送物料时，则上、下分支可同时成为工作分支［见图 2-4（c）］。

刮板输送机输送的物料可以在其长度方向上任一处由上面或侧面用漏斗装入。输送机

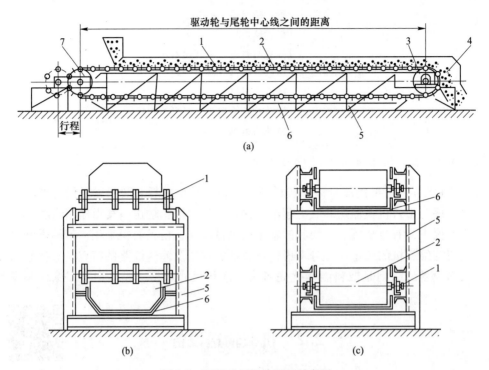

图 2-4　通用型刮板输送机示意图

（a）具有上工作分支，全封闭式；（b）具有下工作分支，敞开式；（c）具有上、下工作分支，敞开式

1—牵引件；2—刮板；3—驱动轮及传动装置；4—卸料口；5—机座；6—料槽；7—尾轮及张紧装置

的卸料同样可以在槽底任一处通过其翻板阀门进行中途卸出，也可以从输送机头部自然卸料。有色金属冶金工厂用的刮板输送机常采用上工作分支和头部末端自然卸料方式。

刮板输送机的特点是结构简单，运行可靠，维修方便，可实现封闭输送和热物料输送；装料和卸料方便，位置布置灵活。这种输送机可用来输送各种粉末状、小颗粒和块状的流动性较好的散料，如煤、干粉、热炉灰和熔渣等。由于输送运动时，刮板链条紧贴槽底滑行，输送物料会出现挤压破碎现象，因此刮板输送机一般用来输送具有低磨琢性和自润性的物料。由于物料与料槽及刮板与料槽的摩擦，加速了料槽和刮板磨损，同时也增加了输送机的能耗，因此刮板输送机的长度一般为 50~60 m，最长不超过 200 m，输送量为 150~200 t/h。

2.2.1.2　埋刮板输送机

埋刮板输送机是由刮板输送机发展起来的，但其输送原理却完全不同，它是在封闭断面的壳体内，利用物料的内摩擦力大于外摩擦力的性质，借助于运动着的刮板链条连续输送散状物料。输送物料时，刮板链条全埋于物料中，因此称这类刮板输送机为埋刮板输送机。

埋刮板输送机主要由料槽、刮板链条、头部驱动装置及装料和卸料装置等部分组成。在结构上与刮板输送机的不同之处主要是料槽和刮板链条不同。图 2-5 为 MS 型埋刮板输送机结构图。

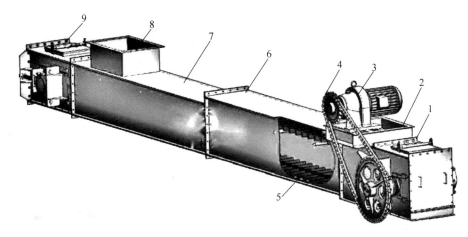

图 2-5 MS 型埋刮板输送机结构图

1—头部；2—驱动装置架；3—减速电机；4—传动链条；5—刮板链条；
6—过滤段；7—中间段；8—加料口；9—尾部

埋刮板输送机的输送原理：由于散料具有内摩擦力和侧压力等特性，埋刮板输送机在水平输送时，物料受到刮板链条沿运动方向的推力和物料自身重力的作用，料层之间产生内摩擦力，这种内摩擦力足以克服物料在机槽（料槽）内移动而产生的外摩擦阻力，使物料形成了连续整体的料流而被输送。

埋刮板输送机在垂直输送时，由于物料的起拱特性，作用在物料上的力有刮板链条沿运动方向的推力和机槽给的侧压力，它们使料层之间产生内摩擦力。由于下部水平不断给料，下部物料在刮板链条的带动下，对上部物料产生推移力，当这些作用力大于物料与槽壁间的外摩擦阻力及物料自身产生的重力时，物料流就随刮板链条向上输送，形成连续料流，因此倾斜式或垂直式埋刮板输送机必须有一个水平给料段。

埋刮板输送机的特点有：（1）结构简单，机体紧凑，安装、维修方便，设备造价相对较低；（2）可实现单机水平、倾斜和垂直输送，以及多机组合成各种特殊形式的输送；（3）输送机槽全封闭，密闭输送性能好，适用于输送多尘、有毒、挥发性强的物料，也可输送高温物料；（4）由于埋刮板输送机是利用埋在物料中的刮板链条沿机槽底部滑动来输送物料的，因此刮板链条和槽底磨损严重，尤其是在弯曲区段（由水平到倾斜或由倾斜到水平），槽底的磨损更加严重；（5）输送速度难以提高，输送能力受到限制，与其他输送机相比，其输送量较小；（6）对于双链牵引的埋刮板输送机，由于两根链条磨损的不均匀性，易导致刮板链条的歪扭；（7）对输送的物料要求严格，一般仅用于输送粉尘状、小颗粒及小块状等物料；（8）有色金属冶金工厂常用埋刮板输送机输送干精矿、烟尘、烧结块及其返料，也可以输送其他物料。

2.2.1.3 斗式提升机

斗式提升机是利用均匀固接于无端牵引构件上的一系列料斗，沿垂直或倾斜路程输送散状固体物料的输送机，其分为环链、板链和皮带三种。斗式提升机基本工作原理是将料斗固定在链条或胶带上，使其上下循环运动，从而将物料由低处提升到高处卸下。所有链条（或胶带）及料斗均用金属壳体保护，如图 2-6 所示。

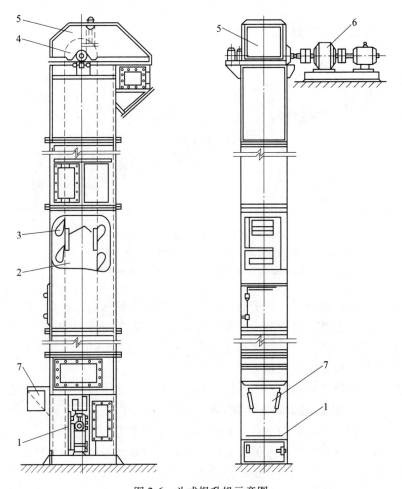

图 2-6　斗式提升机示意图

1—导向卷筒；2—挠性牵引件；3—料斗；4—驱动卷筒；5—机壳；6—驱动装置；7—装料口

斗式提升机的作用是能在有限的场地内连续地将物料由低处垂直运送至高处。斗式提升机适合输送均匀、干燥的细颗粒散状固体物料，散状固体物料的粒度最好不超过 80 mm。通常斗式提升机的提升高度以 30 m 为限，物料温度以 65 ℃ 为限。但可设计特殊的斗式提升机，使其提升高度达 90 m，物料温度达 260 ℃ 以上。

斗式提升机的缺点是维护费用高，维修不易，经常需停车检修，因此对需 24 h 连续操作的场合必须考虑备用措施，须安装两台同样的设备，交替使用。

斗式提升机还可按料斗分布分为间隔料斗的斗式提升机和连续密集料斗的斗式提升机两种。间隔料斗的斗式提升机有离心式卸料的斗式提升机、强制卸料的斗式提升机等。连续密集料斗的斗式提升机有标准的斗式提升机、特大输送能力的斗式提升机、内卸式的斗式提升机等。

常用的斗式提升机是料斗安装在链条（单链或双链）或胶带上的离心式卸料的斗式提升机和重力式卸料的斗式提升机。这些斗式提升机均是标准产品。

2.2.2　槽式输送机

2.2.2.1　螺旋输送机

散状固体物料在螺旋输送机中的移动，是借助螺旋旋转使物料在金属料槽内沿轴线方向移动。这种移动物料的方法广泛用于输送、提升和装卸散状固体物料。

螺旋输送机的特点是结构简单，造价低廉，可在输送机的任何地方装料和卸料，可实现密闭输送，必要时可充干燥或惰性气体保护；在相同的可比输送能力下，螺旋输送机的投资费用比其他输送机低，但动力消耗比其他类型的输送机大，物料磨碎严重，必须均匀给料，否则容易造成堵塞现象。螺旋输送机的基本结构如图2-7所示。

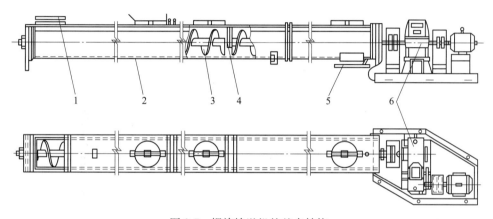

图 2-7　螺旋输送机的基本结构

1—装料口；2—料槽（承载槽）；3—带有叶片的螺旋轴；4—悬挂式轴承；5—卸料口；6—驱动装置

螺旋输送机适用于输送各种粉状、粒状和小块状物料，不宜用来输送易变质的、黏性大的、易结块的、纤维状的，以及大块状的物料。

2.2.2.2　振动输送机

振动输送机是利用振动技术使承载构件产生定向振动，推动物料前进以达到输送或给料的目的。振动输送机能输送的物料较多，从大的矿块到粉状物料均可，也可输送磨琢性较强的及温度较高的物料。

振动输送机的基本结构是由安装在一个刚性结构架上，并由板弹簧或铰接支撑的槽体构成（见图2-8），物料输送是借助机械或电磁的方法使槽体往复摆动的作用。振动槽体对装在其上的散状固体物料的基本作用是向上和向前抛掷物料颗粒，使物料沿槽体以一系列短暂的跳跃运动形式前进。

振动输送机的主要优点有：（1）结构简单，没有带式输送机那么多的易损件，也没有链式输送机那么多的牵引件和润滑点，维护保养工作量少且简便；（2）容易实现密闭输送，可改善劳动条件，对高温、多尘、有毒、腐蚀性物料的输送特别有利；（3）由于输送物料以跳跃运动形式前进，因此承载构件寿命长，可以长期输送磨琢性强的物料；（4）其功率消耗很少，单位长度内设备质量小，造价低；（5）在输送的同时，能方便完成筛分、

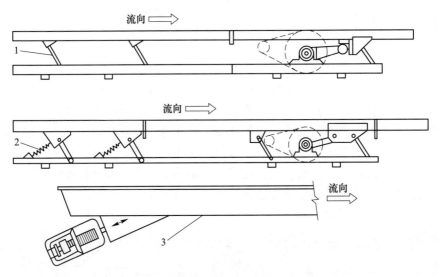

图 2-8　板弹簧支撑的振动输送机示意图
1—板弹簧支腿；2—螺旋弹簧；3—电磁振动

干燥、冷却等作业，在不采取特殊冷却手段的情况下，普通钢质槽体能运送温度高达 400~500 ℃ 的物料。

振动输送机的局限性是：极细的粉状物料输送效果不好，不能输送成件物品；向上倾斜输送物料的倾角限制在15°以内；对建筑物有振动；不能反向输送；需要有较重及较多的支架。

2.2.3　带式输送机

带式输送机是应用最广泛的一种具有挠性牵引构件的连续输送机。它由挠性输送带作为物料的承载构件和牵引构件，在水平方向和倾角不大的倾斜方向输送散粒物料，有时也用来输送大批的成件物品。

带式输送机的工作原理为：靠皮带的摩擦力把散料从一端运送到另一端，皮带的动力由电动机提供，经过减速器、双卷筒机构传给皮带。

带式输送机的基本构造：作为牵引构件和承载构件的输送带是封闭的，主要支撑在托辊上，并且绕过驱动滚筒和张紧装置中的张紧滚筒。驱动滚筒由驱动装置驱动旋转，输送带与驱动滚筒之间靠摩擦进行传动。而物料是由装载斗装到输送带上，并由卸载斗将物料卸下。另外，为了清除黏附在输送带上的物料，在靠近驱动滚筒下边装有清扫器。通用带式输送机简图如图 2-9 所示。

带式输送机的主要部件及功能如下。

（1）输送带：主要有橡胶带和钢绳芯输送带，用于承载并运送散料。

（2）传动机构：给输送带提供能量，使其运动。多数采用双卷筒四电机驱动装置。

（3）托轮：承载或托住输送带及其承载的物料，多数采用三托辊 30°槽形结构。

（4）张紧机构：使输送带与传动机构张紧，能够把传动机构的力传给输送带，常见的有坠锤式、固定式（自动绞车张紧和螺旋式）、自动式（电动绞车，以及液压、液力绞车）。

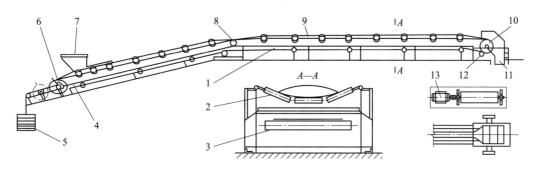

图 2-9　通用带式输送机简图

1—机架；2—上托辊；3—下托辊；4—空段清扫器；5—重锤拉紧装置；6, 8—导向卷筒；
7—装载斗；9—输送带；10—驱动滚筒；11—卸载斗；12—清扫装置；13—驱动装置

（5）制动机构：发生事故时或希望设备载料停止时，能够停止系统运行。

输送带在带式输送机中，既是承载构件又是牵引构件，所以要求输送带强度高、伸长率小、挠性好、耐磨性和抗腐蚀性强等。通用带式输送机常用的输送带是橡胶带，钢绳芯带式输送机采用钢绳芯输送带。输送带的构造基本由衬垫层和覆盖层组成。衬垫层是输送带的骨架，承受带的全部拉力。橡胶带的衬垫层由若干层帆布胶合而成。普通橡胶带的衬垫层是棉织物，强度较低，每片仅为 560 N/cm；强力型橡胶带的衬垫层是维尼纶，每片强度为 1400 N/cm；钢绳芯输送带的衬垫层为一排钢丝绳，强度可达 60000 N/cm。覆盖层是橡胶，其作用只是保护输送带免受机械损伤、磨损、腐蚀等。输送带的接头有机械接头和硫化接头两种。机械接头采用金属卡子连接，连接方便，但接头强度低；硫化接头采用硫化胶合，强度较高，但制造工艺复杂。

带式输送机的优点为：输送能力强，上料均匀，对物料的破碎作用较小；结构简单，维护方便，投资较少；输送距离远，可以长达数千米；工作噪声较小，适应性广，还可以是密封式输送；工作可靠，动力消耗少，便于自动化操作。缺点为：对输送物料的温度有限制，应不超过 100 ℃，爬升坡度有限。

2.3　气力输送设备

利用气体的流动进行的固体物料输送操作称为气力输送。

目前气力输送的主要分类及特点如下。

（1）按气源的动力学特点分类分为吸气输送与压气输送。吸气输送是指气流输送管道中压强低于大气压的输送，输送距离有限；压气输送是指气流输送管道中压强大于大气压的输送，输送距离可达 1000 m，但动力消耗大。

（2）按气流中固体颗粒的浓度分为稀相输送、浓相输送和超浓相输送。三种气力输送在冶金生产中均有不同程度的应用，目前应用最广的是浓相输送，约占粉料总输送量的 50%。

2.3.1　稀相气力输送

当气流中颗粒浓度（体积比）在 0.05 以下，气固混合系统的孔隙率 $q>0.95$ 时，称为稀相输送。

直径为 $d_{粒}$ 的球形颗粒，当从静止状态开始在流体中自由下落时，粒子由于受重力作用，下落速度逐渐增大，与此同时，粒子所受到的流体阻力也相应增大，最后当粒子的自重 $G_{粒}$、粒子在流体中受到的浮力 $G_{浮}$ 与流体作用于粒子的阻力 f 达到平衡时，即

$$G_{粒} - G_{浮} = f \qquad\qquad (2\text{-}2)$$

球形粒子在流体中将以等速度自由沉降。球形粒子在气体介质中下降时所受的阻力有两种类型：一种是由气体作用于粒子的动压力引起的阻力；另一种是由摩擦引起的阻力。这些阻力的大小决定气体是紊流还是层流流动。紊流流动时，粒子主要克服动压阻力，即动力阻力；层流流动时，粒子主要克服摩擦阻力。

2.3.1.1　稀相气力输送的状态

A　水平管道内的输送状态

稀相气固混合物在水平管道内输送时，由于固体颗粒受重力的影响而具有下落的趋势。当气体输送的操作速度足够高时，所有颗粒都呈悬浮状态被输送而不发生沉积。保持固体颗粒的进入量为 $G_{粒1}$ 不变，慢慢将气体的操作速度由高降低，使固体颗粒的运动变慢，混合物的孔隙率减小，摩擦损失也将减小。

在水平管道内，为保持气力输送正常进行，气体的操作速度应大于沉积速度。关于沉积速度的确定方法，目前多通过实验进行估算。根据曾兹（Zenz）提出的方法来估算沉积速度 $u_{沉}$ 时，对于具有某个粒度分布的固体颗粒，首先要估算出输送混合物中的单个最大颗粒和单个最小颗粒时所需的最低速度 $u_{沉,粒1}$ 和 $u_{沉流,粒2}$；其次选择这两个 $u_{沉,粒}$ 中较大的值在以后的计算中使用。水平输送时颗粒的极限速度及相关计算可以参照相关设计手册。

B　垂直管道内的气力输送

固体颗粒在垂直管道中输送（如气体向上运动）时，则气体的作用力与固体颗粒的下落力方向相反，因此固体颗粒在垂直向上的气流中受到上述相反的两个力作用。当气流压力等于颗粒重力时，颗粒不会从气流中下落，而是处于悬浮状态。气流在这个压力下的操作速度称为极限速度，在数值上与球形颗粒的极限下落速度相等。当气流操作速度大于极限速度时，固体颗粒才可能升起，而且以缓慢的加速度向上运动。这是因为支撑固体颗粒重力的气流压力，随着颗粒本身向上速度的增加而减小。

极限速度是垂直管道中输送稀相气-固混合物的气流最低速度。当气流操作速度大于极限速度时，颗粒具有上升的速度。

在垂直气流中，颗粒上升的极限速度等于气流的操作速度与气流极限速度之差。上升颗粒的速度需经无限长的时间才能达到极限速度。在实际应用中，只要找出颗粒上升速度接近其极限速度所需的时间即可。

C　撞击效应

上述分析只适用于一种尺寸的颗粒上升时的情况。当各种尺寸颗粒以较高浓度运动（如按最大颗粒选择气流速度）时，则小颗粒将以较大速度运动，其结果是小颗粒将撞击大颗粒使其运动加速（撞击现象）。物料中的小颗粒部分越多，浓度越高，则平均被气流携出的颗粒越大。气力输送各种粒度的物料（如气体消耗量不变）时，则输送的颗粒尺寸与气体操作速度、物料的成分和物料浓度有关。

D　旋转效应

在垂直气流中，颗粒因各种原因以不同的速度旋转。物料的旋转可以由各种因素决定如空气流不均匀、颗粒相互撞击、与壁撞击。当颗粒尺寸越小，上升速度越大时，颗粒的旋转速度越高。

旋转效应也反映在上升管断面的浓度分布上。在垂直管道中输送物料时，管道断面上气体操作速度分布不均匀，管中心较高而四周较低，促使断面上的颗粒重新分布，大尺寸的颗粒和具有较大能量的颗粒集中在管的四周，具有较小能量但以高速旋转的颗粒如同具有较大质量的颗粒一样也集中在四周。

此外当颗粒旋转时，包围在它周围的气体也被带动。这就在颗粒一边造成压缩，而在另一边造成负压。结果使物体在垂直气流方向受到压力，促使颗粒向垂直气流方向移动，而在管壁附近集中了最大浓度，增加了管子的磨损。

2.3.1.2　稀相气力输送中的压力降

气力输送的管道中两点之间产生的压力降可以由伯努利方程式求得，但应考虑流动的不是单相而是气-固混合物。若管子向上倾斜，与水平线成一角度，并将固体颗粒从端点处加入，如果气流的速度很高，则被加速的固体颗粒的动能很大，不能忽略。但在稀相气力输送时，因为固体颗粒的含量很小，由其所引起的气体速度变化和动能变化也很小，所以可以忽略不计。在这样的条件下，压力降由三部分组成，即由位压头变化引起的静压头变化、固体颗粒的动能增量，以及混合物与管壁之间的摩擦阻力损失组成，可用分解式（2-3）~式（2-5）计算。

水平管道的摩擦阻力损失为

$$p_1 = \frac{\lambda L_p}{D} \cdot \frac{\rho_a u_m^2}{2g}(1 + K_L \mu) \tag{2-3}$$

式中，p_1 为水平管道的摩擦阻力损失，Pa；λ 为摩擦阻力系数；L_p 为水平管道的当量长度，m；ρ_a 为空气的密度，为 1.2 kg/m³；u_m 为输送管道的平均风速，m/s；D 为输送管道的直径，m；K_L 为附加阻力系数；μ 为粉料浓度，kg/kg$_{air}$。

垂直管道的摩擦阻力损失为

$$p_2 = \frac{\lambda H}{D} \cdot \frac{\rho_a u_m^2}{2g}(1 + K_H \mu) \tag{2-4}$$

式中，p_2 为垂直管道的摩擦阻力损失，Pa；H 为垂直提升高度，m；K_H 为附加阻力系数，$K_H = 1.1 K_L$。

垂直管道的提升压力损失为

$$p_3 = \rho_a(1 + \mu)H \tag{2-5}$$

管道出口的压力损失 p_4 可以取 300~500 Pa。

气力输送设备的压力损失 p_5 仓式泵可以取 12000~18000 Pa，螺旋泵可以取 10000~18000 Pa。

气力输送总压力损失为

$$p = p_1 + p_2 + p_3 + p_4 + p_5 \tag{2-6}$$

稀相气力输送的主要设备是喷射泵，压缩空气直接作用于物料的单个颗粒上，使物料呈沸腾状态。

稀相气力输送的特点是固气比低，压缩空气耗量大，动力消耗大，且物料流速快，致使管道磨损严重、维修费用高、物料破损率高。

2.3.2　浓相气力输送

当气流中颗粒浓度（体积比）在 0.05 以上，气固混合系统的孔隙率 $q = 0.05 \sim 0.95$ 时，称为浓相气力输送。

2.3.2.1　浓相气力输送中的压力降特性

流态化水平料流长度 L 与压力降 Δp 的关系如图 2-10 所示。

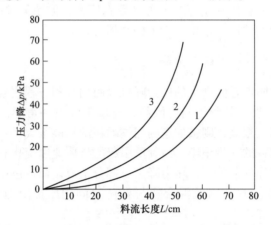

图 2-10　流态化水平料流长度 L 与压力降 Δp 的关系
1—输送速度为 1 m/s；2—输送速度为 2 m/s；3—输送速度为 3 m/s

由图 2-10 可见，每条 Δp-L 曲线均具有抛物线的形状特征，压力降 Δp 随着料流长度 L 的增加而以二次方增加，即

$$\Delta p \propto L^2 \tag{2-7}$$

当料流长度 L 很短时，推动料柱流动所需的压力降 Δp 很小，因此对于短距离水平管道，气流与物料混合就足以形成流态化的、充满管道的连续料流。

流态化水平料流的压力降除了与料流长度有关外，还与管径、气流操作速度、气固混合比、物料与气流速度之比、摩擦阻力系数等有关。

从图 2-10 可以看出，随着料流长度增加，压力降以越来越快的速率增加，很快就可消耗掉输送气源所能提供的压力，因此这种流态化的连续料流不可能保持在较长的水平输送管段中。

在管道中输送物料时，管道内压力降与管道长度的平方成正比，即管道越长，压力降越大，输送物料所需的能量越大。

2.3.2.2　栓流式浓相气力输送技术原理

试验观察水平管道内气体吹动固体颗粒的运动状态时发现，当固体颗粒在水平管道内以沙丘形式移动时，水平管道两端的压力差最小，即气体输送固体颗粒所需要的能量最少，如图 2-11 所示。

(a)   (b)

图 2-11 水平管道内气体吹动固体颗粒的沙丘移动状态示意图
（a）沙丘形成；（b）沙丘移动

如果管道太长，水平管道中流态化的连续料流遇阻后即将停滞。但是如果水平管道采用套管式，由于管道内腔的上部还设置有一根内管，内管朝下的一面开有若干小孔，输送管中的部分气流将进入内管流动，如图 2-12 所示。

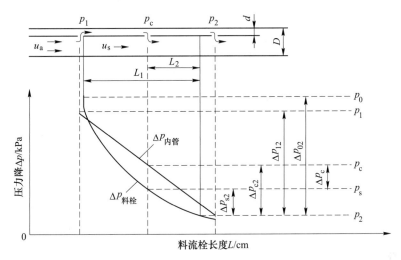

图 2-12 栓流式浓相气力输送原理示意图
d—内管直径；D—管道直径；u_a—气流速度；u_s—料栓移动速度；
p_1—料栓 L_1 前端的内管压力；p_2—料栓 L_1 末端压力；p_0—料栓 L_1 前端压力；
p_c—与料栓 L_2 前端对应的内管压力；p_s—与料栓 L_2 前端对应的料栓压力

在图 2-12 中，输送管中连续料流的最末端长度为 L_1 的料流段，设与其对应的内管段中的气流速度不变，则内管中的压力分布是以 $\Delta p_{内管}$ 线呈线性变化的，推动长度为 L_1 的料流段所需的压力以 $\Delta p_{料栓}$ 曲线变化。设料流段 L_1 两端的内管压差小于推动料流段所需的压力，即 $\Delta p_{12} < \Delta p_{02}$，显然该段料流不能继续移动，此时管中大部分气流将通过内管小部分透过料流段。

考察处于最末端长度为 L_2 且 $L_2 < L_1$ 的料流段情形。由图 2-12 可见，此处的内管压力降与输送管内料流压力降间存在压差 Δp_c，使得 $\Delta p_{c2} = \Delta p_{s2} + \Delta p_c > \Delta p_{s2}$，即料流段 L_2 两端的内管压差大于推动料流段 L_2 所需的压力，因此该段料流可产生移动。如此循环往复，物料便被一段一段地向前运输，如同一个个沙丘在向前移动。

在管道中输送物料时，管道内压力降与管道长度的平方成正比，即管道越长，压力降越大，输送物料所需的能量越大。但在此输送方式中，管道被分割成了一个个很小的小管道，压力降很小，所以相对来说也较节省能量。这就是浓相气力输送比稀相气力输送节能的原因所在。由图 2-12 可知，推动若干个料栓所需消耗的气压比推动一段流态化连续料流（等于各料栓长度之和）要小得多；料栓长度越短，所需的输送空气压力就越小。

垂直管道中物料运动的原理类同于水平管道中的情况，即受到气流向上的推力作用，但只有气流速度大于物料悬浮流速时，输送才能进行。

2.3.2.3　栓流式浓相气力输送的压力容器构造与操作

A　单管栓流式浓相输送

在双管式输送之前，人们采用单管栓流式浓相输送。脉动发生器单管浓相输送就是常用的一种，它是在一个管内，采用脉动发生器（气刀）把料柱切成气柱与料柱相间的形式进行输送。单管栓流式浓相输送及气刀结构如图 2-13 所示。

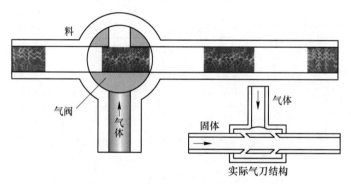

图 2-13　单管栓流式浓相输送及气刀结构

用图 2-13 所示的气刀，控制脉冲气流来形成栓状。一旦管道内物料堵塞，管内压力就会增高，当管内压力大于定值时，设置在管道上的压力传感器将发出信号，控制电磁阀的动作，并通过电磁阀控制气动蝶阀的开关实现输送管道的自动排堵功能。

B　双管栓流式浓相气力输送

双管栓流式浓相气力输送的压力容器由压力容器仓、气源、输送管路、固气分离器与控制器构成，构造如图 2-14 所示。从其构造上来说，双管压力容器浓相气力输送程序是三路进气及出口排料球阀同时打开进行输送。压力容器不必预先进行充压，在输送过程中，由压力容器本体压力及输送管道上的压力变化来控制其三路进气的通断，从而产生一个气流的脉冲喷吹作用，这是其技术上的一大特点。待本体压力达设定值后（0.2～0.3 MPa），才打开出口气阀进行输送。在输送过程中，三路进气为常开状态，直到送完料为止。这在物料浓相气力输送技术中起着至关重要的作用。

双管路浓相输送控制系统的每条输送管道上都加装有电控气动阀门，并用电控气动阀门连通并联管路。用 PLC 控制系统连接电控气动阀门，通过 PLC 控制系统对该电控气动阀门进行控制。

双管压力容器输送的操作包括进料阶段、加压流化阶段、输送阶段、吹扫阶段。先打开排气阀与进料阀进行装料，料满后关闭进料阀与排气阀，打开缸体加压阀，压缩空气将缸体内的粉料送走。如此循环往复，就可将粉料输送到目的地。双管压力容器浓相输送程序是出口排料球阀同时打开进行输送。压力容器不必预先进行充压，在输送过程中，由压力容器本体压力及输送管道上的压力变化来控制其三路进气的通断，从而产生一个气流的

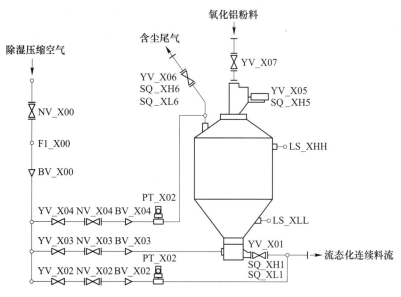

图 2-14 双管栓流式浓相气力输送的压力容器构造

脉冲喷吹作用。进入输送管道的料量由压力容器本体及输送管道上的压力进行自动控制，而这两个压力就是输送物料是否堵塞的反映，当输送不畅时，压力就会升高，达到设定值 0.48 MPa 时，就会切断物料进入输送管道，待自动排通压力下降至 0.42 MPa 时才会恢复送料，从而避免堵塞现象；同时由于其为低压力静压输送，形成短料栓流输送现象（由其双管输送形成），物料在输送过程中遇到停电、停气或压力突然下跌都不会造成输送管道堵塞，即使管道全部堵塞，系统重新启动后亦能畅通输送，克服了单管输送在相同情况下难排通输送管道的缺点，所以双管浓相输送技术运行性能优越。

2.3.2.4 栓流式浓相输送技术的特点

栓流式浓相输送技术为套管式气力压送式输送，与稀相输送相比，固气比高、气流速度小，管道磨损的计算主要通过瑞士阿里莎（ALESA）公司提供的管道磨损公式，即

$$A = KV \tag{2-8}$$

式中，A 为管道的磨损度；K 为物料对管道的磨损系数；V 为管道中物料的流动速度。

浓相输送采用较低的物料流动速度（2~3 m/s），解决了物料对管道的磨损问题。而稀相输送过程要求很高的风速（25~35 m/s），管道中的物料速度达 10 m/s 以上，物料在管道内呈跳跃式前进与管道发生碰撞，所以对管道产生的磨损严重。稀相输送管道寿命只有 1 年左右，而双管浓相输送管道寿命可达 5 年以上。国内某铝厂引进瑞士阿里莎公司浓相输送技术，管道寿命可达 15 年以上。

在气力输送装置上，不同的输送风速与管径的匹配由生产确定，所需的能耗取决于风速、管径与输送距离。浓相输送所耗的气力能耗计算公式为

$$E = \Delta p Q T \tag{2-9}$$

式中，Δp 为输送时的实时压差，Pa；Q 为输送时的实时流量，kg/h；T 为输送时间，h。

对于给定的输送量与管径，管内的料气质量比随着输送风速的增加而降低。稀相输送

时，保持颗粒在气流中悬浮的最小速度称为临界跳跃速度，该速度下输送散料的压强降（dp）最小。

浓相气力输送的特点有：（1）固气比高，输送压力低，减少了压缩空气用量，输送能耗低；（2）气流速度小，对管道的磨损小，维修费用低；（3）输送距离远，可达1000 m；（4）输送线路灵活，可以垂直输送，也可水平输送。

另外不难得到如下结论。

（1）从浓相输送的原理来看，物料在管道中以一小段料柱、一小段气柱的沙丘形式运动，降低了输送管道两端的总压力降。

（2）双管式浓相输送比稀相输送的技术更具优越性，输送压力低，相对减少了压缩空气用量，输送等量的物料时动力消耗减少 2/3 以上；固气混合比高（达 60∶1 以上），管径可相应缩小；输送速度低，对管道磨损小，物料破损率低，运行噪声小；设备简单，维修工作量很小；输送高度大，距离长，能力大，并且在管子弯道也不结垢；易于实现全自动控制，操作人员少。

浓相输送技术是一门崭新技术，该项技术应用在输送物料上的时间不长，有许多未知的规律有待研究和探索，目前国内已经应用的双管式浓相输送技术与超浓相输送技术相结合的物料输送系统，自投产以来运行情况良好。

2.3.3　超浓相气力输送

超浓相气力输送是指气流输送管道中固体浓度（体积比）高于 0.05，且有明显固气流相界面的输送（广义流态化）。超浓相输送是继皮带输送、稀相输送、斜槽输送之后发展起来的一种粉体输送技术。

早期在水泥生产上运用的空气输送斜槽如图 2-15 所示。

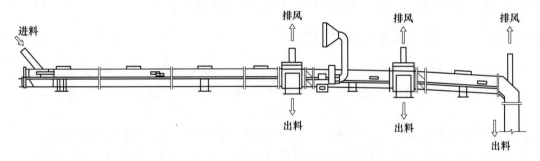

图 2-15　空气输送斜槽示意图

空气输送斜槽的透气层可采用多孔板或多层帆布，在工艺布置允许的条件下，空气输送斜槽的斜度较大对输送有利。其斜度一般为 4%~6%，采用闭路循环输送粗料时，建议斜度不小于 10%。空气输送斜槽所需风机的风压应大于多孔板（或帆布）的阻力与料层阻力之和。风压一般为 0.034~0.058 MPa。透气层选用帆布时可用低值，透气层选用多孔板或大规格、长斜值时可用高值，一般可按 0.049 MPa 考虑。

超浓相输送技术首先由法国 PECHINEY 开发成功，由特殊的排风结构，使散料克服静摩擦力（流态风能及时排出）与散料几乎充满整个溜槽断面构成了超浓相输送，虽然流速很低，但输送量并不小。

超浓相气力输送原理为利用物料在流态化后转变成一种固-气两相流体，颗粒移动由平衡料柱高处流向平衡料柱低处；靠透过帆布的气流吹动固体颗粒，使颗粒在管内滑动或滚动，由气流的带动在静压强的驱动下移动，固-气间有明显的相界面。超浓相气力输送原理如图 2-16 所示。

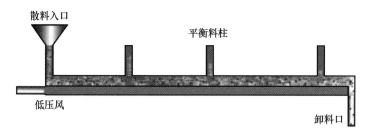

图 2-16　超浓相气力输送原理示意图

超浓相输送技术是让固体颗粒能够靠静压强移动，因此单个超浓相输送管的距离不能太长。要长距离输送，就要在输送管路中间加"中继站"。

超浓相输送在铝电解生产中普遍应用，如风动下料器。工作原理如图 2-17 所示，氧化铝颗粒被透过帆布的低压气流吹动，使颗粒在管内流动，在静压强驱动下移动。推动氧化铝粉做定向移动的外力是氧化铝料柱（平衡料柱）的压力。在系统配置中，氧化铝输送装置首端设有一个下料料柱（平衡料柱），这个料柱产生的压力作用在输送系统首端，迫使输送装置中流态化的氧化铝粉定向移动，达到输送的目的。平衡料柱的作用力作用在每一个细小的氧化铝颗粒上，动力源是广义的。

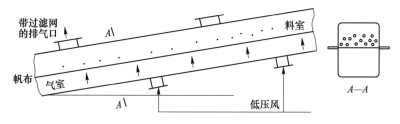

图 2-17　风动下料器工作原理示意图

风动下料器最显著的优点是无机械动作、无磨损、可靠性高、寿命长。但是它对物料的粒度要求较高。若料过细，易堵塞多孔板、风动溜槽排气网，使送、吸气不畅，物料在定容室中会因排气不尽出现正压而流出，使下料的准确性变差甚至丧失。另外，当定容料室容积减少时，每次加料的投料量过少，在处理铝电解阳极效应时，由于料箱和下料器分离，造成下料充料环节耗时，多次加料时间必然拖长，从而导致效应超过规定时间。

超浓相输送的特点是：（1）体系为水平或倾角很小的输送，输送距离长时需要中继站；（2）物流速度小，设备磨损小，寿命长，维修费低；（3）固气比高，输送相同固体所需的压缩气体少，动力消耗低；（4）系统排风自成体系，独立完成粉体输送，无机械运动；（5）输送的粉体摩擦破碎少、粉尘率低。

气力输送与机械输送方式相比具有很大的优势。目前，气力输送方式在化工、冶金、食品等众多领域中得到了广泛应用。气力输送方式具有污染小、费用少、输送方便等一系列的优点，其中浓相或超浓相输送又是气力输送的最好方式。

2.4　给料设备

给料设备是一种比较短的输送设备，注重计量，用来调节进入冶金作业设备的物料量。该设备用在储仓、筒仓或料斗的底部排出物料，并将物料转运至输送机，或者用来调节进入加工设备的物料量，如给破碎机、筛分设备、冷却机、干燥机等设备提供均匀料流。例如带式输送机是一种连续输送散状固体物料的设备，当它能在最大设计速度均匀装载时，系统就能达到最大的生产率。如果物料不规则地加到输送带上，将会出现空载或超载现象，这样就减小其输送能力，还可能使物料在超载部分的边缘溢出或沿途撒落，因此使带式输送机系统达到最大利用率的关键是给料系统。一个好的给料系统必须适应设备的操作，能将间断、不规则的加料转变成稳定、均匀的料流，并可调节。

选择给料设备要考虑的因素为：被处理物料的物性和特点、物料的储存方式以及所需的给料能力，包括手动在内的无极调速，且具备开车进行无极调速功能，方便调节运输量。

给料设备种类繁多，按照给料设备的工作原理不同可分为直线运动式、回转式及振动往复式三种类型。冶金工厂常用的给料机的形式有胶带给料机、板式给料机、槽式摆给料机、圆盘给料机、螺旋给料机、星形给料机、电磁振动给料机及惯性振动给料机等。每种形式根据其结构特点又派生出若干种类型。下面介绍三种典型给料机。

2.4.1　带式给料机

带式给料机是一种比较短的带式输送机，通常安装在储仓卸料口下方，承受料仓压力。一般输送带是水平的，而且支撑在短间距的托辊上或光滑的衬板上，如图 2-18 所示。

按照储仓排料口结构形式及带式给料机与储仓的配置关系，带式给料机分为普通带式给料机与仓压式带式给料机，如图 2-19 所示。普通带式给料机上方的料仓出口较小，料仓料柱压力基本作用在料仓出口溜槽和仓壁上。为了使物料自料仓流出顺畅而不发生堵料现象，这种给料方式仅能输送粒度均匀、中小粒度及非黏性的散料，如谷物、石灰石、熔剂、焦粉、干精矿和煤等。仓压带式给料机上部料仓呈直

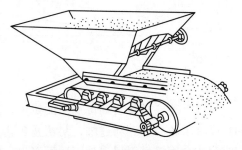

图 2-18　带式给料机示意图

筒形，料仓压力直接作用在带式给料机上。这种给料方式可以输送粒度在 300 mm 以下的散料，若为带式给料机配备良好的输送带清扫装置，还可以输送黏度较大的物料，如含水率大于 7% 的精矿等。对于使用黏性物料较多的有色冶炼厂，这种给料方式具有较广泛的应用前景。给料机的输送带承载面通常用加厚的橡胶覆盖，用以承载物料。

带式给料机用于要求操作平稳、卸料均匀的场合，广泛地用来处理细的、能自由流动的带有磨琢性的及脆性的物料，但不宜用于太热的、含有超大块的物料。给料机的给料量

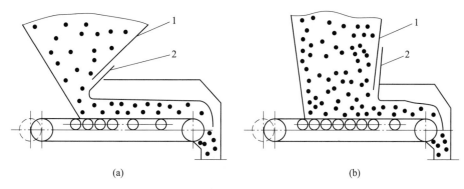

图 2-19 两种带式给料机结构示意图

（a）普通式；（b）仓压式

1—储仓；2—调节压门

由安装在斗底的卸料溜槽（或鳞板闸门）控制，或者通过改变输送速度来控制。带式给料机的输送速度一般控制在 0.2~1 m/s。如果要求输送能力较大时，最好是加大给料机的宽度，而不是增加其输送速度。

带式给料机的特点是结构简单，投资小，排料顺畅，给料量易调节，能耗较小，输送量大。最大优点是能够调节给料量，为带式给料机装上称量装置，按照称量装置的设定值自动调节带速，就可获得所需的稳定给料量。缺点是占地空间大，胶带易磨损，物料易黏结，运输带不能处理大块物料，维修量较大。

带式给料机的主要适用于：（1）输送粉矿、煤、精矿等干细物料，物料含水率一般不超过 5%~7%；（2）输送物料粒度小于 50 mm，对于非磨琢性物料，输送粒度可达 100 mm，物料温度一般低于 70 ℃，最高不能超过 150 ℃。

2.4.2 圆盘式给料机

圆盘式给料机是中细粒度的物料常用给料设备。圆盘式给料机适用于 20 mm 以下粉矿的给料。其结构主要由驱动装置、给料机本体、计量用带式输送机和计量装置组成，如图 2-20 所示。

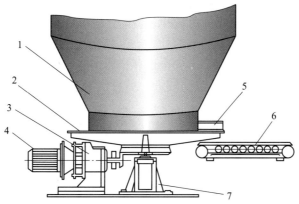

图 2-20 圆盘给料机的结构示意图

1—料仓锥底；2—盘面；3—减速器；4—电机；5—刮刀；6—电子秤；7—回转支撑

圆盘式给料机的工作原理为：电动机经联轴器通过减速机带动圆盘。圆盘转动时，料仓内的物料由于自身流体特性，从物料仓下落到圆盘，并随着圆盘向出料口的一方移动，经闸门或刮刀排出物料。排出量的大小可用刮刀装置或闸门来调节。

改变刮刀的位置、活动套筒的高度和圆盘的转速，都可以调节圆盘式给料机的给料速度。

圆盘式给料机的优点是结构简单，坚固耐用，给料均匀，给料量易调节，操作方便，适用的物料范围广。缺点是投资费用较高，物料与槽盘易黏结。

圆盘式给料机既可用于各种细物料连续均匀地给料和输送含水率不大于12%的黏结性物料，又可输送热物料，还适用于不同矿点的精矿配料。

2.4.3　螺旋给料机

螺旋给料机是集粉体物料稳流输送、称重计量和定量控制为一体的给料设备。螺旋给料机结构如图 2-21 所示。

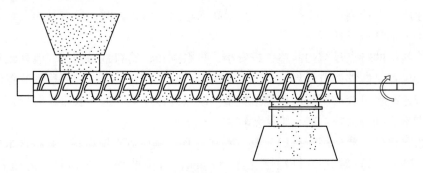

图 2-21　螺旋给料机结构示意图

螺旋给料机的工作原理为螺旋给料机利用固定在轴上的螺旋叶片旋转在管内带动粉末、颗粒状物料向前移动，从进料口输送到出料口。通常水平或略微倾斜使用，也可以垂直输送物料。

螺旋给料机适用于各种工业生产环境的粉体物料连续计量和配料。该设备采用了多项先进技术，运行可靠，控制精度高。螺旋给料机广泛应用于各行业，如冶金、化工、建材等行业，适用于水平或倾斜输送磨琢性较小、流动性较好的粉状、粒状和小块状物料，物料温度小于 200 ℃。但它不适于输送易变质的、黏性大的、易结块的物料。

螺旋给料机的优点是工作效率高，安全可靠，结构简单，功能完备、密封性好、噪声小和外形美观等。缺点是工作部件磨损较大，适应的物料范围较窄，对物料会产生破碎作用。

 习　题

查看习题解析

2-1　单选题

（1）气体浓相输送固体散料的特征是（　　）。

　　A. 用静压力驱动　　　　　　　　　　B. 用黏性力驱动

C. 用气泡浮力驱动　　　　　　　　　D. 沙丘移动

（2）硫化锌精矿从干燥设备至加料抛料机时用（　　　）。

　　A. 刮板输送机　　　　　　　　　　B. 斗式提升机

　　C. 螺旋输送机　　　　　　　　　　D. 带式运输机

（3）超浓相气力输送的原理是（　　　）。

　　A. 无机械动作、无磨损、可靠性高、寿命长

　　B. 透过帆布的气流克服固体颗粒间的静摩擦力，在静压强驱动下移动

　　C. 体系为水平或倾角很小的输送，输送距离长时需要中继站

　　D. 靠透过帆布的气流吹动固体颗粒，使颗粒在管内悬浮输送

（4）气力输送机主要由（　　　）五部分组成。

　　A. 供料器、输料管、分离器、空气除尘器和风机

　　B. 吸嘴、输料管、卸料器、空气除尘器和风机

　　C. 供料器、输料管、闭风器、除尘器和风机

　　D. 接料器、输料管、闭风器、除尘器和风机

（5）散料输送机主要由（　　　）来衡量优劣。

　　A. 单位时间散料输送量　　　　　　B. 电机能耗

　　C. 散料损失率　　　　　　　　　　D. 散料输送量与能耗

（6）冶金用斗式提升机的突出优点有（　　　）。

　　A. 料斗和牵引件易磨损，对过载的敏感性大

　　B. 不受地形、输送距离、输送高度、原材料形状和性质、输送量的制约

　　C. 结构简单，占地面积小，提升高度大，密封性好，不易产生粉尘

　　D. 利用物料的重力作用从高处向低处输送散料

2-2　思考题

（1）冶金散料有什么特点，其输送又有什么特点？

（2）带式输送机由哪几个主要部分组成？简述各部件的功能。

（3）简述稀相气力输送设备的特点。

（4）简述浓相气力输送的原理。

（5）简述浓相气力输送系统的构成和各部件的功能。

（6）如何选用给料设备？

（7）比较浓相气力输送机与机械输送机的优缺点。

3 流体输送设备

岗位情境

在金属冶炼生产中，通常要求流体（包括液体、气体）从一个地方输送到另外较高或较远的地方。为达到上述目的，需要外界给流体提供能量，这种为流体输送提供能量的设备称为流体输送设备。把输送液体的设备称为泵，输送气体的设备称为风机。图 3-1 为泵现场布置图。

图 3-1　泵现场布置图

岗位类型

（1）冶金工艺中机械设备修理工岗位；
（2）冶炼工艺中机修钳工岗位；
（3）冶金工艺中设备点检员岗位；
（4）冶金工艺中机电设备维修工岗位。

职业能力

（1）具有正确操作与控制离心泵等液体输送设备的能力，并能组织现场生产；
（2）具有检修、维护、保养鼓风机与压缩机等气体输送设备的能力；
（3）具有处理设备故障、记录生产情况的能力；
（4）具有广泛知识，努力研发新技术、新工艺。

3.1 流体输送的基础

液体和气体都具有易于变形和流动的性质，统称为流体。冶金工程中普遍遇到流体输送的情况，与大多数金属的提取和精炼过程有着密切的联系。例如湿法冶金中溶液及矿浆的输送、储槽中液位高度的确定、管路的设计计算；火法冶金中炉子的供风与水冷装置、炉内气体流动规律、烟道中烟气的流动阻力及烟道的设计；流态化反应器床层阻力的计算等，都与流体的流动有关。因此研究流体流动及其输送，掌握流体流动及其传递有关规律，对冶金设备的设计与改进和冶金过程的优化与控制都具有重要意义。

在冶金生产中，经常需要将流体（液体、气体）按一定流程从一个设备输送至另一个设备，或从低位提升到高位处，或从低压区送至高压区，这些都需要外界对输送物料做功。用于输送流体的机械称为流体输送机械。掌握并正确使用流体输送机械，才能做到节能减排。

3.1.1 流体的基本性质

3.1.1.1 连续介质模型

流体容易被分割，流体在静止时，只能抵抗压力不能抵抗拉力和剪切力，只要流体受到剪切力的作用，即使这个力很小，都将使流体产生连续不断的变形，只要这种作用力持续存在，流体就将继续变形，流体内部各质点之间就要发生相对运动，这就是流体的流动性。冶金工程中，流体输送通常忽略流体微观结构的分散性，而将流体视为由无数流体微团所组成的无间隙的连续介质，这就是连续介质模型。

3.1.1.2 流体的黏性

冶金过程中，对各种不同的流体，其流动性有很大的差异，如水的流动性比浓碱溶液的流动性好，这主要是因为流体具有不同黏性所造成的。黏性是流动性的反面，其大小用物理量黏度来衡量。在运动着的流体内部，两相邻流体层之间由于分子运动而产生内摩擦力（或称黏性力），这种黏性力的大小可由牛顿黏性定律［见式（3-1）］确定。

如图 3-2 所示，在运动的流体中取相邻的两层流体，设接触面积为 A，两层的相对速度为 du_x，层间垂直距离为 dy。实验证明，两层流体之间产生的内摩擦力 F 与层间的接触面积 A、相对速度 du_x 成正比，而与垂直距离 dy 成反比，即

$$F = -\mu A \frac{du_x}{dy} \tag{3-1}$$

单位面积上的内摩擦力称为内摩擦应力或切应力，用 τ 表示，于是式（3-1）可写成

$$\tau = \frac{F}{A} = -\mu \frac{du_x}{dy} \tag{3-2}$$

式中，τ 为单位面积上的内摩擦力，Pa 或 N/m²；μ 为流体的黏性系数称为动力黏度，简称黏度，N·s/m²；$\dfrac{du_x}{dy}$ 为法向速度梯度，s^{-1}。

由式（3-2）可知，当 $\dfrac{\mathrm{d}u_x}{\mathrm{d}y} = 1$ 时，$\mu = -\tau$，因此黏度的物理意义为促使流体流动产生单位法向速度梯度的切应力。

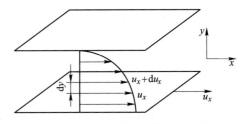

图 3-2　两平行平板间流体速度的变化

在相同的流速下，流体的黏度越大，流动时所产生的内摩擦力也就越大，即流体因克服阻力所损耗的能量越大，这也就表示流体的流动性越差。为了克服这种内摩擦力所造成的阻力，从而使流体维持运动，必须供给流体一定的能量，这也就是流体运动时造成能量损失的原因之一。而当流体处于静止状态，或各流体之间没有相对速度时，流体的黏性没有表现出来。流体的黏度性质对于研究流体的流动，以及在流体中进行的传热和传质过程都具有重要的意义。

不同的流体具有不同的 μ 值。流体黏性越大，其值越大。

在国际单位制中，动力黏度的单位为 Pa·s，1 Pa·s=1 N·s/m^2。

气体、液体、液态金属与合金、熔盐等的黏度值有图表可查，或用经验公式计算。

3.1.2　流体在管内的流动

3.1.2.1　流量与流速

A　流量

单位时间内流经管道内任一截面积的流体量称为流量。流量可以用体积或质量流量来表示。体积流量是单位时间内流经管道内任一截面积的流体体积数，用 $Q(\mathrm{m}^3/\mathrm{s})$ 表示；质量流量是单位时间内流经管道内任一截面积的流体质量数，用 $W(\mathrm{kg/s})$ 表示。

Q 与 W 之间的关系式为

$$W = \rho Q \tag{3-3}$$

B　流速

单位时间内，流体质点沿流动方向所流经的距离称为流速，用 u 表示，单位为 m/s。

流体在管内流动时，由于流体黏性的存在，管道横截面上各流体质点的流速各不相同。实验表明，流体流经管内任一截面上各点的流速沿管径而变化，即在管道截面中心处最大，越靠近管壁处流速越小；流体质点黏附在管壁上，从而导致管壁处的流速为零。为了区别于管壁处的流速，通常称截面上各点的流速为点流速。由于流体在管道截面上的速度分布较为复杂，点流速的概念不便于工程应用和计算，因此为方便起见，在工程上计算管道内流速采取截面平均流速的方法，即

$$u = \frac{Q}{A} \tag{3-4}$$

式中，A 为与流体流动方向相互垂直的管道截面积，m^2。

质量流速是单位管道截面积上单位时间流过的流体质量数，用 G 表示，单位为 kg/(m^2·s)，其计算式为

$$G = \frac{W}{A} \tag{3-5}$$

u 与 G 的关系式为

$$G = u\rho \tag{3-6}$$

气体的体积随温度与压力的变化而变化，但输送气体的质量是不变的，因此在描述气体的流量与流速时常用质量流量和质量流速。

3.1.2.2 稳定流动和不稳定流动

流体流动时，若任一截面的流速、流量与压力等参数都不随时间改变，只与空间位置有关，这种流动称为稳定流动。反之，流体流动时，若任一截面的流速、流量与压力等参数有部分或全部随时间改变，这样的流动称为不稳定流动。例如从高位槽流出的液体，当槽内液体得不到补充，因而液面随时间延长而降低，致使液流的压力、流速、流量等都相应变小，就属于不稳定流动。在冶金生产中，绝大部分过程的流体流动为不稳定流动，但是对于那些轻微或很缓慢的流动，其过程趋近于稳定流动，为简化起见，通常当作稳定流动处理。本章着重讨论稳定流动问题。

3.1.3 管路计算

流体的输送离不开管路。每一个具体的流体输送工程均由一个具体的输送管路来提供。管路是指流体的输送工程中传输工作流体的管道体系，包括提供能量的泵或风机。按其管子的布置情况可分为简单管路、并联管路及分支管路。并联管路和分支管路又合称复杂管路。管路计算是合理安排管道系统的基础。

管路计算是指通过计算求取流体在流动过程中的阻力损失、流量或管径，以此作为输送设备选用、管道布置等有关设计的依据。图 3-3 为流体稳定流动示意图。管路与烟道计算的理论依据是流体流动的连续性方程、伯努利方程及阻力损失计算式。

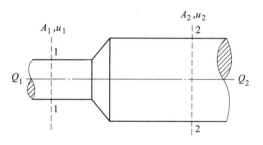

图 3-3 流体稳定流动示意图

3.1.3.1 流体流动的连续性方程

当流体为不可压缩性流体且在稳定流动时，不仅质量流量相等，体积流量也相等（见图 3-3），即

$$u_1 A_1 = u_2 A_2 \tag{3-7a}$$
$$Q_1 = Q_2 \tag{3-7b}$$

式（3-7a）和式（3-7b）为流体流动的连续性方程。

3.1.3.2 流体流动阻力损失

流体流动阻力通常可分为直管阻力（沿程阻力）和局部阻力（撞击阻力）两大类。直管阻力是指流体流经直管时，由于流体的内摩擦力而产生的能量损失；局部阻力是指流体流经管路中各类管件（弯头、阀门等），或管道截面发生突然缩小（或扩大）等局部地方时，由于速度方向及大小的改变，引起速度重新分布并产生旋涡，使流体质点发生剧烈动量交换而产生的能量损失。

3.2　液体输送设备

动画

冶金及化工生产过程中，输送的流体种类很多，流体的性质（如黏性、腐蚀性、是否含悬浮固体等）、温度、压力、流量和所需提供的能量都有很大的不同。为满足不同情况下流体输送的要求，需要不同结构和特性的流体输送设备。

流体输送设备按工作原理的不同可分为三大类。第一类为叶轮式（动力式）：依靠高速旋转的叶轮对液体产生离心力作用，把能量连续地传递给液体，使液体的动能和压力能增加，随后通过压出室将动能转换为压力能，将流体吸入和压出，其包括离心式、轴流式和旋涡式输送设备；第二类为容积式（正位移式）：利用活塞的往复运动或转子的旋转运动，使密封工作空间容积出现周期性变化，把压缩的能量周期性地传递给液体，运动所产生的挤压作用使流体升压获得能量，将液体强行排出，其包括往复式和旋转式输送设备；第三类为其他类型：不属于上述两种类型的其他输送设备，如喷射泵等。

由于气体与液体不同，气体具有压缩性，因此气体输送设备与液体输送设备在结构和特性上往往不尽相同。通常把输送液体的设备称为泵，把输送气体的设备按不同的情况分别称为通风机、鼓风机、压缩机和真空泵。

结合冶金生产的特点，下面讨论流体输送设备的工作原理、基本结构、性能、操作及有关计算。

3.2.1　离心泵

离心泵是冶金生产中最常用的一种流体输送机械，它具有结构简单、流量大且均匀、操作方便等优点，其使用约占冶金流体输送用泵的80%。

离心泵有单吸、双吸；单级、多级；卧式、立式，以及低速、高速之分。目前，高速离心泵的转速已达到24700 r/min，单级扬程达1700 m。我国单级离心泵的体积流量为5.5~300 m³/h。

3.2.1.1　离心泵的工作原理及主要构件

离心泵的工作原理如图3-4所示。在蜗形泵壳内，有一固定在泵轴上的工作叶轮。叶轮上有4~12片略向后弯曲的叶片，叶片之间形成了使液体通过的流道。泵壳中央有一个液体吸入口与吸入管连接。液体经底阀和吸入管进入泵内。泵壳上的液体压出口与压出管连接，泵轴用电机或其他装置驱动。启动前，先将泵壳内灌满被输送的液体。启动后，泵轴带动叶片旋转，叶片之间的液体随叶轮一起旋转，在离心力的作用下，液体沿着叶片间的流道从叶轮中心进口处被甩到叶轮外围，以很高的速度流入泵壳内的蜗形流道后，由于流道截面逐渐扩大，大部分动能转变为静压能，于是液体以较高的压力从压出口进入压出管，输送到所需场所。当叶轮中心的液体被甩出后，泵壳的吸入口就形成了一定的真空，外面的大气压力迫使液体经底阀、吸入管进入泵内，填补液体排出后的空间。这样，只要叶轮旋转不停，液体就源源不断地被吸入与排出。

离心泵若在启动前未充满液体，则泵壳内会存在空气。由于空气密度很小，所产生的离心力也很小。此时，在吸入口处所形成的真空不足以将液体吸入泵内。虽启动离心泵，

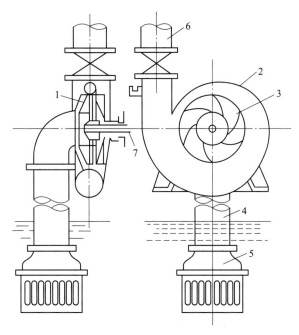

图 3-4 离心泵的工作原理示意图

1—叶轮；2—泵壳；3—叶片；4—吸入管；5—底阀；6—压出管；7—泵轴

但不能输送液体，此现象称为气缚现象。为便于使泵内充满液体，在吸入管底部安装带吸滤网的底阀（止逆阀），吸滤网用于防止固体物质进入泵内损坏叶轮的叶片或妨碍泵的正常操作。

A 叶轮

叶轮是离心泵的重要构件。叶轮有单吸式和双吸式之分，按其机械结构形式不同可分为开式、半闭式和闭式，如图 3-5 所示。

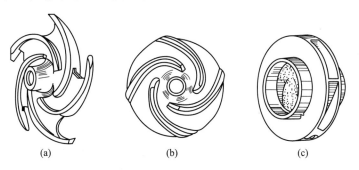

(a)   (b)   (c)

图 3-5 叶轮的类型示意图

（a）开式；（b）半闭式；（c）闭式

（1）开式叶轮两侧均无盖板，制造简单，清洗方便，适用于输送悬浮液及某些腐蚀性液体。由于其高压水回流较多，泵输送液体的效率较低。

（2）半闭式叶轮在吸入口一侧无盖板，另一侧有盖板，也适用于输送悬浮液。

（3）闭式叶轮两侧都有盖板，这种叶轮效率较高，适用于输送洁净的液体。

叶轮安装在泵轴上，在电动机带动下快速旋转。液体从叶轮中央的入口进入叶轮后，随叶轮高速旋转而获得动能，同时由于液体沿叶轮径向运动，且叶片与泵壳间的流区不断扩大，液体的一部分动能转变为静压能。

B　泵壳

离心泵的外壳常做成蜗形壳，其内有一截面逐渐扩大的蜗形流道，由于流道的截面积逐渐增大，由叶轮四周抛出的高速流体的速度逐渐降低，而其位置变化很小，因而可以使部分动能有效地转化为静压能。

有时还可以在叶轮与泵壳之间装设一固定不动的导轮，如图3-6所示。导轮的叶片间形成了多个逐渐转向的流道，可以减少由叶轮外缘抛出的液体与泵壳的碰撞，从而减少能量损失，使动能向静压能的转换更为有效。

3.2.1.2　离心泵的主要性能参数

离心泵的主要性能参数包括流量、扬程、有效功率和效率。

A　流量

泵的流量为单位时间内泵所输送的液体体积，用符号 Q 表示，其单位为 m^3/s。

B　扬程

泵的扬程又称为泵的压头，指单位质量流体流经泵所获得的能量，用符号 H_e 表示，单位为 mH_2O（$1\ mH_2O = 9806.65\ Pa$）。扬程的大小取决于泵的结构（叶轮直径的大小、叶片弯曲程度等）、转速和流量。由于液体在泵内的运动十分复杂，泵的扬程常用实验方法测定。

如图3-7所示，在泵的吸入口和压出口处分别安装真空表和压力表，在管道中装一流量计，可以测量泵的扬程。

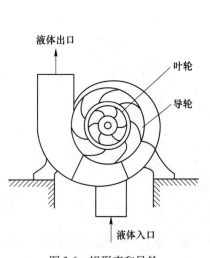

图 3-6　蜗形壳和导轮

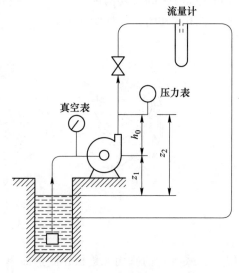

图 3-7　泵的扬程测定示意图

根据伯努利方程式有

$$z_1 + \frac{p_1}{\rho g} + \frac{u_1^2}{2g} + H_e = z_2 + \frac{p_2}{\rho g} + \frac{u_2^2}{2g} + H_f \tag{3-8}$$

式中，z 为单位质量的液体所具有的位置势能，即液体的高度；$\frac{p}{\rho g}$ 为单位质量的液体所具有的压力势能；$\frac{u^2}{2g}$ 表示单位质量的液体的动能。

在真空表与压力表所在的两截面之间用伯努利方程式得

$$z_1 + \frac{p_a - p_v}{\rho g} + \frac{u_1^2}{2g} + H_e = z_2 + \frac{p_a + p_m}{\rho g} + \frac{u_2^2}{2g} + H_f$$

或

$$H_e = h_0 + \frac{p_m + p_v}{\rho g} + \frac{u_2^2 - u_1^2}{2g} + H_f \tag{3-9}$$

式中，p_a 为当地大气压，Pa；p_m 为压力表读出的压力（表压），Pa；p_v 为真空表读出的真空度，Pa；z_1 为泵入口截面距水平基准面的高度，m；z_2 为泵出口截面距水平基准面的高度，m；h_0 为泵出口截面与入口截面间的高度差，m；u_1、u_2 分别为吸入管和压出管中液体的流速，m^3/s；H_e 为泵的扬程，m；H_f 为两截面之间以高度计的阻力损失，m。

由于两截面之间管路很短，其阻力损失 H_f 可忽略不计。若以 H_m、H_v 分别表示压力表和真空表上的读数，以米液柱计，则式（3-9）可改写为

$$H_e = h_0 + H_m + H_v + \frac{u_2^2 - u_1^2}{2g} \tag{3-10}$$

例 3-1　某离心泵以 20 ℃水进行性能实验，测得体积流量为 960 m^3/h，压出口压力表读数为 42.89 mH_2O（1 mH_2O = 9806.65 Pa），吸入口真空表读数为 3.40 mH_2O，压力表和真空表之间的垂直距离为 500 mm，吸入管和压出管内径分别为 350 mm 和 300 mm。试求泵的扬程。

解：根据式（3-4）有

$$u_1 = \frac{960/3600}{3.14/(4 \times 0.35^2)} = 2.77 \ m/s$$

$$u_2 = \frac{960/3600}{3.14/(4 \times 0.30^2)} = 3.77 \ m/s$$

将已知数据代入式（3-10）中得

$$H_e = 0.50 + 42.89 + 3.40 + \frac{3.77^2 - 2.77^2}{2 \times 9.81}$$

$$= 47.12 \ mH_2O$$

C　有效功率和效率

离心泵输送液体的过程中，由于泵内存在各种能量损失，泵轴转动所做的功并不能全部转换为液体的能量。

由电机输入离心泵的功率称为轴功率，用 N（W 或 kW）表示。离心泵的有效功率用 N_e 表示。有效功率与轴功率之比就是离心泵的效率，用 η 表示，即

$$\eta = \frac{N_e}{N} \tag{3-11}$$

显然，效率 η 反映了离心泵运转过程中能量损失的大小。泵内部的能量损失主要有以下三种。

第一种是容积损失，由泵中液体的泄漏造成。离心泵在运转过程中，一部分获得能量的高速液体从叶轮与泵壳间的缝隙流回吸入口，导致泵的流量减小。从泵排出的实际流量与理论排出流量之比称为容积效率 η_1。对于闭式叶轮，η_1 一般为 $0.85 \sim 0.95$。

第二种是水力损失，指液体流过叶轮、泵壳时，由于流速的大小和方向要改变，且发生冲击而造成的能量损失。水力损失的结果使泵的实际扬程低于理论扬程，两者之比即为水力效率 η_2。在离心泵的设计中，一般应保证其在额定的流量下水力损失最小，η_2 值一般为 $0.8 \sim 0.9$。

第三种是机械损失，主要来源于变速旋转的叶轮盘面与液体间的摩擦损失，以及轴承、轴密封装置等处的机械摩擦损失。泵的轴功率通常大于泵的理论功率（理论扬程与理论流量所对应的功率），理论功率与轴功率之比称为机械功率 η_3，η_3 值为 $0.96 \sim 0.99$。

离心泵的总效率（简称效率）等于上述三种效率的乘积，即

$$\eta = \eta_1 \eta_2 \eta_3 \tag{3-12}$$

根据泵的轴功率，可选用电机功率。但实际生产中为了避免电机烧毁，在选取电机功率时，要用求出的轴功率乘上一安全系数。常取安全系数见表 3-1。

表 3-1 泵的轴功率与安全系数

泵的轴功率/kW	$0.5 \sim 3.75$	$3.75 \sim 37.5$	> 37.5
安全系数	1.2	1.15	1.1

3.2.1.3 离心泵的特性曲线

由伯努利方程可以看出，泵的扬程是随流量变化的，流量增大时扬程就会变小，所以泵可以在一个很广的流量范围内操作。因此必须根据实际送液系统对 Q 和 H_e 的要求选择一台泵，使它在较高的效率下操作，以达到最经济的目的。

流量、扬程、效率和功率是离心泵的主要性能参数。这些参数之间的关系可通过实验测定。工厂生产的泵都有一定的牌号，其扬程、流量、功率、转速都有一定值，且生产厂家已将其产品性能参数用曲线表示出来，其曲线就是离心泵的特性曲线。

对于一定转速的泵，存在以下三种关系曲线，即 $H_e = f_1(Q)$，$N = f_2(Q)$，$\eta = f_3(Q)$。它们分别表示扬程、轴功率和效率与流量的关系。

图 3-8 为 4B20 型离心泵在转速 $n = 2900$ r/min 下的特性曲线，这些曲线都是由实验测定的。

H_e-Q 曲线表明，在较大的流量范围内，泵的扬程随流量的增大而平稳下降；泵的轴功率随流量的增加而平稳上升。当 $Q = 0$ 时，泵的轴功率最小，所以启动离心泵时，应将出口阀关闭，以减小启动功率。η-Q 曲线则有一最高点，泵在该点下操作效率最高，所以该点为离心泵的设计点，与此最高效率点相对应的 Q、H_e、N 值称为最佳工况参数或设计点参数。

选泵时，总是希望泵在最高效率下工作，因为在此条件下操作最为经济合理。但实际上泵往往不可能正好在该条件下运转，所以一般只能规定一个工作范围，此范围称为泵的

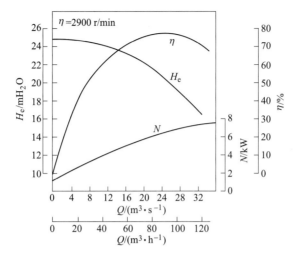

图 3-8　4B20 型离心泵的特性曲线 （1 mH$_2$O = 9806.65 Pa）

高效率区，如图 3-8 的波折线区域。高效率区的效率应不低于最高效率的 92% 左右。泵的铭牌上所标明的都是最高效率点的工况参数。离心泵产品目录和说明书上还常常注明最高效率区的流量、扬程、功率的范围等。

3.2.1.4　离心泵的安装高度

A　气蚀现象

从离心泵的工作原理可知，由离心泵的吸入管路到离心泵入口，并无外界对液体做功，液体是由于离心泵入口的静压低于外界压力而进入泵内的。即便离心泵叶轮入口处达到绝对真空，吸上液体的液柱高度也不会超过相当于当地大气压力的液柱高度。这里就存在一个离心泵的安装高度问题。

显然，当叶轮旋转时，液体在叶轮上流动的过程中，其速度和压力是变化的。通常在叶轮入口最低处，当此处压力不超过液体在该温度下的饱和蒸气压时，液体将部分汽化，生成大量的蒸气泡。含气泡的液体进入叶轮而流至高压区时，由于气泡周围的静压大于气泡内的蒸气压力，气泡急剧凝聚而破裂。气泡的消失产生了局部真空，使周围的液体以极高的速度涌向原气泡中心，产生很大的压力，造成对叶轮和泵壳的冲击，使其振动并发出噪声。尤其是当气泡在金属表面附近凝聚而破裂时，液体质点如同无数小弹头连续打击在金属表面上，在压力很大、频率很高的连续冲撞下，叶轮很快就被冲蚀成蜂窝状或海绵状，这种现象称为气蚀现象。

离心泵在气蚀条件下运转时，泵体振动并发出噪声，液体流量明显降低，同时扬程、效率也大幅度下降，严重时还会吸不上液体。为保证离心泵正常工作，应避免气蚀现象发生。这就要求叶轮入口处的绝对压力必须高于工作温度下液体的饱和蒸气压，即要求泵的安装高度不能太高。

B　安装高度

一般在离心泵的铭牌上都标注有允许吸上真空高度或气蚀余量，借此可确定泵的安装高度。离心泵以储槽液面为基准面，吸液装置如图 3-9 所示。

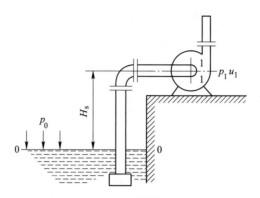

图 3-9　离心泵吸液装置示意图

允许吸上真空高度 H_s，是指泵入口处允许的最低压力 p_1 所允许达到的最大真空高度，其表达式为

$$H_s = \frac{p_a - p_1}{\rho g} \tag{3-13}$$

式中，H_s 为离心泵的允许吸上真空高度，mH_2O（$1\ mH_2O = 9806.65\ Pa$）；p_a 为当地大气压，Pa；p_1 为泵入口处允许的最低压力，Pa；ρ 为被输送液体的密度，kg/m^3。

允许吸上真空高度由实验测定。由于实验不能直接测出叶轮入口处的最低压力位置，往往以测定泵入口处的压力为准。

离心泵的允许安装高度的计算和实际安装高度的确定是设计和使用离心泵的重要一环，有几点值得注意：（1）离心泵的允许吸上真空度 H_s 与泵的流量有关，必须用最大额定流量值进行计算；（2）离心泵安装时，应注意选用较大的吸入管路，减小吸入管路的弯头等管件，以减少吸入管路的阻力损失；（3）当液体输送温度较高或液体沸点较低时，可能出现允许安装高度 H_s 为负值的情况，此时应将离心泵安装于储槽液面以下，使液体由于位差自动流入泵内。

3.2.1.5　离心泵的类型

离心泵种类很多，按输送液体的性质不同可分为清水泵、泥浆泵、耐腐蚀泵、油泵等；按泵的工作特点不同可分为低温泵、热水泵、液下泵等；按吸入方式不同可分为单吸泵和双吸泵；按叶轮数目不同可分为单级泵和多级泵。以下就冶金工厂常用的几种离心泵（如水泵、耐腐蚀泵、杂质泵、液下泵、油泵等）加以介绍。

（1）水泵它是用来输送清水以及物理、化学性质类似于水的清洁液体。按系列代号又可分为 B 型、D 型和 SH 型。B 型水泵是一种单级单吸悬臂式离心泵，扬程为 8 ~ 98 mH_2O（$1\ mH_2O = 9806.65\ Pa$），流量为 4.5 ~ 360 m^3/h；D 型水泵是一种多级泵，扬程为 14 ~ 351 mH_2O，流量为 10.8 ~ 850 m^3/h；SH 型水泵是一种单级双吸泵，扬程为 9 ~ 14 mH_2O，流量为 102 ~ 12500 m^3/h。其中以 B 型离心泵应用最广，这类泵只有一个叶轮，液体从泵的一侧吸入，液体的最高温度不能超过 80 ℃。

现以 3B33A 型水泵为例来说明 B 型水泵符号意义，如图 3-10 所示。

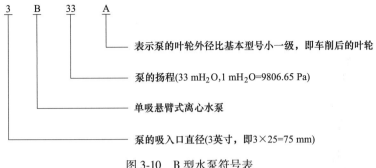

图 3-10 B 型水泵符号表

（2）耐腐蚀泵（系列代号为 F）。它是用来输送酸、碱等腐蚀性液体，扬程为 15~105 mH₂O，流量为 2~400 m³/h。输送介质温度一般为 0~105 ℃，特殊需要时可为-50~200 ℃。

这种泵与腐蚀性液体接触的部件都需用各种耐腐蚀材料制造。同时，由于材料不同，在系列代号 F 后需加上材料的代号。F 型泵针对各种腐蚀性液体采用了许多耐腐蚀材料，常用的有灰口铸铁、高硅铸铁、镍铬合金钢、聚四氟乙烯塑料等。

（3）杂质泵（系列代号为 P）。它是用来输送悬浮液及黏稠浆液。杂质泵又可分为污水泵（PW 型）、砂泵（PS 型）和泥浆泵（PN 型）。这类泵的叶轮流道较宽，叶片数目少，常用开式或半闭式叶轮。

（4）液下泵（系列代号为 FY）。它是安装在液体储槽以内，用来输送各种腐蚀性料液。其轴封要求不高，不足之处是效率较低。

（5）油泵（系列代号为 Y）。它是用来输送石油产品及其他易燃、易爆液体，扬程为 60~603 mH₂O，流量为 6.25~500 m³/h，为化工生产中常用泵之一。

3.2.1.6 离心泵的选用

选用离心泵的基本原则是，以能满足液体输送的工艺要求为前提。选用时，需遵循技术合理、经济等原则，同时兼顾供给能量一方（泵）和需求能量一方（管路系统）的要求。通常可按下述步骤进行。

（1）确定输送系统的流量与扬程。流量一般为生产任务所规定。根据输送系统管路的安排，可用伯努利方程式计算管路所需的扬程。

（2）选择泵的类型。根据输送液体的性质和操作条件确定泵的类型。

（3）确定泵的型号。根据输送液体的流量及管路所要求的泵的扬程，从泵的样本或产品目录中选出合适的型号。泵的流量和扬程的选择应留有适当余量，且应保证离心泵在高效率区工作。泵的型号一旦确定，应进一步查出其详细的性能参数。

（4）校核泵的性能参数。如果输送液体的黏度和密度与水相差较大，则应核算泵的流量、扬程、轴功率等性能参数。

3.2.2 往复泵

往复泵是利用活塞的往复运动将能量传递给液体，以完成液体输送任务。往复泵输送流体的流量只与活塞的位移有关，而与管路情况无关，但往复泵的扬程与管路情况有关。

往复泵主要由泵缸、活塞和单向活门构成。往复泵的工作原理是活塞由曲柄连杆机构带动做往复运动。如图 3-11 所示，活塞由外力的作用向右移动时，泵体内造成低压，上端的单向活门（排出活门）被压而关闭，下端的单向活门（吸入活门）便被泵外液体的压力推开，将液体吸入泵体内。相反，当活塞向左移动时，泵体内造成高压，吸入活门被压而关闭，排出活门受压而开启，由此将液体排出泵外。活塞如此不断进行往复运动，就将液体不断地吸入和排出。

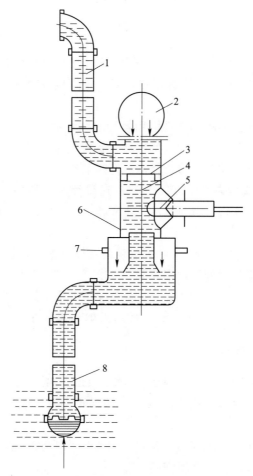

图 3-11　往复泵作用原理示意图

1—压出管路；2—压出空气室；3—压出活门；4—缸体；5—活柱；6—吸入活门；
7—吸入空气室；8—吸入管路

活塞运动的距离称为冲程。当活塞往复一次（即双冲程）时，只吸入一次和排出一次液体，这种泵称为单动泵。单动泵的流量是波动且不均匀的，仅在活塞压出行程才排出液体，而在吸入行程中则无液体排出。

实际生产中所采用的往复泵，由于所输送的液体性质不同或使用目的不同，其结构形式不尽相同。当用于输送易燃、易爆液体时，常采用蒸汽传动的往复泵，以求安全可靠。

当输送腐蚀性料液或悬浮液时，为了不使活塞受到损伤，多采用隔膜泵，即用一弹性薄膜将活塞和被输送液体隔开的往复泵。此弹性薄膜是用耐磨、耐腐蚀的橡皮或特殊金属制成。如图3-12所示，隔膜左边所有部分均用耐腐蚀性材料制成，或衬以耐腐蚀性物质，隔膜右边则盛有水或油。当活塞做往复运动时迫使隔膜交替地向两边弯曲，致使腐蚀性液体或悬浮液在隔膜左边轮流地被吸入和压出，而不与活塞相接触。这种泵技术要求复杂，易损坏，难维修。

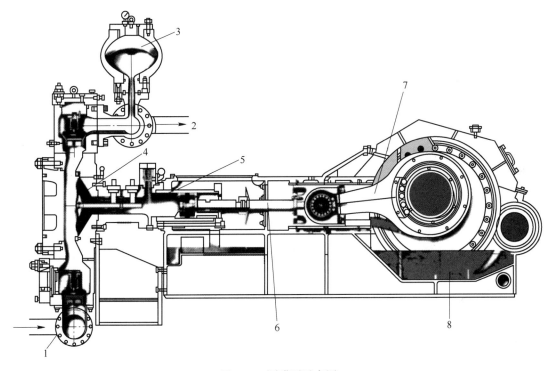

图3-12　隔膜泵示意图

1—矿浆入口；2—矿浆出口；3—氮气缓冲；4—隔膜；5—推进油；6—推进缸；7—曲轴；8—润滑油

　　还有一种高压油泵（见图3-13），当活塞向右移动时，排料活门紧闭，吸入活门开启，料浆便进入油箱的下半部；当活塞向左移动时，吸入活门闭死，排料活门开启，料浆排出。由于油箱上半部和活塞缸中充满矿物油，因此活塞及缸体不会磨损，使用寿命大为增加。由于密度不同，油与泥浆既不相混也不互溶，所以油的消耗极少。

3.2.3　旋转泵

　　旋转泵是借泵内转子的旋转作用而吸入和排出液体的，又称转子泵。旋转泵的形式很多，工作原理大同小异，最常用的一种是齿轮泵。

　　齿轮泵的结构如图3-14所示。它主要由椭圆形泵壳和两个齿轮组成，其中一个齿轮为主动齿轮，由传动机构带动；另一个齿轮为从动齿轮，与主动齿轮相啮合，并随之做反方向旋转。当齿轮转动时，因两齿轮的齿相互分开而形成低压，将液体吸入，并沿壳壁推送至排出腔。在排出腔内，两齿轮的齿互相啮合而形成高压，将液体排出。如此连续进行，以完成液体输送任务。

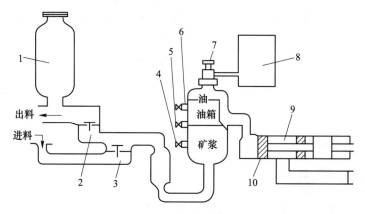

图 3-13　活塞式油压泥泵示意图

1—空气室；2—出料阀；3—进料阀；4—矿浆观察室；5—液面观察阀；
6—油观察阀；7—供油阀；8—油箱；9—油缸；10—活塞

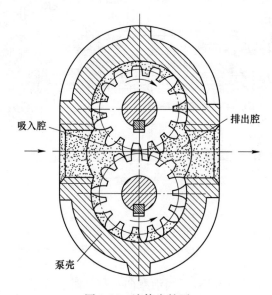

图 3-14　液体齿轮泵

　　齿轮泵压头高，流量小，可用于输送黏稠液体甚至膏状物料，但不适用于输送含固体颗粒的悬浮液。

　　目前在冶金工业生产中，离心泵的使用最为广泛。这是因为它不但结构简单、紧凑，能与电动机直接相连，对地基要求不高，而且其流量均匀，易于调节，可用各种耐腐蚀的材料制造，能输送腐蚀性、有悬浮物的液体。其缺点是扬程一般不高，没有自吸能力，效率较低。

3.3　气体输送设备

　　从原则来讲，气体输送设备与液体输送设备的结构和工作原理大体相同，其作用都是向流体做功，以提高流体的静压力，但由于气体具有可压缩性，且其密度比液体小得多，气体输送设备具有与液体输送设备不同的特点，主要表现为：（1）气体密度小，体积流量大，因此气体输送设备的体积大；（2）气体流速大，在相同直径的管道内输送同样质量的流体，气体的阻力损失比液体的阻力损失要大得多，需提高的压头也很大；（3）由于气体的可压缩性，当气体压力变化时，其体积和温度也同时发生变化，这对气体输送设备的结构形状有很大的影响。

气体输送设备除按工作原理及设备结构分类外，还可按一般气体输送设备产生的出口压强或压缩比来分类，见表3-2。

表3-2 气体输送设备的分类表

种类	出口压强（表压）/kPa	压缩比	种类	出口压强（表压）/kPa	压缩比
通风机	≤15	1~1.15	压缩机	>294	>4
鼓风机	15~294	<4	真空泵	大气压	由真空度决定

3.3.1 通风机

通风机主要有离心式和轴流式两种类型。轴流通风机由于其所产生的风压很小，一般只作为通风换气用。冶金厂应用最广的是离心通风机。离心通风机按其所产生的风压大小可分为：（1）低压离心通风机，风压不大于 $1×10^3$ Pa（表压）；（2）中压离心通风机，风压为 $1×10^3$~$3×10^3$ Pa（表压）；（3）高压离心通风机，风压为 $3×10^3$~$15×10^3$ Pa（表压）。

3.3.1.1 离心通风机的结构及工作原理

离心通风机的基本结构和工作原理均与单级离心泵相似，如图3-15所示，它同样是在蜗形机体内靠叶轮的高速旋转所产生的离心力，使气体因压力增大而排出。与离心泵相比，其结构具有的特点为：（1）叶轮直径大，叶片数目多，叶片短，以保证达到输送量大、风压高的目的；（2）蜗形通道一般为矩形截面，以利于加工。

3.3.1.2 离心通风机的选择

离心通风机的选用与离心泵相似，主要步骤为：（1）根据气体的种类（如清洁空气、易燃气体、腐蚀性气体、含尘气体、高温气体等）与风压范围，确定风机类型；（2）将操作状态下的风压及

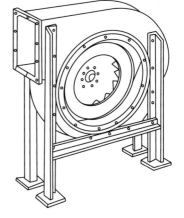

图3-15 离心通风机的结构

风量等参数换算成实验标准状态下的参数；（3）根据所需风压和风量，从样本上查得适宜的设备型号及尺寸。

3.3.2 鼓风机

常用的鼓风机有离心式和旋转式两种。

3.3.2.1　离心鼓风机

离心鼓风机又称为涡轮鼓风机或透平鼓风机，其基本结构和操作原理与离心通风机相似。它的特点是转速高，排气量大，结构简单。但单级离心鼓风机由于只有一个叶轮，不可能产生较大的风压（一般小于 30 kPa），因此风压较高的离心鼓风机一般是由几个叶轮串联组成的多级离心鼓风机。

3.3.2.2　旋转鼓风机

旋转鼓风机种类较多，最典型的是罗茨鼓风机，其工作原理与齿轮泵相似。罗茨鼓风机的结构如图 3-16 所示。在一椭圆形气缸内配置两个"8"字形的转子装在两个平行轴上，通过对同步齿轮的作用，使两个转子做反方向旋转。由于两转子之间、转子与机壳之间的缝隙很小，转子可自由旋转而不会引起过多的气体泄漏。当转子旋转时，则推动气缸内的气体由一侧吸入，从另一侧排出，以达到增压鼓风的目的。罗茨鼓风机的主要特点是风量与转速成正比，转速一定时，风压改变，风量可基本不变。此外此风机转速高，无阀门，结构简单，质量小，排气均匀，风量变动范围大，可在 $2 \sim 500$ m³/h 范围内变动；但其效率低，容积效率一般为 $70\% \sim 90\%$。

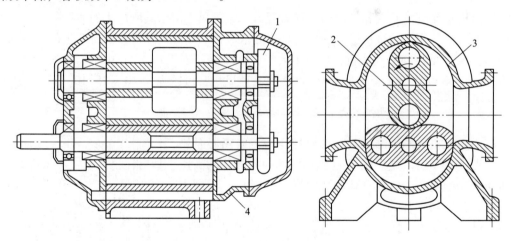

图 3-16　罗茨鼓风机结构示意图

1—同步齿轮；2—转子；3—气缸；4—盖板

罗茨鼓风机的出口应安装稳压罐和安全阀，流量可用旁路调节，操作温度不宜超过 85 ℃，以防转子受热膨胀而卡住。

 ## 习　题

查看习题解析

3-1　单选题

（1）离心泵主要由叶轮、泵壳、泵轴、马达组成，下面关于叶轮的正确说法是（　　）。

　　A. 开式叶轮效率高，适宜于输送悬浮液

　　B. 闭式叶轮效率较高，用于输送洁净的液体

　　C. 其直径和厚度与泵的性能无关

D. 其直径决定了泵的流量，厚度决定了泵的扬程

（2）离心泵的安装高度取决于（　　　）。

A. 离心泵的特性曲线

B. 允许气蚀余量

C. 允许吸上真空度

D. 允许气蚀余量或允许吸上真空度

（3）为了给高压釜供稳定料流，应采用（　　　）隔膜泵。

A. 带授料器的三缸单动　　　　　B. 带授料器的双缸单动

C. 带授料器的四缸单动　　　　　D. 带授料器的双缸双动

（4）为了提高离心泵的扬程，应采用（　　　）。

A. 多台离心泵串联　　　　　　　B. 多台离心泵并联

C. 多台离心泵中继站相联　　　　D. 多级离心泵

（5）冶金中常用压力 0.4~0.7 MPa、大风量的场合，采用（　　　）提供。

A. 高压（离心）离心风机　　　　B. 三叶型罗茨风机

C. 多级空气压缩机　　　　　　　D. 双叶型罗茨鼓风机

3-2　思考题

（1）两管道截面积相同，一个截面为长方形，另一个截面为圆形，其他条件完全相同，两者单位长度的阻力是否相同，为什么？

（2）试述往复泵的工作原理，泵的安装高度与什么因素有关？

（3）往复式压缩机的工作过程可分为几个阶段，其工作原理是什么？

（4）水环真空泵是液体输送设备还是气体输送设备，其工作原理是什么？

（5）简述通风机的工作原理与特点。

（6）简述鼓风机的工作原理与特点。

4 冶金传热设备

岗位情境

很多冶金的化学反应都需要控制在一定的温度下进行，为了维持所要求的温度，物料在进入反应器之前往往需要预热或冷却；在冶金过程进行中，由于反应本身需吸收或放出热量，因此要及时补充或移走热量。如闪速炼钢过程，为了强化熔炼反应，需将富氧空气预热至 500 ℃ 以上；又如硫化锌精矿的流态化焙烧过程，由于反应放出大量的热，炉子外面需设置冷却水套，及时移走多余的热量。冶金反应多数需要传热才能完成，冶金传热设备有自己的特点。图 4-1 为冶金传热设备。

掌握和控制热量传递的设备，对冶金工程具有重要意义。

图 4-1　冶金传热设备

岗位类型

（1）换热器维护；
（2）换热器控制室；
（3）热风炉长；
（4）热风炉维护与控制室。

职业能力

（1）具有操作换热器、热风炉等主要设备并进行智能控制与维护的能力；
（2）具有处理设备故障，清晰完整记录生产数据及交流合作的能力。

4.1 传 热 基 础

热量的传递是由系统或物体内部的温度差所引起的。当无外功输入时，根据热力学第二定律，热量总是从物体温度较高的部分传递给温度较低的部分，或是从温度较高的物体传递给温度较低的物体。温度差为传热过程的推动力，热流方向是由高温处流向低温处。

4.1.1 传热的基本方式

传热的基本方式有传导、对流和辐射三种。

（1）热传导。当物体内部或两个直接接触的物体之间存在温度差时，温度较高的部分或物体因分子的振动将热量传递给邻近的温度较低的部分或物体，同时并没有宏观的物质迁移的过程称为热传导，或称为导热。热传导是物体内部分子微观运动所引起的传热，是静止物体内的一种传热方式，即物体内部不发生宏观运动，是依靠物体内存在的温度差的两部分直接接触而传递热量的过程。

（2）对流传热。由于流体（液体或气体）本身的流动，将热量从空间的一处传递到另一处的传热过程称为热对流，或称为对流传热。对流传热又因为使流体产生运动（流体质点位置变动）的原因不同分为自然对流传热和强制对流传热。自然对流是因流体内部各处的温度不同而引起流体内部密度的差异所形成的流体流动。强制对流是因机械搅拌或机械设备作用（如泵、风机等）而引起的流体质点移动。对流传热过程往往伴有热传导。

（3）热辐射。以电磁波的形式发射或传递热能的过程称为热辐射，或称为辐射传热。任何物体，只要其绝对温度不为 0 K，都会以电磁波的形式向外辐射能量，且不需要任何介质。热辐射不仅产生能量的转移，而且伴有能量形式的转换。物体发射辐射能的多少与物体的温度有关。温度越高，所发射的辐射能越多。辐射能不仅能从温度高的物体传向温度低的物体，也能从温度低的物体传向温度高的物体。但因温度高的物体发射的辐射能较多，总的结果还是温度高的物体失去热量，而温度低的物体得到热量。辐射传热是物体间相互辐射和吸收能量的总结果。

4.1.2 冶金过程换热的方式

传热过程在工业上是靠各种传热设备来进行，特殊情况下还要借载热体来输送热量。基本的换热方式主要有以下三种。

（1）间壁式换热：高温流体与低温流体各在间壁的一侧，通过流体的对流、器壁的传导综合传热。套管式、列管式、板式和特殊形式的换热器等都属于这一类。

（2）直接接触换热：热流体和冷流体直接混合，传质、传热同时进行，不需要传热面。在工业上常用的凉水塔、喷洒式冷却塔、混合冷凝器等都属于此类。

（3）蓄热式换热：将高温气体通过热容量大的蓄热室，再使冷气体进入该蓄热室吸收热量，冷气体逐渐被加热。这种设备常用在有大量余热的冶金、石油等工业上。

4.1.3 载热体

被加热的物料如果不适合与热源直接接触，可通过中间介质进行加热。被加热的介质把热量传递给需要加热的物料，这种介质称为载热体。常用的载热体为水蒸气、有机载热体、熔盐载热体、液态金属等，其中水蒸气在冶金工业过程中最为常用。

（1）直接蒸汽加热：该方法需要把蒸汽直接通入待加热的物料，使用的设备简单，操作易行，但是加热的结果是被加热物料会被稀释。只有工艺允许，才可以采用这种方法。这种加热方法无需特殊设备，只要将有孔的蒸汽喷嘴插入被加热物料中即可。在入口管路应装有单向阀门，以防止在蒸汽管路压强降低时，被加热物料吸入蒸汽管路中。

（2）间接蒸汽加热：多数加热过程不适于用蒸汽直接加热，而需要用间壁式的热交换器通过蒸汽进行间接加热。加热蒸汽冷凝时放出潜热，成为冷凝水而排出，有时冷凝水还可以降到更低的温度以放出更多的热量。

（3）其他载热体：除水蒸气之外，常用的载热体有机载热体、熔盐载热体、热水。

4.1.4　稳定传热与不稳定传热

在传热系统中，各点的温度只随换热设备中的位置变化而不随时间变化，此种传热过程称为稳定传热。如果换热设备中各点的温度不仅随位置变化而且也随时间变化，则此过程称为不稳定传热。

连续生产过程中的传热多为稳定传热；间歇操作的换热器属于不稳定传热；蓄热式换热器中，填充物的温度随时间而变化。

4.1.5　导热系数

在任一时间，物体内部或空间具有一定的温度分布，这种温度分布情况称为温度场，它与时间及空间位置有关。

在温度场内，如果各点温度不随时间而改变，则称为稳定的温度场。在稳定温度场中的传热称为稳定传热。

在温度场中，将同一时刻由温度相同的各点所连接起来的面称为等温面。设两相邻等温面之间的温度差为 Δt，两个等温面沿法线方向的距离为 Δx，两者之比的极限称为温度梯度。在稳定传热时，温度梯度可以用温度差代替进行简化计算。

1822 年，傅里叶在综合大量固体导热实验数据的基础上提出傅里叶定律，即单位时间传导的热量 $\mathrm{d}Q$ 与传热面积 A 和温度梯度 $\dfrac{\Delta t}{\Delta x}$ 的乘积成正比。傅里叶定律是反映导热规律的基本定律，它是建立导热微分方程的基础之一。

导热系数 λ 表示物质导热能力的大小。导热系数的物理意义是：单位温度梯度下通过单位传热面积的热流量，其单位为 $\mathrm{W/(m \cdot K)}$。

导热系数是物质的一种物理性质，体现物质的导热能力，其大小与物质的种类、密度、温度和湿度等因素有关。不同物态的物质，其导热能力差别很大。一般来说，固体的导热能力大于液体，气体的导热能力最差。在固体中，金属的导热能力较强，具有较大的导热系数，其中以银和铜的导热系数值最高，但当金属中夹有少量杂质后，其导热系数值有显著变化。绝热材料的导热系数较小，与其孔隙率有很大的关系，这是因为不发生对流的空气有很好的绝热能力。各种物质的导热系数见表 4-1。

表 4-1 各种物质的导热系数

物 质	导热系数 $\lambda/[W \cdot (m \cdot K)]^{-1}$	物 质	导热系数 $\lambda/[W \cdot (m \cdot K)]^{-1}$
金属	2.3~420	建筑材料	0.23~0.58
绝热材料	0.023~0.23	水	0.58
其他液体	0.093~0.7	气体	0.006~0.6

应当注意的是，圆柱体的表面积随半径的增加而增大，所以圆筒壁的传热属于稳定传热，通过各层壁面的热流量相等，但热流密度（单位时间、单位面积上传递的热量）却不相等。

4.1.6 热边界层

正如流体流过固体壁面时形成流动边界层一样，当流体主体的温度与壁面温度不同时，在固体壁面也必然会形成热边界层，又称为温度边界层。当温度为 t_f 的流体在表面温度为 t_w 的平壁上流过时，流体和平壁之间即进行对流传热。热边界层的厚度 δ_1 定义为从温度 $t = t_w$ 的壁面处到 $t = 0.99 t_f$ 处的垂直距离。在热边界层以外的主流区域，温度基本相同，即温度梯度可视为零。

4.1.7 对流传热系数

根据以上关于热边界层的概念，将对流传热仿照平壁热传导的概念进行数学处理，则可得目前采用的牛顿冷却定律，即

$$Q = \frac{\kappa}{\delta_t} A(t_w - t_f) \tag{4-1}$$

式中，Q 为对流传热速率，J/s 或 W；κ 为流体导热系数，W/(m·K)；A 为传热面积，m^2；δ_t 为热边界层厚度，m；t_w、t_f 分别为壁面和流体的温度，K。

由于式（4-1）中热边界层厚度 δ_1 难以测定，无法进行计算，因此在处理上把 $\alpha = \frac{\kappa}{\delta_t}$ 代入式（4-1）得

$$Q = \frac{t_w - t_t}{\dfrac{1}{\alpha A}} = \frac{\Delta t}{R} \tag{4-2}$$

式中，α 为对流传热系数，W/(m·K)；R 为对流传热热阻，即 $R = 1/(\alpha A)$，K/W。

式（4-2）称为对流传热方程，又称为牛顿冷却定律。该式并非理论推导的结果，而是一种推论，即假设单位面积上的对流传热量与温度差 Δt 成正比。式（4-2）中的比例系数 α 称为对流传热系数，其物理意义是指流体主体与壁面间温度差为 1 K 时，单位时间通过单位传递面积所传给流体（或由流体给出）的热量。

影响对流传热系数 α 的因素很多，包括流体的流速 u、导热系数 κ、黏度 μ、密度 ρ、比定压热容 c_p、体积膨胀系数 β、传热面的特征尺寸 ι、壁面温度 t_w、流体温度 t_f 等。

4.1.8 辐射传热定律

热辐射也遵循光辐射的折射和反射定律。辐射传热有以下三个基本定律。

（1）普朗克定律。物体在一定温度下，单位时间单位面积上发射出的 $0 \sim +\infty$ 一切波长的辐射总能量，称为该物体的辐射能力，用 E 表示。在一定的温度下，黑体在某一波长的辐射能力称为该温度下的单色辐射能力或辐射强度，用 $E_{0\lambda}$ 表示，单位为 W/m^2。普朗克从理论上确定了 $E_{0\lambda}$ 随波长 λ 的分布规律。

（2）斯忒藩-玻耳兹曼定律。若将 $E_{0\lambda}$ 在波长 $\lambda = 0 \sim +\infty$ 积分，即得到该温度下黑体的辐射能力 E_b，也就得到斯忒藩-玻耳兹曼定律的数学表达式。因黑体的辐射能力与其绝对温度的 4 次方成正比，所以也称为四次方定律。它仅对黑体才是正确的，对于灰体则有一定的偏差，但为了简化计算，仍将灰体的辐射能力表示为四次方定律的形式，即

$$E_g = C \left(\frac{T}{100} \right)^4 \tag{4-3}$$

式中，C 为灰体的辐射系数，$W/(m^2 \cdot K^4)$。

（3）克希荷夫定律。任何物体的辐射能力 E 与其吸收率 a 的比值都相同，且恒等于同温度下黑体的辐射能力，仅与物体的温度有关，而与物体本身的性质无关。克希荷夫定律揭示了物体的辐射能力与吸收率之间的关系。

4.2　换　热　设　备

动画

冶金过程中，各种传热方式往往不是单独出现的，而是伴随着其他传热方式。如高温炉壁在空气中的散热，以及火焰炉与物料表面间的传热，通常是对流与辐射的联合传热过程；在加热或熔炼金属的火焰炉炉膛内，炉气、炉墙和金属三者之间既存在辐射传热，又存在对流传热和热传导；间壁式换热器的传热过程则是辐射、对流与传导三种传热方式同时进行。

按用途不同，换热设备可分为加热器、冷却器、冷凝器、再沸器和蒸发器等；按传热特征不同，换热设备可分为直接接触式，冷、热直接混合式和蓄热式。

4.2.1　换热器的类型

4.2.1.1　蛇管式换热器

蛇管换热器有些是用弯头把一排排的直管联结起来构成如图 4-2（a）的形式。另外，也有的是采用螺旋形弯管构成如图 4-2（b）的形式。

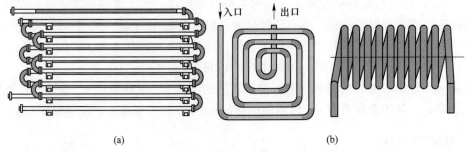

(a)　　　　　　　　　　　　　　　　(b)

图 4-2　蛇管式换热器的蛇管
（a）直管式；（b）螺旋式

4.2.1.2 套管式换热器

套管式换热器采用管件把两种不同管径的管子装成同心套筒，再把这样的套筒多级串联而构成，如图4-3所示。内管及套筒环隙各有一种流体流过，进行热交换。

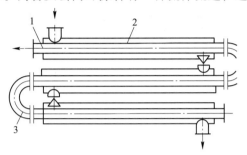

图4-3 套管式换热器

1—内管；2—外管；3—U形肘管

这种设备结构简单、紧凑，可按需要增加或减少传热面积，灵活性大。

4.2.1.3 列管式换热器

列管式换热器结构简单、制造容易、检修方便，应用很广泛。更为重要的是结构紧凑，单位体积设备具有比较多的传热面积，传热效果好，可采用多种材料制造，工艺上适用范围广。

列管式换热器由壳体、管束、管板（又称为花板）和封头等部件组成。管束两端装在管板上，管板连同管束装于壳体内。壳体两端有圆形帽盖，称为封头，封头上装有流体的进、出口。用螺钉与壳体相连接，检修时可以从这里拆卸。

图4-4所示为U形管式换热器，管子弯成U形，两头都固定在同一块管板上，管子的受热膨胀与壳体无关，不会受破坏。这种设备结构简单，质量小，但清除管内结垢较难；同时装在中间部分的管子拆换困难。

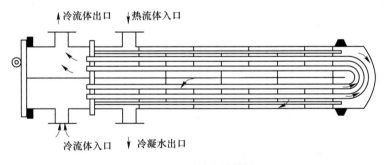

↑冷流体出口　↓热流体入口

↑冷流体入口　↓冷凝水出口

图4-4 U形管式换热器

浮头式换热器把管束一端的管板与壳体联结，另一端不与壳体相连，使其受热和冷却时能够自由伸缩；在这一管板上装一个顶盖，称为浮头。浮头式换热器有内浮头式与外浮头式两种，如图4-5所示。

外浮头与壳体之间以填料密封，所以也可称为垫塞式浮头。由于填料容易损坏，这种

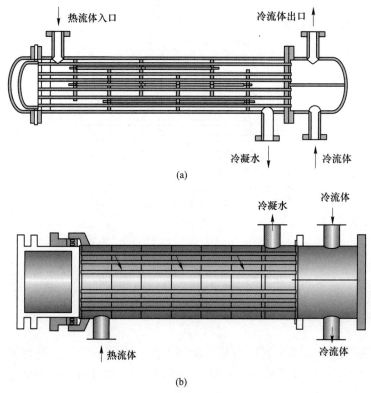

图 4-5　浮头式换热器

（a）内浮头式；（b）外浮头式

换热器只能适用于 2.06 MPa（表压）和 350 ℃以下的情况，且壳程不能用于输送易燃、易爆、有毒和易挥发的流体。内浮头式换热器应用普遍，但结构较复杂，造价稍高。

4.2.1.4　板式换热器

固定管板换热器如图 4-6 所示。其特点是结构简单，成本低，但可能产生较大的热应力，同时壳程不易机械清洗。它适用于壳程流体不易结垢或化学清洗容易的情况；壳体与传热管壁温度差小于 50 ℃，否则需加膨胀节。

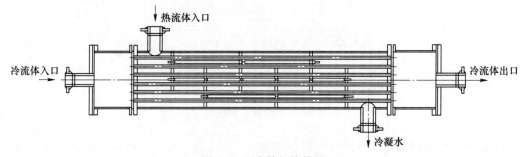

图 4-6　固定管板换热器

冶金过程往往与热交换有密切关系，其中用得最多的是平板式换热器。该换热器是由一组平行排列、夹紧组装于支架上的长方形薄金属板构成。其在两块相邻板片的边缘衬有垫片，压紧后形成密封的流动通道，且可用垫片的厚度调节通道的大小；每块板的 4 个角上各开有一个圆孔，其中一对圆孔和板面上流动通道相通，另一对圆孔则不相通，它们的位置在相邻的板上是错开的，以便分别形成两流体的通道；冷、热流体交替地在板片两侧流动，通过板片进行换热；通常板片冲压成波纹状，使流体均匀流过，增强了流体湍动，又增加了传热面积，有利于传热。

板式换热器如图 4-7 所示，它的优点是传热系数大，结构紧凑，操作灵活性大，金属材料消耗量低，加工容易，检修、清洗方便。缺点是允许操作压力比较低，操作温度不能太高，处理量不大，处理能力较低。

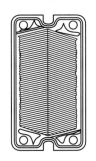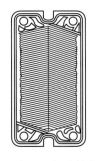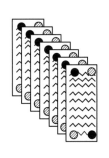

图 4-7 板式换热器

4.2.1.5 夹套式换热器

夹套式换热器主要用于反应过程的加热或冷却，它是在容器外壁安装夹套制成的，其结构如图 4-8 所示。它的优点是结构简单；缺点是传热面受容器壁面限制，传热系数小。

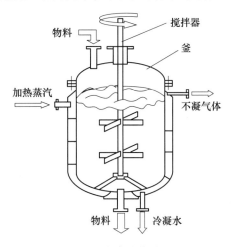

图 4-8 夹套式换热器

为提高传热系数且使釜内液体受热均匀，可在釜内安装搅拌器，也可在釜内安装蛇管。

4.2.1.6 特殊形式换热器

为了适应各工业部门的发展，满足某些工艺的特殊要求，各种特殊形式的新型换热器不断出现，如多孔换热器、离心式换热器、同流式换热器、同心圆筒式换热器等。它们有的已在不同场合得到应用，显示出了独特的优点。但有些还仅处于发展、完善阶段，尚未定型。

此外，换热器也可按用途或所用材料分类。按用途不同可分为加热器、冷却器、预热器、冷凝器和再沸器等；按材料不同可分为金属材料和非金属材料换热器。前文所述的管式和绝大多数的殊形式换热器，一般都是用碳素钢、低合金结构钢和不锈钢制造的。近年来，为了提高换热器的换热效率，出现了铝制换热器；为了提高换热器的耐腐蚀性，出现了各种形式的钛制换热器。

值得注意的是，钛并不能适用于所有腐蚀介质，对于有些介质，它是耐腐蚀的，而对于另外一些介质，它不耐腐蚀或易产生应力腐蚀，特别是对于某些介质，钛还会产生自燃爆炸现象。为了解决冶金、化工生产中的耐温、耐压和耐腐蚀性问题，人们还发明了各种非金属材料换热器，如石墨换热器、聚四氟乙烯换热器和玻璃换热器等。

4.2.2　冶金中的换热器

我国部分有色冶金工厂换热器应用概况见表 4-2。

表 4-2　我国部分有色冶金工厂换热器应用概况

换热器名称	用　途	换热面积/m²	热流体	冷流体	使用厂家
浮头式换热器	加热油渣	100, 300	蒸汽	油渣	山东铝厂
管壳式换热器	加热铝酸钠分解母液	62	蒸汽	碱性水溶液	沈阳冶炼厂
钛制管壳式换热器	加热电解液	40, 45	蒸汽	电解液	白银有色金属公司
石墨管壳式换热器	加热含盐酸的水溶液	48, 60, 120	蒸汽	盐酸水溶液	株洲冶炼厂
石墨间冷器	冷却烟气	400	锌冶炼烟气	冷空气	葫芦岛锌厂
双程预热器	预热碱液	30	蒸汽	碱液	贵州铝厂
六程预热器		400			
套管式加热器	加热铝酸钠分解母液	142	蒸汽	碱性水溶液	山东铝厂
平板式加热器	冷却上清液	20	上清液	柳江水	柳州冶炼厂
钛材平板式换热器	加热电解液	100	蒸汽	硫酸水溶液	沈阳冶炼厂

冶金中的对流换热器很多，现以干法熄焦（CDQ）为例说明。干法熄焦是将红热焦炭送入干熄槽内，利用循环气体（主要是 CO_2 和 N_2）冷却红热焦炭，简称干熄焦。干熄焦流程如图 4-9 所示。

4.2.2.1　原理

以冷惰性气体（主要成分为 N_2）冷却红焦。吸收了红焦热量的惰性气体作为二次能

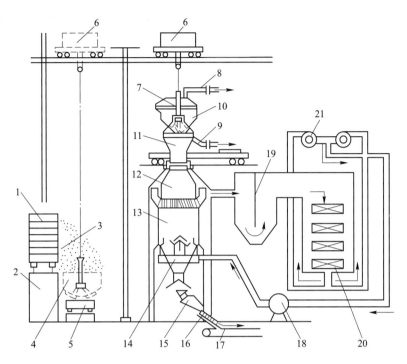

图 4-9 圆筒槽式干熄焦流程

1—导焦槽；2—操作台；3—红焦；4，10—焦罐；5—运载车；6—提升机；7—炉盖；8，9—排尘管；
11—装料装置；12—预存室；13—冷却室；14—气体分配装置；15—排焦装置；16—溜槽；17—胶带输送机；
18—循环风机；19——次除尘器；20—锅炉；21—二次除尘器

源，在热交换设备（通常是余热锅炉）中给出热量而重新变冷，冷的惰性气体再循环去冷却红焦。在热交换过程中，焦炭的冷却速度除与焦炭粒度有关外，主要取决于惰性气体的温度、惰性气体穿过焦炭层的速度，以及焦炭分布的均匀性。

4.2.2.2 流程及设备

干熄焦装置的结构形式虽有不同，但工艺流程基本是一致的。成熟的红焦从炭化室中推入焦罐，装有红焦的焦罐用运载车运至提升机井架下，由提升机提升到干熄槽顶。红焦装入干熄槽，在冷却室中与冷惰性气体进行逆流热交换，红焦可冷却到 200 ℃ 以下。冷却的焦炭由干熄槽底部排焦装置排至胶带输送机送往用户。冷的惰性气体由循环风机送入干熄槽，与红焦换热后，温度升至 950 ℃ 左右。热的惰性气体经过一次除尘器，除去气体中夹带的粗粒焦粉后，进入余热锅炉，余热锅炉出口处的气体温度降到 200 ℃ 以下；再经二次除尘器，除去气体中细粒焦粉，由余热锅炉出来的冷循环气体经旋风二次除尘器除尘后，温度降至 160~180 ℃；由循环风机加压，再经气体冷却装置冷却至 130 ℃ 后，进入干熄槽循环使用。

干熄焦的主要设备包括运焦设备、提升装置、装入装置、干熄槽、排焦装置、环境除尘装置、粉焦储运装置、惰性气体循环设备和余热锅炉。运焦设备包括焦罐、运载车、电机车和提升机等。焦罐由型钢和钢板制成，内衬耐热铸铁板，罐底设对开闸门，罐两侧有吊杆和导向辊轮，以保证在提吊过程中闸门紧闭、提升平稳。置于运载车上的焦罐装满红焦后，由电机车牵引至提升机井架下，再由提升机运送至装入装置。装入装置安装在干熄槽顶，用炉盖台车和装入料斗台车组成，两个台车连在一起，用一台电动机驱动。装焦时炉顶水封盖能自动打开，同时移动带料钟的装入溜槽至干熄槽口。焦罐在自身重力作用下打开底门，将焦炭放入干熄槽内，装完焦后复位，空焦罐经提升、平移后落至运载车上，再将另一焦罐红焦重复上一过程。干熄槽为竖式圆筒形，外壳用钢板制成，内衬隔热砖、黏土砖和莫来石砖，底部锥段与供气装置合为一体。槽体上部为预存室，其容积一般能容纳 1~1.5 h 的焦炭产量，用于缓冲焦炉短暂检修而造成的影响，保持锅炉稳定生产。槽体下部是冷却室，用于熄焦，一般熄焦时间约 2 h。槽体底部锥段安装有供气装置，由中央风帽和周边风道组成。在预存室和冷却室之间为斜道，用莫来石碳化硅砖砌筑，热的惰性气体经过斜道汇集于环形气道，借助每个斜道口的调节装置，使气体沿冷却室径向均匀分布。排焦装置过去采用间歇排焦方式，用交替开闭的阀门控制排焦量，并为防止槽内惰性气体流失，每小时排焦 30 余次。现在，采用以电磁振动给料器和格式密封阀组成的连续排焦装置。环境除尘装置的作用是防止装焦、排焦和运焦时的粉尘扩散，主要设备有布袋除尘器、通风机和排焦粉装置等。惰性气体循环设备主要有循环风机、一次除尘器、二次除尘器和气体冷却器。

　　一次除尘器又称重力沉降槽，用钢板做外壳，内衬为黏土砖、莫来石砖。在负压的作用下，干熄槽的气体进入一次除尘器，此时惰性气体温度约 950 ℃，由于流通截面积突然扩大，气体流速降低，其中夹杂的大颗粒焦炭因重力而沉降，通常可除去 1 mm 以上的焦粉，以减缓其对锅炉管壁的磨损。二次除尘器多为旋风式分离器，安装在锅炉与循环风机之间，用于进一步分离循环气体中的焦粉，使进入循环风机的气体含尘量小于 1 g/m³，以减轻焦粉对风机的磨损，该处惰性气体温度在 200 ℃ 以下。循环风机为离心式，可采用挡板或利用液力耦合器、变频器调节风量。一次、二次除尘器和环境除尘装置收集的焦粉，可直接装车外运或用水喷洒后外运，也可采用气力或水力输送。余热锅炉在负压下工作，其产汽率与干熄焦装置的操作有较密切的关系，一般蒸汽产量约为 460 kg/t，产生的蒸汽用于发电或并网使用。

4.2.2.3　干熄焦的特点

　　现代先进干熄焦装置，干熄后焦炭温度小于 200 ℃，气料比（冷却 1 t 焦炭的循环气体量）不超过 1250 m³/t，干熄焦的优点主要体现在以下几个方面。

　　（1）节能，解决了红焦显热的回收问题。红焦所带的显热约占炼焦耗热量的 2/5，湿法熄焦中，红焦的显热被白白地浪费掉；而在干法熄焦中，焦炭的显热则通过惰性气体回收，用来生产水蒸气和发电。

　　（2）环保。湿法熄焦时，释放到大气中的蒸汽含有粉尘、酚类、硫化氢和二氧化硫等有害物质，对环境造成了污染；干法熄焦不产生熄焦水，能够克服湿法熄焦的环境污染问题。

　　（3）改善焦炭质量。湿法熄焦时，由于在焦炭内部产生热应力，造成焦炭产生裂纹和破裂；干法熄焦时，焦炭缓慢冷却，降低了内应力，因而焦炭的机械强度提高，真密度增大，反应性降低。

　　（4）可提高配合煤中气煤或弱黏煤的配比，降低配煤成本。在世界能源紧缺、动力煤价格日趋提高的情况下，干熄焦的经济效益将逐步提高。

4.3 热 风 炉

现代热风炉是一种蓄热式换热器。热风炉供给高炉的热量约占炼铁生产耗热的 1/4。目前的风温水平一般为 1000~1200 ℃，高的为 1250~1350 ℃，最高可达 1450~1550 ℃。高温风是高炉最廉价、利用率最高的能源，风温每提高 100 ℃，降低焦比 4%~7%，提高产量 2%。

4.3.1 热风炉工作原理

热风炉的主要作用是把鼓风加热到高炉要求的温度，是一种按"蓄热"原理工作的热交换器。热风炉的工艺过程如图 4-10 所示。蓄热式热风炉是循环周期工作的，它的一个循环周期可分为燃烧阶段和送风阶段。

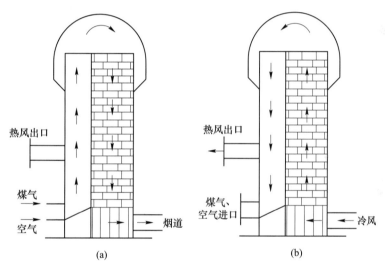

图 4-10 热风炉的工艺过程
(a) 燃烧阶段；(b) 送风阶段

（1）燃烧阶段。将热风炉内的格子砖烧热，也称为加热或烧炉阶段，如图 4-10 (a) 所示。此时，热风炉的冷风入口和热风出口关闭，将煤气和空气按一定的比例从燃烧器送入，通过煤气燃烧将热风炉内的格子砖加热，燃烧产生的烟气（也称为废气）由烟气出口经过烟道从烟囱排掉，这样一直将热风炉加热到需要的蓄热程度，然后转入送风阶段。

（2）送风阶段。将由鼓风机吹来的冷风加热后（一般为 1000~1200 ℃）送入高炉，如图 4-10 (b) 所示。此时，燃烧器的烟气出口关闭，冷风入口和热风出口打开，由鼓风机经冷风管道送来的冷风进入热风炉，冷风在通过格孔时被加热，热风经热风出口和一些管道进入高炉。送风一段时间后，热风炉蓄存的热量减少，不能将冷风加热到所要求的热风温度，这时就要由送风阶段再次转入燃烧阶段。

蓄热式热风炉的工作原理，简言之就是在燃烧过程中由热风炉内的格子砖将热量储备起来，当转入送风阶段后，格子砖又将热量传给冷风，把冷风加热后送至高炉炼铁。其实质是将煤气燃烧产生的热量以格子砖为媒介传给高炉鼓风的过程。

对每座热风炉而言，它的运行方式是一种"序批式"的生产过程，而几座热风炉交替地配合运行，则产生了连续的热风提供给高炉本体。为了满足高炉炼铁过程对连续高温热风的需求，每座高炉至少配置 2 座热风炉，一般配置 3 座，大型高炉以 4 座为宜。自从蓄热式热风炉产生以来，其基本原理至今没有多少改变，而热风炉的结构、设备及操作方式却有了重大改进。

当前热风炉的结构有内燃式热风炉、外燃式热风炉和顶燃式热风炉。

4.3.2　内燃式热风炉

4.3.2.1　传统型内燃式热风炉

内燃式热风炉是最早使用的一种形式，由拷贝发明，所以又称为拷贝蓄热式热风炉。

拷贝蓄热式热风炉包括燃烧室、蓄热室两大部分，并由炉基、炉底、炉衬、炉算子、支柱等构成，如图 4-11 所示。

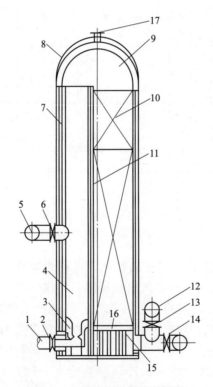

图 4-11　传统型内燃式热风炉

1—煤气管道；2—煤气阀；3—燃烧器；4—燃烧室；5—热风管道；6—抽风阀；
7—大墙；8—炉壳；9—拱顶；10—蓄热室；11—隔墙；12—冷风管道；13—冷风阀；
14—烟道阀；15—支柱；16—炉算子；17—人孔

（1）炉基。热风炉主要由钢结构与大量的耐火砌体和附属设备做成，具有较大的荷重，对热风炉炉基要求严格，炉基的耐压力不小于（2.96~3.45）×10⁵Pa，炉基耐压力不足时，应打桩加固。为防止热风炉产生不均匀下沉，使管道变形或开裂，可将同一座高炉的热风炉组炉基的钢筋混凝土结构做成一个整体，高出地面 200~400 mm，以防水浸。

炉基的外侧为烟道，它采用地下式布置，两座相邻高炉的热风炉组可共用一个烟囱。

（2）炉壳。炉壳的作用：一是承受砖衬的热膨胀力；二是承受炉内气体的压力；三是确保炉体密封。热风炉的炉壳是将 8~14 mm 厚度不等的钢板连同底封板焊成一个不漏气的整体。在其内部衬以耐火砖砌体，并用地脚螺丝将炉壳固定在炉基上，以防止底封板由于砌体膨胀作用向上抬起。

（3）大墙。大墙即热风炉外围炉墙，一般为三环。内环砌以 230~345 mm 厚的耐火砖砌体，要求砖缝小于 2 mm。外环是 65 mm 厚的硅藻土砖绝热层。两环之间是 60~145 mm 厚的干水渣填料层，以吸收内、外环砌体膨胀；填装时，应分段捣实，沿高度方向每隔 2~2.5 m 砌两层压缝砖，避免填料下沉。现代大型热风炉炉墙为独立结构，可以自由膨胀，在稳定状态下，炉墙仅成为保护炉壳和降低热损失的保护性砌体。炉墙的温度是由下而上逐渐升高的。在不同的温度范围，应选用不同材质和厚度的耐火砖或隔热砖，分段砌筑。

（4）拱顶。拱顶是连接燃烧室和蓄热室的空间，长期处于高温状态下工作，除选用优质耐火材料外，还必须在高温气流作用下保持砌体结构的稳定性，燃烧时的高温烟气流均匀地进入蓄热室。此外，还要求砌体质量好，隔热性能好，施工方便。

目前国内外热风炉的拱顶形式多种多样。内燃式热风炉拱顶有半球形、锥形、抛物线形和悬链形，一般为半球形，它可使炉壳免受侧向推力，拱顶荷重通过拱脚正压在大墙上，以保持结构的稳定性。拱顶由大墙支撑显然不利于提高它的稳定性和寿命，因此随着高温热风炉的发展，将拱顶与大墙分开，支在环行梁上，使拱顶砌体成为独立的支撑结构。

拱顶内衬的耐火砖材质决定了拱顶温度。为了减轻结构的质量和提高拱顶的稳定性，应尽量缩小拱顶的直径，并适当减薄砌体的厚度。拱顶砌体厚度减薄后，其内外温度差降低，热应力减少，可相应延长拱顶寿命。

（5）隔墙。隔墙即为燃烧室与蓄热室之间的砌体，厚度一般为 575 mm 或 460 mm，两层砌砖之间不咬合，以免受热不均造成破坏，同时便于检修时更换。隔墙与拱顶之间不能完全砌死，以防相互抵触，要留有 200~500 mm 的膨胀缝。为了使气流分布均匀，隔墙要比蓄热室的格子砖高 400~700 mm。

（6）燃烧室。煤气燃烧的空间即燃烧室。内燃式热风炉的燃烧室位于炉内一侧，其断面形状有圆形、眼睛形和复合形。三种燃烧室形状如图 4-12 所示。圆形燃烧室结构稳定，煤气燃烧较好，但占地面积大，蓄热室死角面积大，相对减少了蓄热面积。目前，除了外燃式热风炉外，新建的内燃式热风炉均不采用。眼睛形燃烧室占地面积小，烟气流在蓄热室分布均匀，但燃烧室当量直径大，烟气流阻力大，对燃烧不利，在隔墙与大墙的咬合处容易开裂，所以一般多用于小高炉。复合形燃烧室也称为苹果形燃烧室，兼有上述两者的优点，但砌砖复杂，一般多用于大中型高炉。

燃烧室所需空间的大小和燃烧器的形式有关，套筒式燃烧器是边混合边燃烧，要求有较大的燃烧空间，而短焰或无焰型的燃烧器则可大大减小燃烧空间，或无须专门的燃烧

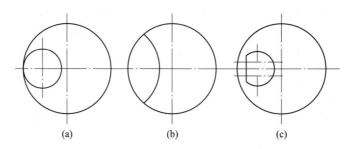

图 4-12　内燃式热风炉燃烧室形状

（a）圆形；（b）眼睛形；（c）复合型

室。燃烧室的砌筑即为隔墙的砌筑。

（7）蓄热室。蓄热室是充满格子砖的空间。格子砖作为储热体，砖的表面就是蓄热室的加热面，格子砖块就是储存热量的介质，所以蓄热室的工作既要传热快，又要储热多，而且要有尽可能高的温度。

蓄热室工作的好坏、风温和传热效率的高低，与格孔大小、形状、砖量等有很大的关系。对格子砖的要求是：单位体积格子砖具有最大的受热面积；有和受热面积相适应的砖量来储热，以保证在一定的送风周期内不引起过大的风温降落，尽可能地引起气流扰动，保持较高流速，以提高对流传热速度；有足够的建筑稳定性，便于加工制造、安装、维护，成本低。

格子砖可分为板状砖和块状砖。板状砖砌筑的格孔砌体稳定性差，已被淘汰。块状砖有六角形和矩形两种，它是在整块砖上通有圆形、方形、三角形、菱形和六角形孔，其中普遍采用的是五孔格子砖和七孔格子砖，如图 4-13 所示。这类砖砌体稳定性好，砌筑快，受热面积大。

（8）支柱及炉箅子。蓄热室全部格子砖都通过炉箅子支撑在支柱上，当废气温度不超过 350 ℃、短期不超过 400 ℃时，用普通铸铁件能稳定工作。当废气温度较高时，可采用耐热铸铁 $[w(Ni)=0.4\% \sim 0.8\%,\ w(Cr)=0.6\% \sim 1.0\%]$ 或高锰耐热铸铁。

为了避免堵塞格孔，支柱及炉箅子的结构应和格孔相适应，可将支柱做成空心的，如图 4-14 所示。支柱高度要满足安装烟道和冷风管道的空间需要，同时保证气流畅通。炉箅子的块数与支柱数量相同。炉箅子的最大外形尺寸要以能从烟道口进出为前提。

（9）人孔。人孔是为检查、清灰、修理而设。对于大中型高炉热风炉，在拱顶部分蓄热室上方设两个人孔，布置成 120°，以供检查格子砖、格孔是否畅通，清理格孔表面的附着灰。为了清灰工作，在蓄热室下方也设有两个人孔，布置时应避开炉箅子支柱及下部各口。为了便于清理燃烧室，在燃烧室的下部也应设置一个人孔。

因为燃烧室火井和蓄热室两侧存在着温度、压力差以及结构上产生的应力，所以内燃式热风炉会出现几个问题：（1）燃烧室火井上部隔墙向蓄热室一侧倒，使格子砖错乱、堵塞；（2）燃烧室火井下部隔墙开裂、烧穿，产生短路；（3）格子砖错位；（4）高温区耐火砖脱落、釉化变质；（5）热风出口、烟道口等孔口砖脱落，导致钢壳烧坏，产生漏风；（6）炉底板上翘，焊缝开裂，导致漏风。

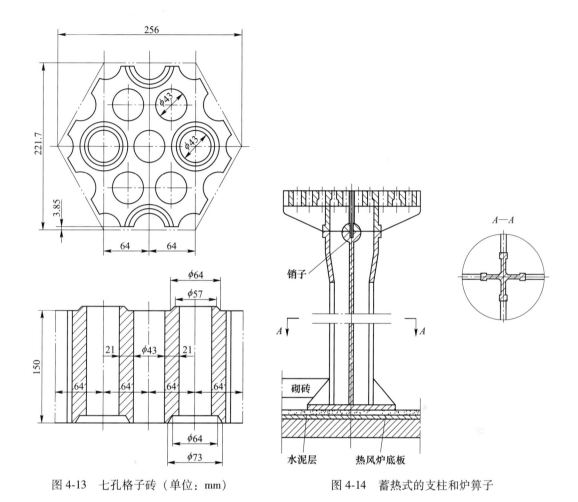

图 4-13 七孔格子砖（单位：mm）　　　　图 4-14 蓄热式的支柱和炉箅子

4.3.3 外燃式热风炉

尽管对内燃式热风炉做了各种改进，但由于燃烧温度总是高于蓄热室温度，隔墙的两侧温度不同，炉墙四周仍然变形，拱顶仍有损坏，还存在隔墙短路窜风、寿命短等问题。

外燃式热风炉是由内燃式热风炉演变而来的，它的燃烧室设于蓄热室之外，两者在两个室的顶部以一定的方式连接起来。连接的方式可分为四种，如图 4-15 所示。

外燃式热风炉的优点是取消了燃烧室和蓄热室的隔墙，使燃烧室和蓄热室都各自立，从根本上解决了温差、压差所造成的砌体破坏。由于圆柱形砖墙和蓄热室的断面得到了充分利用，与内燃式相比，在相同的加热条件下，外燃式热风炉炉壳与砖墙直径都较小，因此结构稳定。此外，它受热均匀，结构上都有单独膨胀的可行性，稳定性大大提高。由于两室都做成圆形断面，炉内气流分布均匀，有利于燃烧和热交换。

生产实践表明，外燃式热风炉存在的问题有：（1）外燃式热风炉比内燃式热风炉的投资高，钢材和耐火材料消耗大；（2）砌砖结构复杂，需要大量复杂的异型砖，对砖的加工制作要求很高；（3）拱顶钢结构复杂，不仅施工困难，而且由于结构不对称、受力不均匀，不适应高温和高压的要求，很难处理燃烧室和蓄热室之间的不均匀膨胀，在高温、高压的条件下拱顶连接管容易偏移或开裂窜风；（4）由于钢结构复杂，在高温高压的条件下，也容易造成高应力部位产生晶间应力腐蚀、钢壳开裂，从而限制了热风炉拱顶温度的升高，进一步限制了风温的继续提高；（5）外燃式热风炉不宜在中小高炉上使用。

不同形式外燃式热风炉的主要差别在于拱顶形式。图 4-15（a）为考柏式，两室的拱顶由圆柱形通道连成一体；图 4-15（b）为地得式，拱顶由两个直径不等的球形拱构成，并用锥形结构相连通；图 4-15（c）为马琴式，蓄热室的上端有一段倒锥形，锥形上部接一段直筒部分，直径与燃烧室直径相同，两室用水平通道连接起来。地得式热风炉拱顶造价较高，砌筑施工复杂，而且需用多种形式的耐火砖，所以新建的外燃式热风炉多采用考柏式和马琴式。

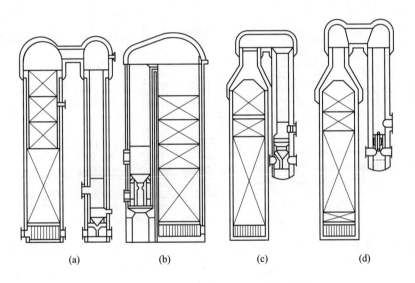

图 4-15　外燃式热风炉结构示意图
（a）考柏式；（b）地得式；（c）马琴式；（d）新日铁式

考柏式、地得式、马琴式三种热风炉的比较情况如下。

（1）从气流在蓄热室中分布的均匀性来看，马琴式较好，地得式次之，考柏式稍差。

（2）从结构来看，地得式炉顶结构不稳定，为克服不均匀膨胀，主要采用高架燃烧室，设有金属膨胀圈，吸收部分不均匀膨胀；马琴式基本消除了由送风压力造成的炉顶不均匀膨胀。

新日铁式外燃热风炉［见图 4-15（d）］，是在考柏式和马琴式外燃式热风炉的基础上发展而成的。其主要特点是蓄热室上部有一个锥体段，使蓄热室拱顶直径缩小至与燃烧室拱顶直径大小相同，拱顶下部耐火砖承受的荷重减小，结构的长期稳定性提高；对称的拱顶结构有利于烟气在蓄热室中的均匀分布，提高了热风炉的传热效率。

外燃式热风炉结构复杂，占地面积大，钢材和耐火材料消耗量大，基建投资比同等风温水平的内燃式热风炉高 15%～35%，一般应用于新建的大型高炉。

4.3.4 顶燃式热风炉

顶燃式热风炉就是指燃烧器安装在热风炉炉顶,在拱顶空间燃烧,不需专门的燃烧室燃烧,又称为无燃烧室式热风炉,其结构形式如图4-16所示。

顶燃式热风炉将煤气直接引入拱顶空间燃烧,为了在短时间里保证煤气与空气很好地混合、完全燃烧,须采用燃烧能力大的短焰或无焰烧嘴。烧嘴的数量和分布形式应满足燃烧后的烟气在蓄热室内均匀分布的要求,通常采用拱顶侧面双烧嘴或四烧嘴的结构形式。烧嘴向上倾斜25°,由切线方向相对引入燃烧,火焰呈涡流状流动。常用的为半喷射式短焰烧嘴。

由于顶燃式热风炉热风出口高,导致热风总管的安装平面要求高,从而对支柱结构的强度要求高。

顶燃式热风炉吸收了与内燃式、外燃式热风炉的优点,并克服了它们的一些缺点。与内燃式热风炉相比,顶燃式热风炉具有的优点有:(1)取消了燃烧室,根除了燃烧室隔墙开裂窜风和隔墙上部倒塌的问题;(2)扩大了蓄热室容积,可增加容积25%~30%,有利于提高风温;(3)气流分布均匀,可以满足大型化高炉的要求;(4)保留了内燃式热风炉钢壳均的有对称的优点。

与外燃式热风炉相比,顶式热风炉的优点:(1)投资小,可节省大量的钢材和耐火材料;(2)砌砖结构简单,节省大量的异型砖,对于砖的制造和施工都有利;(3)拱顶结构简单,而且均匀对称,稳

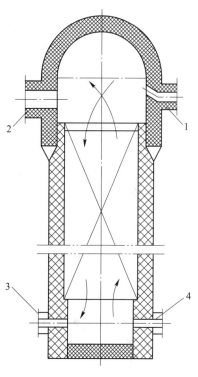

图4-16 顶燃式热风炉结构形式
1—燃烧器;2—热风出口;
3—烟气出口;4—冷风入口

定性好,能够充分适应高温和高压的要求;(4)钢结构简单,可以避免应力集中,因而可以避免或减少晶间应力腐蚀的可能性。

顶燃式热风炉的结构能适应现代高炉向高温、高压和大型化发展的要求,因此它代表了新一代高风温热风炉的发展方向。

4.3.5 球式热风炉

球式热风炉以自然堆积的耐火球代替格子砖。

由于1 m^3 耐火球的加热面积高于1 m^3 格子砖的加热面积(当耐火球的直径为20~25 mm时,其表面积为144~180 m^2/m^3;而采用 ϕ41 mm 圆孔格子砖时,其表面积为32.7 m^2/m^3),且耐火球质量大,因此蓄热量多。从传热角度分析,气流在球床中的通道不规则,多呈紊流状态,有较大的热交换能力,热效率较高,易于获得高风温。此外,球式热风炉加热面积大,热交换好,风温高,体积小,节省材料,节省投资,施工方便,建设周期短。

球式热风炉要求耐火球质量好,煤气净化程度高,煤气压力大,助燃风机的风量、风

压要大。否则，当煤气含尘量多时，耐火球孔隙易被堵塞，表面易渣化黏结，耐火球甚至会变形破损，使阻力损失增大、热交换变差、风温降低。只有当煤气压力和助燃空气压力大时，才能保证发挥球式热风炉的优越性。

球式热风炉炉床使用周期短，需定期换球、卸球（卸球后，90%以上的耐火球可以继续使用），但卸球劳动条件差、休风时间长，加上阻力损失大、功率消耗大、当量厚度小，这是限制其推广使用的主要原因，在大中型高炉上不宜使用球式热风炉。

4.3.6 热风炉的选用方法

热风炉砌体所处的工作条件十分恶劣，引起其破损的主要原因有：高温作用所产生的压应力和拉应力，温度反复波动引起的温度应力；燃烧产物对拱顶和炉墙的直接冲刷；烟气中尘粒与砌体砖产生化学反应，形成低熔点化合物；在使用温度下，长期载荷作用引起的变形收缩（蠕变性）；下部砌体承受很大的自身压缩载荷；煤气在蓄热室燃烧，使格子砖过热等。因此热风炉所用耐火材料应根据其工作温度、操作条件、热风炉形式及使用部位不同而选择。一般的选用原则如下。

（1）以砌体砖的最高表面温度作为选择耐火材料耐火度的标准。

（2）耐火砖的抗蠕变性能是最重要的质量指标。耐火材料的蠕变温度应较实际使用温度高 100~150 ℃，若考虑砌体厚度上的温降，则工作温度可较蠕变温度低 50~100 ℃。蠕变温度以燃烧末期温度和实际使用的载荷为基准，耐火材料在 50 h 内产生的蠕变值应小于 1%。

（3）耐火砌体的膨胀缝大小主要取决于温度和耐火材料的热膨胀特性。在温度波动幅度较大的部位，应选择线膨胀系数小、热稳定性好的耐火砖。

（4）热风炉下部耐火砖承受很大的压力，所以此处应选择抗压强度大的耐火材料。

（5）绝热砖应选择导热系数低、孔隙率大、密度小的耐火材料。

 # 习 题

查看习题解析

4-1 选择题

（1）冶金过程中主要由（   ）来衡量换热设备的优劣。

    A. 单位时间传热量　　　　　　　　B. 传热效率

    C. 传热面积　　　　　　　　　　　D. 单位时间传热量和传热效率

（2）高炉炼铁常用到蓄热式换热设备，这是因为（   ）。

    A. 蓄热式换热的传热面积大　　　　B. 蓄热式换热的传热效率高

    C. 蓄热式换热的连续供风　　　　　D. 蓄热式换热的传热量大和传热效率高

（3）为了提高管壳式换热器的传热效率，应采取（   ）措施。

    A. 两股流体平行同向流动　　　　　B. 两股流体平行逆向流动

    C. 多壳程和管程　　　　　　　　　D. 增加膨胀节

（4）冷流体和热流体同时连续进入换热器，相同情况下应采取（   ）的传热推动力最大。

    A. 逆流　　　　　　　　　　　　　B. 并流

    C. 叉流　　　　　　　　　　　　　D. 折流

（5）对于间壁式换热器，相同情况下应采取（   ）的传热系数最大。

    A. 气-气流换热　　　　　　　　B. 气-液流换热
    C. 液-液流换热　　　　　　　　D. 液-相变流换热
（6）高炉炼铁的热风炉用高炉煤气的含尘量应小于（　　）。
    A. 50 mg/m　　　　　　　　　B. 10 mg/m
    C. 20 mg/m　　　　　　　　　D. 30 mg/m
（7）热风炉由送风转为燃烧的操作内容包括：①开烟道阀、②开燃烧阀、③关冷风阀、④关热风阀。正确的操作顺序是（　　）。
    A. ①②③④　　　　　　　　　B. ③④①②
    C. ④①②③　　　　　　　　　D. ②③④①
（8）热风炉一个周期时间是指（　　）。
    A. 燃烧时间+换炉时间　　　　　B. 换炉时间+送风时间
    C. 燃烧时间+送风时间　　　　　D. 燃烧时间+送风时间+换炉时间

4-2　思考题

（1）影响传热系数的因素有哪些？
（2）换热设备有哪几种方式？比较各设备的特点。
（3）为什么冶金中常用蓄热式换热设备？
（4）简述热风炉的结构和工作原理。

5 混合与搅拌装置

岗位情境

在冶金反应器中，应使器内成分和温度均匀，以提高反应速率和反应效率。在实践中，要实现器内液体瞬间混合均匀是不可能的，只能采取工艺措施尽可能地缩短混合均匀时间。用各种方式加强液体搅拌是达到此目的的唯一途径。另外，在金属液浇铸，特别是钢的连铸过程中，对钢液的搅拌有利于促进凝固传热和提高铸坯质量。总之，搅拌是冶金工作者极为重视的研究领域。混合与搅拌在冶金、化工行业中都有广泛的应用。混合搅拌器如图 5-1 所示。

图 5-1 混合搅拌器

岗位类型

（1）铁合金火法备料工及熔炼工；

（2）重金属火法和湿法冶炼工；

（3）轻金属、稀贵金属火法和湿法冶炼工。

职业能力

（1）具有操作混合设备、气体搅拌、机械搅拌及电磁搅拌等主要设备并进行智能控制与维护的能力；

（2）具有处理设备故障，清晰完整记录生产数据及交流合作的能力。

5.1 混合与搅拌的基础

5.1.1 概述

混合与搅拌按其操作目的不同，基本上可分为三种：第一种是制备均匀混合物，如调和、乳化、固体悬浮、捏合以及固粒的混合等；第二种是促进传质，如萃取、溶解、结晶、气体吸收等；第三种是促进传热，搅拌槽内加热或冷却。

上述三种目的之间的组合，特别是一些快速反应对混合、传质、传热都有较高的要求，混合与搅拌的好坏往往成为过程的控制因素。

衡量反应器内液体混合搅拌程度的一个最重要、最直观的参数是混合均匀时间（τ_m），简称混合时间，它对均匀液体成分和温度、提高反应速度、排除金属液中的夹杂物等有重要影响。不同类型的反应器，采用的搅拌方式不同，混合时间也不同。以炼钢用的氧气吹炼转炉为例，顶吹时，$\tau_m = 90 \sim 120$ s；底吹时，$\tau = 10 \sim 20$ s；顶底复吹时，$\tau_m = 20 \sim 50$ s。

虽然混合与搅拌是一种很常规的单元操作，但由于其流动过程的复杂性，理论方面的研究还很不够，对搅拌装置的设计和操作至今仍具有很大的经验性。冶金中应用的搅拌方式有气体搅拌、机械搅拌和电磁搅拌。

气体搅拌广泛应用于火法冶金过程，尤其是金属液的二次精炼。它最初是为了使金属液成分和温度迅速均匀化，然后人们又研究了在气体喷射下冶金过程的各种现象和规律，提出了气泡冶金、气动冶金、喷射冶金等概念和理论，发展了多种多样的炉外精炼技术和装置。传统的冶金熔炼炉逐步改变了功能，成了熔化的机械或粗炼的工具，而金属液的精炼则放到各种精炼炉中去完成。

机械搅拌在火法冶金中由于受到搅拌桨叶片寿命等因素的制约，应用很少，但是在科学研究和湿法冶金中应用广泛。

电磁搅拌最初用于大容量电炉熔池的搅拌、大钢锭的浇铸过程，以及自然伴有电磁搅拌的感应电炉中。连续铸钢和炉外精炼技术的发展大大推动了电磁搅拌技术的发展和应用。

5.1.2 混合机理

两种物料加入搅拌槽后，其混合机理为主体对流扩散、涡流扩散和分子扩散。

（1）主体对流扩散。搅拌器高速旋转，使不同的液体物料被破碎成"团块"，并使搅拌器周围的液体产生高速液流，高速液体又推动周围的液体，逐步使搅拌罐内的全部液体流动起来。这种大范围内的主体循环流动，使搅拌罐内整个空间产生全范围的扩散，形成主体对流扩散。

（2）涡流扩散。叶轮推动高速流体流动时，在与周围静止液体的界面处，存在较大的速度梯度，液体受到强烈的剪切，形成大量的旋涡，旋涡又迅速向周围扩散，造成局部范围内的物料对流运动，从而形成液体的涡流扩散。

（3）分子扩散。分子扩散是由分子运动形成的物质传递，是分子尺度上的扩散。

通常把主体对流扩散和涡流扩散称为宏观混合，分子扩散称为微观混合。在实际混合过程中，主体对流扩散只能把不同物料破碎分裂成碎块，形成较大团块混合。而通过这些团块界面之间的涡流扩散，把不均匀的程度迅速降低到旋涡本身的大小，但这种最小的旋涡液比分子大得多。因此宏观混合不能达到分子水平上的完全混合，完全均匀混合只有通过分子扩散才能达到。但是宏观混合大大增加了分子扩散表面积，减少了扩散距离，因此提高了微观混合（分子扩散）的速度。

宏观混合与微观混合总是同时存在，但其相对的作用取决于设备条件、操作条件和料液的物理化学性质。在低黏度的湍流区（$Re>10^4$）搅拌中，宏观混合是主要的；在高黏度的层流区（$Re<10$）搅拌中，微观混合是主要的；在过渡区，两者均重要。

对于互不相溶的物料或液固系统间的混合，不存在分子扩散过程，只能达到宏观混合均匀，不可能实现微观混合的均匀化。

5.1.3　混合效果

混合操作实际上可理解为物料的分散过程。搅拌的目的是均匀混合，但不同的场合，对混合物的均匀程度即混合效果要求不同，因而对搅拌器的要求也不同。所以必须明确混合效果的含义及其度量。

5.1.3.1　调匀度

设 A 和 B 两种液体的体积分别为 V_A 和 V_B，将其置于同一搅拌罐中进行混合操作，罐内液体 A 的平均体积分数 φ_{Am} 可表示为

$$\varphi_{Am} = \frac{V_A}{V_A + V_B} \times 100\% \tag{5-1}$$

经一定时间的搅拌混合后，在罐内各处取样分析，若各处样品分析结果一致，并恒等于 φ_{Am}，这表明搅拌过程已达到完全均匀状态；若分析结果不一致，样品体积分数 φ_A 与平均体积分数 φ_{Am} 偏离越大，表明混合物的均匀程度越差。因此引入调匀度表示样品与均匀状态的偏离程度。根据调匀度的含义，调匀度 S 可定义为

$$S = \frac{\varphi_A}{\varphi_{Am}} \quad (\varphi_A < \varphi_{Am}) \tag{5-2}$$

或

$$S = \frac{1 - \varphi_A}{1 - \varphi_{Am}} \tag{5-3}$$

若取样数为 n 个，则平均调匀度为其算术的平均值，计算公式为

$$\bar{S} = \frac{S_1 + S_2 + \cdots + S_n}{n} \tag{5-4}$$

平均调匀度 $\bar{S}$ 可用来度量整个液体的混合效果或均匀程度。当混合均匀时，$\bar{S} = 1$。

单纯用调匀度来表示混合效果是不够的，因为它随取样物料的量变化很大，它只能宏观地表示物料混合效果。

分隔尺度表示液体中分散物的集中尺度或分散物还未分散部分的大小，用 L 表示，单位为 mm。分散物的未分散部分与流体团块相对应。若流体团块大小不一，分隔尺度则用

其平均值表示。

5.1.3.2 分隔尺度和分隔强度

分隔强度用来描述分子扩散对混合过程的影响，它表示邻近的流体团块之间分散物组分含量的差异，也表示团块中分散物组分含量与平均组分含量的差别，用 I 表示。

采用分隔尺度和分隔强度两个概念，能比较全面地反映出混合物的混合效果。图 5-2 为 A、B 两种流体的混合过程，图 5-2（a）~（c）为宏观混合阶段，图 5-2（d）~（f）为微观混合阶段。由图 5-2 可见，分隔尺度 L 随宏观混合的进行而不断减小，随微观混合的进行而逐渐增大。在宏观混合阶段 Ⅰ，流体 A 团块在流体 B 中没有进行扩散；从微观上看，流体 A 和 B 仍没有混合，仍是两种流体的分子各自聚在一起，分隔强度保持不变，即无混合。在微观混合阶段 Ⅱ，分隔强度 I 逐渐减小，当达到分子级别混合时，分隔强度为零。

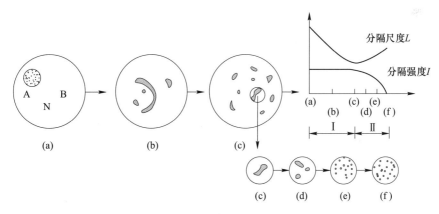

图 5-2　混合过程示意图

A，B—物质；N—空隙

5.1.3.3 混合时间

混合时间（混合均匀时间）是使搅拌槽内物料的浓度或温度达到规定均匀程度所需要的时间。由于混合时间测量方便，对搅拌器混合性能的优劣又能做出具有一定信赖度的评价，因此常用它来评定搅拌器的混合能力。

5.2　捏合与固体混合装置

5.2.1　捏合操作与捏合机

捏合是高黏度流体与固体混合的操作。在粉料中加入少量液体，制备均匀的塑性物料或膏状物料，或是在高黏稠物料内加入少量粉料或液体添加剂制成均匀混合物等，称为捏合操作。

捏合操作中混合物的黏度高达 $1 \times 10^2 \sim 1 \times 10^6 \ \mathrm{Pa \cdot s}$，流动性极小，所以不可能利用分

子扩散和湍流扩散混合。

　　捏合操作包括矿物料的分散和混合两种作用，用两种颗粒表示该操作过程。一种为单纯的颗粒，另一种为黏着微小粒子的颗粒。利用它们之间的不规则的运动而达到混合均匀。这样可以较形象地表现随机运动。

　　捏合机叶片的切应力可将物料拉伸撕裂，或将粉粒聚集体粉碎分散成小粒子；同时又可推动物料使之混合。这两种作用多次反复，经过较长时间后才能达到捏合均匀的目的，因此习惯称为混捏，其过程如图 5-3 所示。

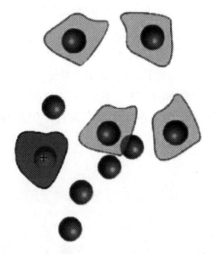

　　捏合操作的特点：捏合比其他任何操作都更困难，要经过更长时间才能达到统计上的完全混合状态。

　　捏合操作要在单位容积中输入很高的功率值才能有效，所以捏合机消耗功率大、工作容积小。捏合机设计时应设置很小间隙的强剪切区，这样才能产生强的切应力，使物料分散；设计捏合机驱动零部件的形状时，要能使物料在捏合机内的运动路径

图 5-3　捏合过程示意图

和运动范围不断通过小间隙的强剪切区，以反复承受强剪切力而分散。

　　由于捏合操作往往伴有加热和冷却过程，为防止物料黏挂在器壁上，捏合机应保证较大的传热速率，因此要求捏合机单位容积具有很大的传热面，并要求叶片能刮除壁面上的黏结料并送回强剪切区。物料经预混合处理后加入捏合机，可有效地提高捏合质量，减少捏合时间和捏合的能耗。

　　捏合机分为间歇（分批式）捏合机和连续捏合机。间歇捏合机有双臂式捏合机、波尼式捏合机和行星式捏合机三种。可氏捏合机是常见的连续捏合机。

5.2.2　固体混合与固体混合机

　　混合是一个减少组分非均匀性的过程。混合过程终结，得到混合物。混合物是指由两个或多个组分结合形成的状态。这些组分相互间并无固定的比例，而这些混杂在一起的组分是以分离的形式存在的。

　　减少混合物非均匀性的混合操作，只能靠引起各组分的物理运动来完成。混合涉及三种基本运动形式，即扩散混合、对流混合和紊流混合。在固体与固体的混合中，对流混合是唯一的混合机理。对流混合是指粒子由一个空间位置向另一个空间位置运动，也指两种或多种组分在相互占有的空间内发生运动，以期达到各组分的均匀分布。根据固体混合中粒子的状态可设计 3 种粒子，各个粒子之间随机运动以达到均匀分布。

　　混合过程的同时会发生相反的过程（离析），混合物会重新分层，降低混合程度。

　　当粒子的密度差或粒径差太大时，会产生离析。粉粒中湿度大时，会产生附着性或凝集性，细粒子易结成团，极细粒子会被气流带走。

为防止离析，应尽可能使物料间的物理性质相差不大，并改进加料方式，对易成团物料应加破碎装置，以减少粉尘带走量。

分隔尺度和分隔强度在混合过程中的变化可用带有坐标轴的光滑曲线图表示，首先制作图形元件；再用铅笔工具作一个坐标轴，绘制反映变化的光滑曲线图；然后制作一个遮罩层，使遮罩层元件从左至右运动，由于遮罩的效果是使被遮罩部分逐步显示出来，正好可以反映出分隔尺度和分隔强度随混合时间变化的变化趋势。

常用的固体混合机有固定容器式混合机和回转容器式混合机，分别介绍如下。

5.2.2.1 固定容器式混合机

固定容器式混合机的容器是固定的，内有搅拌工作部件，容器内的物料随着搅拌工作部件湍动混合。

A 种类

固定容器式混合机可分为螺旋环带式混合机、立式混合机和立式行星式混合机。立式行星式混合机如图 5-4 所示。

B 结构

一般混合 10~15 min，主轴转速为 200~300 r/min，螺旋直径 $d = (0.25~0.3)D$，螺旋叶片和内套筒内表面之间的间隙为 10 mm，料筒高为 2~5 m。摇臂带动混合螺旋，以 2~6 r/min 绕中心轴旋转；同时，混合螺旋又以 60~100 r/min 的速度自转。

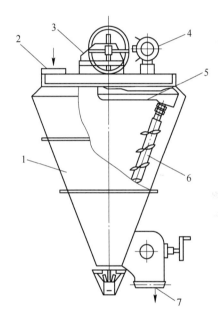

图 5-4 立式行星式混合机
1—锥形桶；2—进料口；3—减速机；4—电动机；
5—摇臂；6—混合螺旋；7—出料口

C 特点

固定容器式混合机的特点有：配用动力小，占地面积少，一次装料量多，调料批次数少；但每批料混合时间长，腔内物料残留量较多。另外，在机壳外壁可以加水套，以加热或冷却腔内物料。混合需用时间为小容量混合机 2~4 min，大容量混合机 8~10 min。

5.2.2.2 回转容器式混合机

回转容器式混合机的容器内没有搅拌工作部件，容器内的物料随着容器旋转方向自下而上依靠物料本身的重力翻转运动，以达到混合均匀的目的。

回转容器式混合机的容器的回转速度不能太高，否则会因离心力过大，使物料紧贴容器内壁固定不动。正常工作时，物料在容器内应发生涡流运动。回转容器式混合机可分为水平回转筒式混合机、斜 Z 形回转筒式混合机、V 形混合机和对锥式混合机，对锥式混合机如图 5-5 所示。

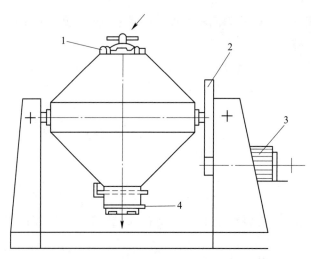

图 5-5　对锥式混合机

1—进料口；2—齿轮；3—电动机；4—出料口

5.3　气体搅拌装置

5.3.1　气体搅拌基础

　　气体喷向或喷入熔池造成金属液的运动，形成金属液环流，从而给冶金带来多方面的好处。例如环流使液体产生混合作用，达到成分和温度均匀；环流提高了熔化固体料（如废钢、铁合金等）时固液相间的传热系数和传质系数，加快了熔化或溶解速度；若反应器内金属液面上存在熔渣，环流改善了渣与金属液面间的物质交换与热交换条件，提高了渣与金属间的反应速度；若向金属液喷入参与化学反应的气体反应物，由于反应气体在金属液中高度弥散，提高了反应速度；若喷入不参与化学反应的惰性气体，则惰性气体气泡的存在可改变某些反应或过程（如扩散）在气液相界面上的热力学平衡条件，促使某些反应（如脱氢、脱氮、脱氧等）向有利方向进行，起到净化金属液作用；若气体夹带固体颗粒（如渣料）喷入金属液，由于改变了渣与金属的接触方法和增大了渣与金属的接触界面，有利于提高反应速度和改善最终冶金效果；若气体夹带所需的合金元素（如铁合金粉）喷入，可提高元素回收率。由此可见，气体喷射的功能已不仅限于搅拌，上述各方面的有益效果在某种意义上都反映到混合均匀的问题上。

5.3.1.1　气体搅拌分类

　　起到熔池液体搅拌作用的气源可来自外部供给的气体和熔池内反应产生的气体。而用于搅拌的外部气体射流可分为以下两种。

　　（1）冲击式气体射流，指射流射到固体或液体表面上。其特点是气体喷嘴距固体或液体表面有一定的距离。冲击式气体射流在与金属液面接触之前，可近似地自由射流；与液体接触后，情况就变得复杂了。气体射流中轴线与液面的夹角可以是 90°，如炼钢的氧气顶吹（LD）转炉；也可以是其他角度，如卡尔多（Kaldo）炉，以及正在开发的连续炼钢炉、连续炼铅炉等。

（2）浸没式气体射流，指气体喷嘴或孔口淹没在液体中的射流，属于限制射流。根据射流方向不同可分为垂直浸没射流、水平浸没射流和倾斜浸没射流。

5.3.1.2　混合时间

混合时间与供给液体的搅拌功率密度 ε 有关，也与液体在反应器内的循环流动状态有关。混合时间常采用刺激-响应实验确定，搅拌功率密度则采用分析计算法确定。

在高温冶金反应器中，常采用放射性同位素（如 ^{198}Au ）或某些金属（如 Sn、Cu 等）作为示踪剂。响应信息的测定多采用在反应器内某点间断地取出金属样，测定其放射强度或示踪剂浓度随时间变化的关系曲线，从曲线来确定混合时间。在湿法冶金或冷态模拟实验中，可以用不参与化学反应的电解质溶液（如 KCl 溶液）作示踪剂，在响应测试点用电导探头连续测量溶液电导率随搅拌时间的变化，将电导率转换为示踪剂浓度后，在记录仪上适时地作出示踪剂浓度随时间的变化曲线，由曲线确定混合时间。设 C_∞ 为混合均匀后示踪剂的浓度，C 为混合过程中示踪剂的浓度，则达到混合均匀时有

$$\frac{C}{C_\infty} = 1$$

此时对应的时间即为混合均匀时间 τ_m 。实际测试时，一般允许有 5% 的误差，即当 $C = (1\pm 5\%)C_\infty$ 时，就认为是混合均匀了。

5.3.2　气体搅拌装置

5.3.2.1　帕秋卡槽

帕秋卡槽是一种矿浆搅拌槽，如图 5-6 所示。有一锥形底，锥角为 0°~90°（一般为60°），有利于沉落下来的矿砂在槽内循环。从槽的底部引入气体，对槽内的矿浆进行搅拌。帕秋卡槽的高径比一般为 2.5~3.0，有的比值高达 5。一般槽径 3~4 m，高 6~10 m；大槽槽径为 10~12 m，高达 30 m。多用混凝土捣制，内衬防腐材料，如环氧树脂玻璃钢、瓷砖、耐酸瓷板等。根据中央循环管的长短和有无，帕秋卡槽的类型如图 5-7 所示，特点见表 5-1。

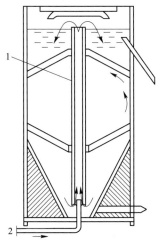

图 5-6　帕秋卡槽

1—中央循环管；2—压缩空气管

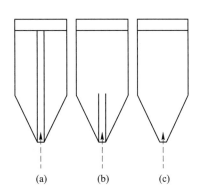

图 5-7　帕秋卡槽的基本类型

(a) A 型槽；(b) B 型槽；(c) C 型槽

表 5-1 帕秋卡槽的类型与特点

类型	结构特点	矿浆循环流动特性	充气功能
A 型槽	中心管由底部伸至槽顶液面	矿砂全部提起，底无积砂	最差
B 型槽	中心管由底部伸至槽内液体中	槽底清洁	次之
C 型槽	无中心管	槽底积砂	最好

不同的帕秋卡槽矿浆循环量随液面距槽底高度的变化关系如图 5-8 所示。图 5-8 中曲线 A、B、C 分别是 A 型槽、B 型槽和 C 型槽的循环量特性。

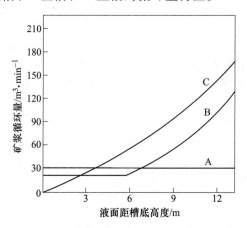

图 5-8 帕秋卡槽中矿浆的循环流动特点

5.3.2.2 鼓泡塔

鼓泡塔是经圆筒形塔底部的气体分散器连续鼓入气体，进行气液接触的气流搅拌槽反应器，用于气液反应或气液固反应。图 5-9 为一般鼓泡塔的简图。图 5-9（a）为广泛应用的鼓泡塔形式，如氧化铝工业所用的鼓泡预热器，图 5-9（b）和图 5-9（c）多用于液相

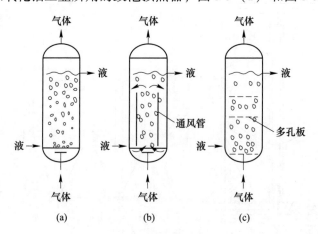

图 5-9 标准型鼓泡塔

（a）广泛应用的鼓泡塔；（b）通风式鼓泡塔；（c）多孔板式鼓泡塔

氧化或微生物反应。鼓泡塔底部装有不同结构的鼓泡器，如图 5-10 所示。钟罩形鼓泡器具有锯齿形边缘，以便将空气或气体分散成细小的气泡。鼓泡器的孔径通常取 3~6 mm（对于空气在水中鼓泡，最大孔径是 6~7 mm）。

5.3.2.3 空气升液搅拌槽

除了鼓泡方式以外，气流搅拌还可以按照空气提升或空气升液器原理进行，如图 5-11 所示。通过送入中心风管的压缩空气使料浆循环来实现搅拌。料浆与空气混合，形成气体-料浆混合物，其密度远低于料浆，因而使混合物沿管内空间上升，并由槽上部溢出。在料浆面位置变化不定的设备中，最好安装分段式空气升液器，即用分段的管件代替外管，料浆面降低时，气体-料浆混合物的提升高度也降低，从而减少能耗。

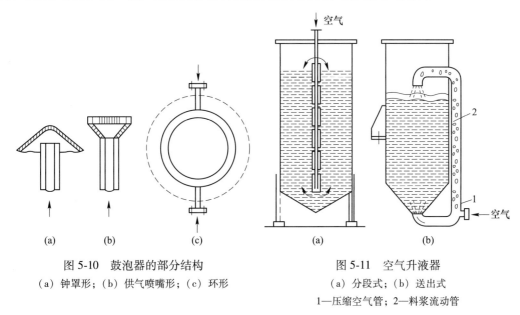

图 5-10　鼓泡器的部分结构
（a）钟罩形；（b）供气喷嘴形；（c）环形

图 5-11　空气升液器
（a）分段式；（b）送出式
1—压缩空气管；2—料浆流动管

5.3.2.4 氧气顶吹炼钢

转炉内配置是由喷嘴和枪身组成的氧枪，氧气顶吹炼钢以"氧-石灰粉"喷吹熔炼氧枪喷出射流，带动周围同类介质和铁水流动，形成强烈搅拌。

A　氧气顶吹冶炼过程的搅拌作用

在顶吹氧气转炉中，高压氧流从喷嘴流出后，经过高温炉气，以很高的速度冲击金属熔池。由于高速氧流与金属熔池间的摩擦作用，氧流的动量传输给金属液，引起金属熔池的循环运动，起到机械搅拌作用，并在熔池中心（氧流和熔池冲击处）形成一个凹坑状的氧流作用区。由于凹坑中心被氧流占据，排出的气体必然由凹坑壁流出。排出气流层的一边与氧流的边界接触，另一边与凹坑壁相接触。因为排出的气体速度大，对凹坑壁面有一种牵引作用。其结果使得邻近凹坑的液体层获得一定速度，沿坑底流向四周，随后沿凹坑壁向上和向外运动，往往沿凹坑周界形成一个"凸肩"，然后在熔池上层内继续向四周流动。由于从凹坑内不断地向外流出液体，为了达到平衡，必须由凹坑的周围对凹坑给予液体补充，于是就引起了熔池内液体的运动，其总的趋势是朝向凹坑底部运动。这样，熔池内的铁水就形成了以射流滞止点（凹坑的最低点）为对称中心的环流运动，起到对熔池的搅拌作用，如图 5-12 所示。对于熔池半径很大的大吨位炉子，通常采用多孔喷枪，以增加射流流股，增大搅拌作用。

（1）在高速氧气流股作用下的金属熔池运动状况。

1）形成冲击区。氧气流股与熔池液面接触时，金属与熔渣被氧气流股挤开，形成了冲击区。在受到冲击的熔池液面上，形成一股股的波浪，同时在熔池内部也产生了强烈的循环运动。流股的动能越大，对熔池的冲击力越强，形成的冲击区深度就越深，熔池内的循环运动也越强烈，如图 5-13 所示。在这个区域内，氧气、炉渣、金属密切接触，各种化学反应能够迅速进行，因而此区域的温度高达 2000~2600 ℃，有人称此区域为作用区。如果作用区接近炉底，就会使炉底过早损坏，甚至烧穿。

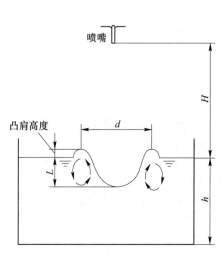

图 5-12　氧气顶吹熔池搅拌示意图

d—凹坑直径，m；L—凹坑深度，m；
H—喷嘴距液面高度，m；h—熔池深度，m

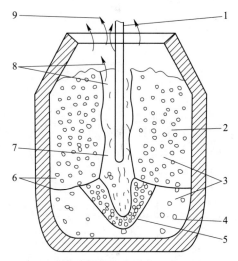

图 5-13　氧气顶吹转炉熔池和乳化相示意图

1—氧枪；2—气-渣-金属乳化相；3—CO 气泡；
4—金属熔池；5—火点；6—金属液滴；
7—由作用区释放的 CO 气流；
8—溅出的金属液滴；9—离开转炉的烟尘

2）形成许多小液滴。由于氧气流股的动能很大，在冲击液面时，还能将金属液和熔渣击碎，溅出许多小液滴。形成的小液滴一部分被裹入炉气，并随炉气一起运动；一部分返回熔池，参加循环运动。显然，氧气流股的动能越大，产生小液滴的数量也越多。小液滴有很大的比表面积，从而大大增加了金属与熔渣的反应界面，这对加快顶吹转炉炼钢的反应速度起着很重要的作用。有人曾经收集了混在炉渣中的金属铁珠，将其筛分并进行了计算，每吨金属铁珠的总面积约为 680 m²。首钢 30 t 转炉静止状态时，金属与熔渣的接触面积是 0.16 m²/t，鞍钢 150 t 转炉为 0.14 m²/t。由此可以看出，由于液滴的形成，其接触界面增加了数千倍，这就是氧气顶吹转炉吹炼速度快的一个主要原因。还有人曾指出，熔池中所有的金属液几乎都要经历液滴形式，有的甚至多次经历液滴形式。从以上分析了解到，顶吹转炉内的化学反应不单在作用区内进行，更重要的是形成了"氧气-金属-熔渣"乳化液，反应在所形成的泡沫渣中进行。所以有人指出，金属中的碳总量有 2/3 是在泡沫渣中脱除的。

（2）氧气流股与熔池接触后的运动状况：氧气流股与熔池接触后，一部分形成了反射氧流，这股反射氧流对液面可以起到搅拌作用和氧化作用，其最外圈所包围的熔池面积，就是通常所说的"冲击面积"；除反射氧流外，氧气流股的大部分进入熔池，参加了化学反应；还有一部分氧气流股没来得及参加反应，继续向熔池内深入，随着动能的消耗，流股不能保持原来的形状，其末端被熔池液面割裂成许多小气泡，这些小气泡在上浮过程中，一方面可以搅动熔池，另一方面小气泡中的氧参加了熔池的化学反应。显然，氧气流股的动能越大，对液面的冲击力越强，那么被熔池吸收的氧就越多，产生液滴和氧气泡的数量也越多，乳化充分，反射氧流少，炉内直接传氧的比例大，所以化学反应速度也快。

如果氧气流股的动能减小，炉内以间接传氧为主，化学反应速度比较缓慢。熔池的搅动不完全是靠氧气流股的作用，更重要的是靠碳氧反应产物 CO 排出时的搅动作用。

5.4 机械搅拌装置

动画

机械搅拌是通过浸入到液体中旋转的搅拌器（桨）来实现液体的循环流动、均匀混合、反应速度的加快，以及反应效率的提高。在化学工业中，机械搅拌对槽式（釜）反应器至为重要。在火法冶金中，铁水预脱硫的 KR 法（Kambara Reactor，一种铁水脱硫方法）就是应用机械搅拌的例子。由于搅拌器在熔融金属中旋转，它需用特殊的耐火材料制成，以承受高温和液体金属的冲刷。与化工中应用的搅拌器相比，火法冶金应用的桨叶形式较简单且转速也较慢。湿法冶金中的机械搅拌与化工中没有大的区别。在湿法冶金中，机械搅拌是广为应用且效果很好的方法，如拜耳法生产氧化铝中的关键工序——晶种分解，就是在不断搅拌的反应槽中进行的，机械搅拌是常用的方法。

机械搅拌的分类常以搅拌器（桨）的类型来划分，不同黏度范围的液体选用不同类型的搅拌器（桨）类型。

5.4.1 机械搅拌器的主要参数

搅拌槽内流体流动的模式取决于流体的性质、搅拌槽的几何形状、搅拌器的类型及其安装位置、转速等。表征搅拌作用的参数如下。

（1）泵送能力 Q_R，也就是搅拌桨的吐出流量，通常以无量纲泵送准数 $\dfrac{Q_R}{nd^3}$ 表示。其中 n 为桨的转速，r/min；d 为桨的直径，m。泵送准数与搅拌器叶轮的雷诺数 Re' 有关。图 5-14 所示为涡轮桨的泵送准数与叶轮雷诺数 Re' 的关系。

（2）混合均匀时间 τ_m。

（3）桨的周边速度（桨端速度）。桨端速度与桨的直径和转速有关，它代表实际的剪切速度。

（4）搅拌器的搅拌功率。搅拌器的搅拌功率是搅拌器设计的一个重要参数。因为对给定体系，搅拌功率还不能由理论分析得出，所以采用试验的经验关系来确定。搅拌功率 P 与功率准数 N_p 和搅拌雷诺数 Re 有关。

槽内流动状态可以用 Re 来估计。当 $Re<10$ 时，槽内为层流；当 $Re>10000$ 时，槽内为

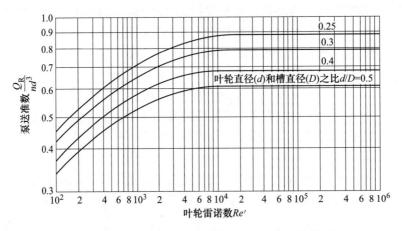

图 5-14　涡轮桨的泵送准数与叶轮雷诺数 Re' 的关系

紊流；当容器的其他部分为层流。搅拌器功率 P 与流体密度 ρ、黏度 μ、转速 n、桨叶直径 d 有关。

5.4.2　机械搅拌的功率密度

加到单位质量或单位体积物料上的搅拌功率称为搅拌的功率密度，用 ε 表示，单位为 W/t 或 W/m^3。机械搅拌的功率密度是标志混合程度的参数，功率密度也是放大设计的重要依据。通过实验可以求得各种不同情况下物料混合均匀时间与功率密度的关系，即

$$\tau_{\mathrm{m}} = f\left(\frac{t}{\varepsilon}\right) \tag{5-5}$$

5.4.3　机械搅拌器的分类

按不同的标准，机械搅拌器可分为不同的类型。

（1）按流体形式不同可分为轴向流搅拌器、径向流搅拌器和混合流搅拌器。

（2）按搅拌器叶面结构不同可分为平叶式搅拌器、折叶式搅拌器及螺旋面叶式搅拌器，其中具有平叶和折叶结构的搅拌器有桨式、涡轮式、框式和锚式搅拌器等，推进式、螺杆式和螺带式的桨叶为螺旋面叶结构。

（3）按搅拌用途不同可分为低黏度流体用搅拌器和高黏度流体用搅拌器，其中低黏度流体用搅拌器主要有推进式、长薄叶螺旋桨式、开启涡轮式、圆盘涡轮式、布鲁马金式、板框式、三叶后弯式、MIG 型和改进 MIG 型等。高黏度流体用搅拌器主要有锚式、框式、锯齿圆盘式、螺旋桨式、螺带式（单螺带式、双螺带式）和螺旋-螺带式搅拌器等。

桨式、推进式、涡轮式和锚式搅拌器在搅拌反应设备中应用最为广泛，据统计，占搅拌器总数的 75% ~ 80%。

5.4.3.1　桨式搅拌器

桨式搅拌器的结构最简单，如图 5-15 所示。叶片用扁钢制成，焊接或用螺栓固定在轮毂上，叶片数是 2~4 片，叶片形式可分为直叶式和折叶式两种。桨式搅拌器的转速一

般为 20~100 r/min，最高黏度为 20 Pa·s。

液液体系中，桨式搅拌器用于防止分离、使罐的温度均一；固液体系中，多用于防止固体沉降。其主要用于流体的循环，也用于高黏度流体搅拌，促进流体的上下交换，代替价格高的螺带式叶轮，能获得良好的效果。但不能用于以保持气体和以细微化为目的的气液分散操作中。

5.4.3.2 推进式搅拌器

标准推进式搅拌器有三瓣叶片，结构如图 5-16 所示。其螺距与桨叶直径 d 相等。它的桨叶直径较小，$d/D=1/4~1/3$，叶端速度一般为 7~10 m/s，最高达 15 m/s。搅拌时流体由桨叶上方吸入，从桨叶下方以圆筒状螺旋形排出，流体至容器底后再沿壁面返至桨叶上方，形成轴向流动。流体的湍流程度不高，循环量大。推进式搅拌器的结构简单，制造方便。容器内装挡板，搅拌轴采用偏心安装，搅拌器可倾斜，可防止旋涡形成。

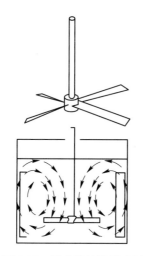
图 5-15 桨式搅拌器示意图

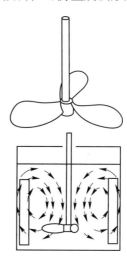
图 5-16 推进式搅拌器示意

推进式搅拌器在黏度低、流量大的场合，用较小的搅拌功率就能获得较好的搅拌效果。它主要用于液液体系混合，使温度均匀；在低浓度固液体系中，可防止淤泥沉降等。

5.4.3.3 涡轮式搅拌器

涡轮式搅拌器又称为透平式叶轮，它是应用较广的一种搅拌器，能有效地完成几乎所有的搅拌操作，并能处理黏度范围很广的流体，其结构如图 5-17 所示。

涡轮式搅拌器有较大的切应力，可使流体微团分散得很细，适用于低黏度到中等黏度流体的混合、液液分散、液固悬浮等场合，此外还可以促进良好的传热、传质和化学反应。

5.4.3.4 锚式搅拌器

锚式搅拌器结构简单（见图 5-18），适用于黏度在 100 Pa·s 以下的流体搅拌，当流体黏度为 10~100 Pa·s 时，可在锚式桨叶中间加一个框式桨叶，即为框式搅拌器，以增加容器中部的混合；易得到大的表面传热系数，可以减少"挂壁"的产生。

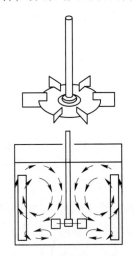

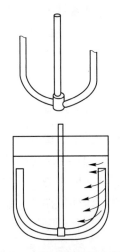

图 5-17   涡轮式搅拌器示意图   图 5-18   锚式搅拌器示意图

　　锚式或框式桨叶的混合效果并不理想，只适用于对混合要求不太高的场合。由于锚式搅拌器在容器壁附近的流速比其他搅拌器大，能得到大的表面传热系数，所以常用于传热、析晶操作；此外，也常用于高浓度淤浆和沉降性淤浆的搅拌。

5.4.4   机械搅拌器的选用

　　在选用机械搅拌器时，除了要求它能达到工艺要求的搅拌效果外，还应保证搅拌功率小、制造和维修容易、费用较低等条件。目前多根据实践选用，也可通过小型实验来确定。选用原则如下。

　　（1）根据被搅拌液体的黏度大小选用。由于液体的黏度对搅拌状态有很大影响，所以根据搅拌介质的黏度大小来选型是一种基本方法。随着黏度的增高，使用顺序为推进式、涡轮式、桨式以及锚式搅拌器等。

　　（2）根据搅拌器类型的适用条件选用。不同搅拌器的适用条件见表5-2，该表所列的使用条件比较具体，不仅有搅拌目的，还有推荐介质的黏度范围、搅拌器转速范围和槽体容积范围等。现对其中几个主要过程做如下说明。

表 5-2   不同搅拌器的适用条件

搅拌器类型	流动状态			搅拌目的									容积范围 /m³	转速范围 /(r·min⁻¹)	最高黏度 /(Pa·s)
	对流循环	湍流循环	剪切流	低黏度液体混合	高黏度液体混合传热反应	分散	固体溶解	固体悬浮	气体吸收	结晶	换热	液相反应			
涡轮式	○	○	○	○	○	○	○	○	○	○	○	○	1~100	10~300	50
桨式	○	○	○	○	○		○	○		○	○	○	1~100	10~300	2

续表 5-2

搅拌器类型	流动状态			搅拌目的									容积范围/m³	转速范围/(r·min⁻¹)	最高黏度/(Pa·s)
	对流循环	湍流循环	剪切流	低黏度液体混合	高黏度液体混合传热反应	分散	固体溶解	固体悬浮	气体吸收	结晶	换热	液相反应			
折叶开启涡轮式	○	○		○		○	○	○			○	○	1~100	10~300	50
推进式	○	○		○		○	○			○	○	○	1~100	100~500	50
锚式	○				○		○						1~100	1~100	100

注：本表中空白表示不适或不详，○为适合。

1）低黏度液体混合过程。它是搅拌过程中难度最小的一种，当容积很大且要求混合时间很短时，采用循环能力较强且消耗动力少的推进式搅拌器较为适宜。桨式搅拌器在小容量液体混合过程中被广泛应用。

2）分散过程。它要求搅拌器能造成一定大小的液滴和具有较高的循环能力。涡轮式搅拌器因具有强剪切力和较大循环能力而适用。平叶涡轮搅拌器的剪切作用比折叶和后弯叶涡轮搅拌器的剪切作用大，所以更加适合。分散操作中，搅拌器都采用挡板来加强剪切效果。

3）固体悬浮过程。它要求搅拌器具有较大的液体循环流量，以保持固体颗粒的运动速度，使颗粒不致沉降下去。开启涡轮式搅拌器适用于固体悬浮，其中后弯叶开启式涡轮搅拌器液体流量大、桨叶不易磨损，更为合适。桨式搅拌器适用于固体粒度小、固液密度差小、固相浓度较高、沉降速度低的固体悬浮。

4）固体溶解过程。它要求搅拌器有剪切流和循环能力，所以涡轮式搅拌器是合适的。推进式搅拌器的循环能力大，但剪切流小，适用于小容量的溶解过程。桨式搅拌器必须借助于挡板提高循环能力，适用于容易悬浮起来的溶解操作。

5）结晶过程。它的搅拌是很困难的，特别是在要求严格控制晶体大小的时候，通常选用桨叶直径小的搅拌器快速搅拌（如涡轮式搅拌器），适用于微粒结晶；而大直径搅拌器的慢速搅拌（如桨式搅拌器），可用于大晶体的结晶。在结晶操作中，当要求有较大的传热作用而又避免过大的剪切作用时，可考虑选用推进式搅拌器。

6）换热过程。它往往是与其他过程共同存在的，如果换热不是主要过程，则搅拌器能满足其他过程的要求即可。如果换热是主要过程，则要满足较大的循环流量，同时还要求液体在换热表面上有较高的流动速度，以降低液膜阻力和不断更新换热表面。换热量小时，可以在槽体内部设夹套，选用桨式搅拌器，加上挡板，换热量还可以更大些。当要求传热量很大时，槽体内部应该设置蛇管，这时采用推进式或涡轮式搅拌器更好，内部蛇管还可起到挡板的作用。

5.5　电磁搅拌装置

5.5.1　电磁搅拌装置的基本原理

　　一个载流的导体处于磁场中，就受到电磁力的作用而发生运动。同样，浇铸的载流钢水处于磁场中，就会产生一个电磁力推动钢水运动，产生搅拌，这就是电磁搅拌器的原理。前面所提到的电磁搅拌器的形式和种类很多，现在就以板坯连铸机为例，说明它的电气传动装置。图5-19 为板坯连铸机电磁搅拌装置的原理。从图 5-19 中可以看出，板坯向下运动，在板坯宽面装有电磁搅拌的搅拌头，内部装有线圈，当线圈通交流电以后，搅拌头部即产生成对磁场其磁导率 μ 为 1 H/m；磁力线垂直穿过带液芯的高温铸坯，随着交流电的变化，磁场做水平方向移动；作为导体的钢水在交变磁场中产生感应电流，该电流产生的二次磁场与移动磁场相互作用，使钢水按移动磁场方向运动；在搅拌头附近的钢水流动带动了周围钢液环流，从而产生搅拌效果。由于此钢水温度接近凝固点、黏滞度较大，钢液移动速度为磁场移动速度的 1%～2%。该速度除了与温度有关外，还与铸坯尺寸有关。

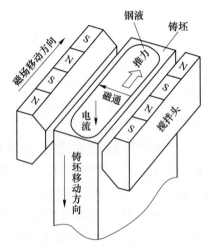

图 5-19　板坯连铸机电磁搅拌
装置的原理

5.5.2　电磁搅拌的类型

　　根据直流电动机原理、感应电动机原理、直线电动机原理和固定磁场下运动导体感应受力的原理，电磁搅拌相应地分为四种类型。

　　（1）移动磁场产生的电磁感应搅拌。移动磁场也称为运动磁场，主要应用于连续铸钢机结晶器和液芯部分的搅拌，以及以金属熔体搅拌为主要目的的熔炼装置，如电弧加热-电磁搅拌-成分微调-真空脱气炉（ASEA-SKF 炉）。

　　（2）固定磁场产生的电磁搅拌。在以金属料加热为主要目的的电磁感应熔炼设备，例如感应电炉中，采用单相线圈装置，于是产生一个静止的电场。在连铸坯外面设置直流线圈，也产生沿铸坯方向的静磁场。若通过夹辊向铸坯液芯通以电流，则液芯在磁场作用下产生运动。

　　（3）行波磁场电磁搅拌。行波磁场搅拌器即水平旋转感应搅拌器，它将引起钢水做直线运动。

　　（4）加电后产生的电磁搅拌。许多熔炼设备的能源是电能，如电弧炉、自耗电极电渣炉等。此时，电流通过金属熔池或通过导体熔渣，也会产生一个电磁场，并引起熔渣和金属液的运动。

5.5.3 感应电炉的电磁搅拌

冶金中应用的电炉分为有芯感应电炉和无芯感应电炉两大类。有芯感应电炉多用于有色金属熔炼，无芯感应电炉主要用于钢铁冶炼。

无芯感应电炉的感应线圈通常为单相电源。金属炉料熔化后，在电磁场作用下，金属液产生循环流动。对于感应电炉，可以凭经验和通过计算，按感应线圈的布置情况来估计炉内金属的流动情况。当线圈对称布置时，采用多相绕组会产生一个移动波；当采用一个单相线圈时，则会产生驻波。

磁场产生的电磁搅拌力（洛仑兹力）的计算公式为

$$F_b = K \frac{P_z}{\sqrt{f}} \tag{5-6}$$

式中，F_b 为磁场产生的电磁搅拌力，N；P_z 为钢液吸收的功率，W；f 为电流频率，Hz；K 为常数，$K = 6 \times 10^{-4}(S\sqrt{\rho_z})^{-1}$；$S$ 为钢液柱侧面积，cm^2；ρ_z 为钢液的电阻率，$\Omega \cdot cm$。

由式（5-6）可知，低频率感应电炉比高频率搅拌力大，因此当感应电炉的主要功能在于加热时，采用较高的电流频率；而当主要功能在于搅拌时，则采用较低的电流频率。

5.5.4 ASEA-SKF 炉的电磁搅拌

ASEA-SKF 炉是一种钢包精炼设备。其工艺过程是在炼钢炉出钢时，将钢水放在特殊设计的钢包中，将钢包吊入搅拌器内进行电磁搅拌，同时进行造渣操作，用电弧加热，钢水温度符合要求时，盖上真空盖进行真空脱气处理。脱气后，钢水经料槽加入铁合金调整钢液成分，最后调温加热，待成分、温度符合要求后，将钢包从电磁搅拌器中吊出，送去浇铸。此法加热靠电弧，电磁感应器的唯一功能是进行搅拌，因此宜选用低的电流频率。

5.5.5 连铸机用电磁搅拌装置

连铸机用的电磁搅拌装置，可分为旋转磁场型、直线移动磁场型、螺旋磁场型、静磁场通电型等多种类型（见图 5-20），但使用最多的是前两种。从国外使用情况看，圆坯、小方坯和一部分方坯多用旋转磁场型电磁搅拌装置，板坯和多数方坯多用直线移动磁场型或静磁场通电型电磁搅拌装置。这是因为随着铸坯断面的不同，各种搅拌所形成的钢液流动范围、流动方向、流动阻力也随之不同。只有使搅拌装置尽可能适应铸坯断面的工艺要求，才能得到较好的搅拌效果。

螺旋磁场型及直线移动磁场型搅拌装置的工作原理与感应电动机类似，即当电动机的定子线圈通入三相交流电时，定子就产生了一个旋转磁场（转速 $n = 60$ r/min）。该旋转磁场切割转子的闭合导体，导体内便感生电流。

感应电流与定子的旋转磁场相互作用驱动转子旋转。如果将定子铁芯切开并展开成直线，即产生按正弦规律变化的行波磁场。若改变通入三相绕组的电流相序，则行波磁场的移动方向也随之改变。方坯电磁搅拌装置就是基于上述原理而工作的。采用旋转磁场的搅

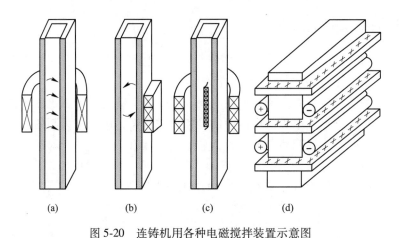

图 5-20　连铸机用各种电磁搅拌装置示意图
（a）旋转磁场型；（b）直线移动磁场型；（c）螺旋磁场型；（d）静磁场通电型

拌装置，实际上就是运用异步电动机三相旋转磁场原理，设计一个没有转子的三相二极异步电动机定子，保证定子内径中心达到预定的磁通密度，产生三相旋转磁场，以使未凝固的钢坯液芯像三相异步电动机转子一样旋转，以达到搅拌的目的。采用直线移动磁场的电磁搅拌装置，就是利用行波磁场切割铸坯，使铸坯内产生感应电流并驱动铸坯内未凝钢液运动，同样也达到了搅拌的目的。

当采用直线移动行波磁场的搅拌装置时，可选用环管式直线搅拌器，它具有体积小、质量轻的特点；也可采用对装式的直线搅拌器，如图 5-21 所示，图中的 A、B、C 表示接线柱。

由图 5-21 中，右侧搅拌器在铸坯中产生向上的行波磁场，使右侧金属液体附加一个向上的电磁力；同理，左侧搅拌器的行波磁场使左侧金属液体增加一个向下的电磁力，导致钢液产生循环运动。由于钢液的趋肤效应，离铸坯中心越近，磁场越弱，感应电流越小，电磁力也就越小。

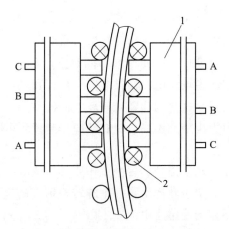

图 5-21　对装式直线搅拌器示意图
1—搅拌器；2—不锈钢辊

习　题

查看习题解析

5-1　选择题

（1）反映混合机混合性能效果的核心指标是（　　）。

    A. 混合机电机功率　　　　　　　B. 混合机重量

    C. 混合均匀度变异系数　　　　　D. 生产效率

（2）喷吹钢包中驱动金属流动的外力主要是（　　）。

    A. 气泡浮力　　　B. 黏性力　　　C. 重力　　　D. 惯性力

（3）搅拌器罐体长径比对夹套传热有显著影响，容积一定时长径比越大，则夹套的传热面积（　　）。

    A. 按长径比增大　　B. 不变　　　C. 越大　　　D. 越小

（4）铝酸钠溶液的晶种分解用（　　）搅拌设备。

    A. 鼓入空气的气力　　　　　　　B. 搅拌装置在设备的底部

    C. 以径向流为主的推进式　　　　D. 以切向流为主的"圆柱状回转区"

（5）搅拌雷诺数和流态划分与管道流体输送不同，主要是（　　）。

    A. 微观流动促使液体细微化分散作用

    B. 搅拌雷诺数与管道流体输送的组成参数不同

    C. 搅拌雷诺数决定搅拌釜内流体流动的流态，也对搅拌器的特性和行为有决定性作用

    D. 搅拌桨叶的动力特性、循环特性、混合特性，分别用无因次准数表示

（6）搅拌器选用应满足（　　）。

    A. 保证物料的混合所需费用最低，操作方便、易于运送

    B. 保证工艺要求的搅拌效果，消耗最少的功率、制造和维修容易、费用较低

    C. 保证固体悬浮、固体溶解、溶液蒸发并结晶、冶金换热

    D. 促进传质、促进传热，制备均匀混合物

（7）搅拌与混合的目的是（　　）。

    A. 制备均匀混合物，如调和、乳化、固体悬浮、捏合、固粒的混合等

    B. 促进传质，如萃取、溶解、结晶、气体吸收等

    C. 促进传热，搅拌槽内加热或冷却

    D. "制备均匀混合物，促进传质，促进传热"之间的组合

5-2　思考题

（1）捏合有何特点，捏合机有哪几类？

（2）粉料混合机有哪几类，各有何特点？

（3）机械式搅拌机有哪几种？

（4）搅拌的目的是什么？

（5）如何选择机械搅拌设备？

（6）简述电磁搅拌的特点和种类。

6 非均相分离设备

岗位情境

　　由具有不同物理性质的分散物质和连续介质组成的物系称为非均相混合物或非均相物系。在非均相物系中，处于分散状态的物质，如分散于流体中的固体颗粒、液滴或气泡，称为分散物质或分散相；包围分散物质且处于连续状态的物质称为连续介质或连续相。

　　冶金及化工过程中常涉及固体颗粒和液体组成的液态非均相物系。液体为连续相，固体为分散相，这种固体颗粒悬浮于液体中所组成的系统称为悬浮液。本章主要讨论固体颗粒在流体中的分散规律、悬浮液的性质，以及悬浮液中固液体的分离方法及设备。图 6-1 为某厂沉淀池。

图 6-1　沉淀池

岗位类型

　　（1）重冶湿法冶炼工；

　　（2）稀贵金属冶炼工；

　　（3）钨钼钽铌冶炼工。

职业能力

　　（1）具有操作重力沉降、过滤分离、静电分离等主要设备并进行智能控制与维护的能力；

　　（2）具有处理设备故障，清晰完整记录生产数据及交流合作的能力。

6.1 悬浮液的性质和分离特性

悬浮液由两相构成，其物理性质基本上取决于两相的体积比例。当固体含量较低时，通常用固体浓度表示它的一般性质比较便利；反之，则用液体浓度或湿含量表示。

悬浮液的分离过程主要受悬浮液的性质，如浓度、密度、固体颗粒粒度等的影响。

6.1.1 悬浮液的性质

6.1.1.1 悬浮液的浓度

悬浮液的浓度可以用悬浮液中干固体颗粒的质量分数、体积分数表示，也可以用悬浮液中固液质量比、固液体积比等多种浓度进行表示，分别为：体积分数为悬浮液中干固体的体积流量与悬浮液的体积流量之比，以 M 来表示；液固体积比为悬浮液中干固体的体积流量与液体的体积流量之比，以 M' 来表示；质量分数为悬浮液中干固体的质量流量与悬浮液质量流量之比，以 m 来表示；液固质量比为悬浮液中干固体的质量流量与液体的质量流量之比，以 m' 来表示。

固液质量比与固液体积比的推导关系为

$$m' = \frac{W_s}{W} = \frac{\rho_s Q_s}{\rho Q} = \frac{\rho_s}{\rho} M'$$

$$m = \frac{W_s}{W_m} = \frac{\rho_s Q_s}{\rho_m Q_m} = \frac{\rho_s}{\rho_m} M \tag{6-1}$$

式中，ρ、ρ_s、ρ_m 分别为液体、干固体颗粒和悬浮液的密度，kg/m^3；Q、Q_s、Q_m 分别为液体、干固体颗粒和悬浮液的体积流量，m^3/s；W、W_s、W_m 分别为液体、干固体颗粒和悬浮液的质量流量，kg/s。

6.1.1.2 悬浮液的密度

悬浮液的密度 ρ_m 为单位体积悬浮液所具有的质量，即

$$\rho_m = \frac{\rho Q + \rho_s Q_s}{Q_m} \tag{6-2}$$

$$Q = Q_s + Q \tag{6-3}$$

在悬浮液中，ρ_s 与 ρ 的差值越大，分离就越容易；反之，分离就越困难。

6.1.1.3 悬浮液的黏度

在悬浮液中，除存在液体分子之间的相互作用外，还存在颗粒之间和颗粒与液体之间的相互作用，因此其流变行为比均质液相要复杂得多。

当悬浮液中固体颗粒的浓度较低时（如 10% 以下），因为固体颗粒的分散良好，可以认为悬浮液体系为两相的机械混合物，所以仍可视为牛顿流体。但由于固体颗粒与液体之间黏滞力的作用，悬浮液的黏度增加。爱因斯坦基于力学原理，在假定颗粒为刚性球体、粒度较小且颗粒体积分数小于 8% 的条件下，导出悬浮液黏度与其中固体体积分数 M 有

关, 即

$$\mu_m = \mu(1 + 2.5M) \tag{6-4}$$

式中, μ_m、μ 分别为悬浮液和液体的黏度, $Pa \cdot s$; M 为悬浮液中的固体体积分数, %。

苏联学者也曾提出选矿或湿法冶金中矿浆黏度的修正经验式, 即

$$\mu_m = \mu(1 + 4.5M) \tag{6-5}$$

当固体颗粒浓度较高时, 颗粒与颗粒之间必然存在相互的摩擦, 特别当颗粒形状极不规则、为非球形时, 对悬浮液的流动及变形性质产生较大的影响。此时, 对流体施加外力而产生流动, 其对器壁的切应力 τ 与流体的切应变 γ 就不再呈线性关系, 即不服从牛顿定律, 所以称为非牛顿流体。非牛顿流体的流变性质可表示如下

$$\tau = \tau_0 + K\gamma^n \tag{6-6}$$

式中, τ 为流体对器壁的切应力, Pa; γ 为流体的切应变, (°); K 为稠度系数, 其单位与黏度相同, $Pa \cdot s$。

稠度系数 K 用以界定该流体黏度的高低, 流变指数 n 则表征流体变形的特性, 流体的流变曲线如图 6-2 所示, 并定义为: (1) $\tau_0 = 0$, $n = 1$ 时称为牛顿流体, 此时, $K = \mu$, 适用于水、稀矿浆; (2) $\tau_0 = 0$, $n < 1$ 时称为假性流体, 适用于高分子化合物、稠矿浆; (3) $\tau_0 = 0$, $n > 1$ 时称为胀性流体, 适用于糊状物、滤饼。

此外, 还有一类非牛顿流体, 称为宾汉流体, 如图 6-2 所示, 并可用式 (6-6) 表示。其特点为流体需克服极限切应力 τ_0 后才会产生流动, 然后服从牛顿定律或假塑性流动, 如冰激凌、某些稠矿浆等就属于此类流体。

多数的非牛顿流体属于假塑性流体, 如稀的絮凝剂溶液、较稠的矿浆等。另外, 某些非牛顿流体 (如高分子化合物、絮凝剂水溶液、絮凝颗粒、絮凝后的滤饼、浓密机的底流等), 它们的流变性质会因时间而变。例如絮凝后的絮团在形成初期很容易变化, 这种流体称为时变型流体, 即流体流动时的切应力不仅与切应变有关, 而且与受剪切的时间有关, 如图 6-2 和式 (6-7) 所示。

$$\tau = f(\gamma t) \tag{6-7}$$

时变型流体随时间的延长, 切应力与切应变的关系会趋于定值。当其切应变由大到小返回时, 切应力下降的流体称为触变型流体, 如图 6-3 中的曲线 a 所示; 反之, 则称为震

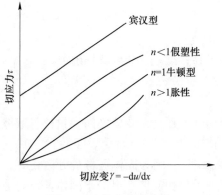

图 6-2 流体的流变曲线

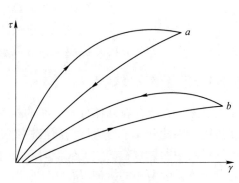

图 6-3 变型流体的流变曲线

a—触变型; b—震凝型

凝型流体，如图 6-3 中的曲线 b 所示。常见的一般为触变型流体，产生该种流变曲线的原因是由于流体内部抗变形的结构随时间的延长而减弱。

6.1.1.4 悬浮液的温度

一般来说，温度越高、黏度越小的悬浮液就越容易分离。但温度过高也会带来不良影响，如发生二次化学反应等，增加了分离的困难程度。赤泥分离时泥浆温度对泥浆浓缩程度的影响见表 6-1。

表 6-1 泥浆温度对泥浆浓缩程度的影响

泥浆温度/℃	30	60	70	85	95
泥浆浓缩程度/%	73.5	86.5	78.5	78.5	27.0

注：泥浆浓缩程度 $=\dfrac{沉淀高}{总高}\times100\%$。

6.1.1.5 固体悬浮物的粒度

固体悬浮物的粒度指固体颗粒的粒径。粒度越大，沉降时的速度越快，过滤时形成的滤饼孔隙率越大，滤饼的阻力越小，过滤效率也越高，越易于分离。

一般认为，当悬浮物的粒度小于 $0.5~\mu m$ 时，悬浮液中粒子的布朗运动影响已较为明显，用沉降的方法一般很难分离。

6.1.2 悬浮液分离的特性

悬浮液中的悬浮物，有的颗粒轮廓清晰、坚硬不易变形，也不易相互黏附或与其他颗粒黏结，这一类悬浮物很容易分离；但有的悬浮颗粒则恰好相反，其颗粒在显微镜下观察时呈大块、模糊不清的胶状物质（如赤泥粒子），其沉降性能很差。

通常，增大颗粒的表观直径（或当量直径）d 是提高固体颗粒在重力场中沉降速度最有效的措施，而增大 d 的途径便是絮凝。絮凝是指使水溶液中的悬浮颗粒或胶质物集合起来，形成表观直径较大的絮团，以利于固液分离。因此为了加快悬浮颗粒的沉降速度，提高沉降槽的生产能力，常向悬浮物体系（如湿法冶金的矿浆）中加入适量的絮凝剂，促使悬浮液中呈胶体状分散的颗粒凝聚成体积较大的絮团，使其快速沉降。

絮凝剂中以硫酸铝、聚氯化铝、氯化铁等无机絮凝剂用得最多，有机絮凝剂也比较常用。生产中也常将无机和有机絮凝剂一同使用。另外，为了促进絮团的长大，增加其致密性以提高沉降速度，改善脱水性，还时常添加辅助剂。目前使用的絮凝剂大致分为以下四类。

（1）无机絮凝剂。主要有小分子的氯化铁、硫酸铁、硫酸铝、含铁硫酸铝，高分子的聚硫酸铁、聚氯化铝等；pH 值调整剂有石灰、苛性钠、硫酸、盐酸、二氧化碳等；辅助剂有絮团重质剂，如膨润土、炭黑、陶土、酸性白泥、水泥尘等，以及絮团形成剂，如活性硅酸、藻几酸钠等。

（2）天然有机高分子絮凝剂。主要有淀粉或含淀粉的植物、含胶质的蛋白质物质等，如马铃薯粉、玉米粉、红薯粉、木薯粉、麦麸、丹宁、纤维素、古尔胶、动物胶等。

（3）合成有机高分子絮凝剂。它们大多是以聚丙烯酰胺及其衍生物为基础合成的，有离子型和非离子型高分子聚合物，如聚丙烯酰胺（含阴离子型、阳离子型和非离子型）、聚丙烯酸、羧基纤维素和聚乙烯基乙醇等。

（4）生物絮凝剂。它是利用微生物技术提取得到的新型水处理剂，有霉菌、细菌、放线菌和酵母等，主要由糖蛋白、多糖、蛋白质、纤维素和核酸等成分组成。这些生物絮凝剂中，有些具有一定的线形长度，有的表面具有较高的荷电性和较强的亲水性或疏水性，能与固体颗粒通过离子键、氢键等作用结合，就像高分子聚合物那样，起到絮凝作用。生物絮凝剂因其在实际应用中具有絮凝效果好、易生物降解、无二次污染等环境友好的特点而成为国内外新型水处理剂研究的前沿课题。

由于非均相物系中分散相和连续相具有不同的物理性质，工业上一般都采用机械方法将两相进行分离。要实现这种分离，必须使分散相与连续相之间发生相对运动。根据两相运动方式的不同，悬浮液的分离可按两种操作方式进行。

（1）颗粒相对于流体（静止或运动）运动的过程称为沉降分离。实现沉降操作的作用力可以是重力，也可以是惯性离心力，因此沉降过程有重力沉降与离心沉降两种方式。

（2）流体相对于固体颗粒床层运动而实现固液分离的过程称为过滤。实现过滤操作的外力可以是重力、压强差或惯性离心力。因此，过滤操作又可分为重力过滤、加压过滤、真空过滤和离心过滤。

6.2　沉降分离设备

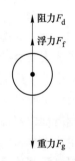

动画

悬浮液的沉降分离是指在某种力场中，利用分散相和连续相之间的密度差异，使之发生相对运动而实现分离的操作过程。

6.2.1　球形颗粒的自由沉降

6.2.1.1　沉降速度

将表面光滑的刚性球形颗粒置于静止的流体介质中，如果颗粒的密度大于流体的密度，则颗粒将在流体中沉降。此时，颗粒受到3个力的作用，即重力 F_g、浮力 F_f 和阻力 F_d，如图6-4所示。重力向下，浮力向上，阻力与颗粒运动的方向相反（向上），则有

（1）重力
$$F_g = \frac{\pi}{6} d^3 \rho_s g \qquad (6\text{-}8)$$

图6-4　沉降颗粒

（2）浮力
$$F_f = \frac{\pi}{6} d^3 \rho g \qquad (6\text{-}9)$$

（3）阻力
$$F_d = \varepsilon \frac{\pi}{4} d^2 \frac{\rho u^2}{2} \qquad (6\text{-}10)$$

式中，d 为颗粒的当量直径，m；ε 为阻力系数，无量纲；ρ_s、ρ 分别为颗粒和液体的密度，kg/m；u 为颗粒相对于流体的沉降速度，m/s；g 为重力加速度，取 9.81 m/s^2。

颗粒在三种力的作用下运动，根据牛顿第二运动定律，其运动方程表示为

$$F_g - F_f - F_d = ma \tag{6-11}$$

即

$$\frac{\pi}{6}d^3(\rho_s - \rho)g - \varepsilon\frac{\pi}{4}d^2\left(\frac{\rho u^2}{2}\right) = \frac{\pi}{6}d^3\rho_s\frac{\mathrm{d}u}{\mathrm{d}t} \tag{6-12}$$

整理后得

$$\frac{\rho_s - \rho}{\rho_s}g - \frac{3\varepsilon\rho u^2}{4d\rho_s} = \frac{\mathrm{d}u}{\mathrm{d}t} \tag{6-13}$$

式中，m 为颗粒的质量，kg；a 为颗粒沉降的加速度，$\mathrm{m/s^2}$；$\frac{\pi}{6}d^3(\rho_s - \rho)g$ 为球形颗粒的有效重力；$\frac{\rho_s - \rho}{\rho_s}g$ 为球形颗粒的有效重力加速度，与颗粒和流体的密度有关，$\mathrm{m/s^2}$；$\frac{3\varepsilon\rho u^2}{4d\rho_s}$ 为球形颗粒的阻力加速度，$\mathrm{m/s^2}$；ε 为阻力系数；g 为重力加速度，$g = 9.81\ \mathrm{m/s^2}$；u 为球形颗粒的绝对速度，又称为沉降速度，$\mathrm{m/s}$。

对于给定的流体和颗粒，重力与浮力是恒定的，但阻力却随颗粒的沉降速度发生变化。颗粒刚开始沉降的瞬间，沉降速度 u 为零，所以阻力和阻力加速度也为零，此时颗粒沉降加速度具有最大值，颗粒因受力而加速降落；由于有重力加速度的影响，沉降速度迅速增大，阻力加速度也随之增加，从而使沉降速度迅速减小。经短暂时间后，阻力加速度增加到与有效重力加速度相等时，沉降加速度为零，则作用于颗粒上的有效重力与阻力相等，即合外力为零，颗粒便开始以等速沉降，此时的沉降速度称为自由沉降速度 u_0。因此单个颗粒在静止流体中的自由沉降过程经历过了两个阶段，第一阶段为加速运动阶段，第二阶段运动阶段。根据式（6-13）可以推导出颗粒的自由沉降速度为

$$u_0 = \sqrt{\frac{4d(\rho_s - \rho)g}{3\varepsilon\rho}} \tag{6-14}$$

式中，u_0 为颗粒的自由沉降速度，$\mathrm{m/s}$。

6.2.1.2　阻力系数

由式（6-14）可知，自由沉降速度 u_0 不仅与颗粒的 ρ_s、d 和流体的 ρ 有关，而且还与流体对颗粒的阻力系数 ε 有关。阻力系数 ε 反映颗粒运动时流体对颗粒的阻力大小，它是颗粒与流体相对运动时雷诺数 Re 的函数。几种不同球形系数 φ 下的阻力系数 ε 与雷诺数 Re 的关系曲线如图 6-5 所示。

图 6-5 中，Re 为雷诺数，$Re = \dfrac{\mathrm{d}u_0\rho}{\mu}$。由图 6-4 可以看出，球形系数 $\varphi = 1.000$ 的曲线即颗粒的 ε-Re 曲线，可以分为 3 个不同的流型区域，各区域的曲线可分别用相应的关系式表达，即

（1）层流区域或斯托克斯（Stokes）定律区（$10^{-4} < Re < 1$）

$$\varepsilon = \frac{24}{Re} \tag{6-15}$$

（2）过渡区或艾伦（Allen）定律区（$1 < Re < 10^3$）

$$\varepsilon = \frac{18.5}{Re^{0.6}} \tag{6-16}$$

（3）湍流区或牛顿（Newton）定律区（$10^3 < Re < 2 \times 10^3$）

$$\varepsilon = 0.44 \tag{6-17}$$

将式（6-15）至式（6-17）分别代入式（6-14），便得到颗粒在各流型区域相应的自由沉降速度的计算公式。

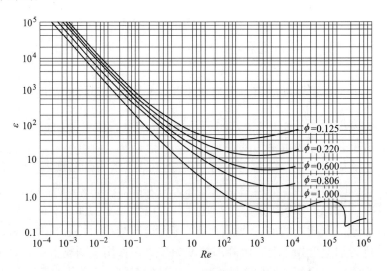

图 6-5　ε-Re 关系曲线图

（1）层流区或斯托克斯（Stokes）定律区（$10^{-4} < Re < 1$）

$$u_0 = \frac{(\rho_s - \rho)g}{18\mu} d^2 \tag{6-18}$$

（2）过渡区或艾伦（Allen）定律区（$1 < Re < 10^3$）

$$u_0 = 0.2 \left(g \frac{\rho_s - \rho}{\rho} \right)^{0.72} \frac{d^{1.18}}{(\mu/\rho)^{0.45}} \tag{6-19}$$

（3）湍流区或牛顿（Newton）定律区（$10^3 < Re < 2 \times 10^3$）

$$u_0 = 1.74 \sqrt{\frac{d(\rho_s - \rho)g}{\rho}} \tag{6-20}$$

式（6-18）至式（6-20）分别称为斯托克斯公式、艾伦公式和牛顿公式。

由此可见，在同一流型中，颗粒的直径和密度越大，自由沉降速度就越大；对于同一直径和密度的颗粒在不同的流型中，自由沉降速度也不同。在层流与过渡流中，自由沉降速度与流体的黏性有关；而在湍流中，自由沉降速度则与黏性无关。

通常情况下，在湿法冶金中遇到的沉降分离问题可以简化为细颗粒在极稀的、静止的无限流体中的沉降过程。在这种情况下，沉降的雷诺数小于 0.1，即为层流状态下的沉降。当考虑到生产设备内的状态时，情况则渐趋复杂，可能会延伸至过渡区。至于雷诺数超过 50000、已达到充分发展的湍流状态，只是固液悬浮系统处理的区域，实际是很难出现的。因为当雷诺数达到 50000，固体颗粒在常温下的水中沉降时，对于密度较大的颗粒，如方铅矿，其密度约为 7500 kg/m³，颗粒的直径必须大于 23.5 mm，自由沉降速度可达 2.13 m/s；即使对于密度约为 19000 kg/m³ 的自然金颗粒，其颗粒直径也必须大于 17 mm，此时的终端速度可达到 3 m/s。显然，在湿法冶金需要处理的矿浆中，很少有如此大密度和大粒度的颗粒。由于沉降过程中所涉及的颗粒直径 d 一般很小，Re 通常在 0.3 以内，因此斯托克斯公式是很常用的。

6.2.1.3 影响沉降速度的因素

以上讨论只是针对表面光滑、刚性球形颗粒在流体中做自由沉降的简单情况。实际颗粒的沉降必须考虑以下因素的影响。

（1）干扰沉降。当悬浮液中固体颗粒的体积分数很小时，颗粒之间的距离足够大，任一颗粒的沉降不因其他颗粒的存在而受到干扰，甚至可以忽略容器壁面的影响，所发生的沉降过程称为自由沉降。如果分散相的体积分数较高，由于颗粒间有显著的相互作用，每个颗粒的沉降都受到周围颗粒的影响，容器壁面对颗粒沉降的影响不可忽略，则称为干扰沉降或受阻沉降。液态非均相物系中，当分散相浓度较高时，往往发生干扰沉降。

（2）端效应。容器壁面对颗粒的沉降有阻滞作用，使实际颗粒沉降速度较自由沉降速度小，这种现象常称为端效应。当容器尺寸远大于颗粒尺寸时（如相差 100 倍以上），器壁端效应可以忽略。

（3）分子运动。颗粒不可过细，否则流体分子的碰撞将使颗粒发生布朗运动而影响沉降过程。

（4）颗粒形状的影响。同一种固体颗粒，球形或近球形的颗粒比同体积非球形颗粒的沉降要快一些。非球形颗粒的形状及其投影面积均影响沉降速度。

（5）连续介质运动。若颗粒不是在静止流体中，而是在运动的流体中沉降，则应考虑流体运动的影响。

6.2.1.4 分级沉降及分级器

利用重力沉降可将悬浮液中粒度不同的颗粒进行粗略的分离，或将两种不同密度的颗粒进行分类，这样的过程统称为分级沉降。这种方法广泛应用于采矿工业中，借此可以从低品位矿石（含密度较小的脉石）中分选出高品位的精矿；在化学工业中，也用此法来将粗细不同的颗粒物料按大小分成几部分。实现分级沉降操作的设备称为分级器。

将沉降速度不同的两种颗粒倾倒于向上流动的水流中，若水流的速度调节到在两者的沉降速度之间，则沉降速度较小的那部分颗粒便漂走，从而分出两种颗粒。另一种方法是将悬浮于流体中的混合颗粒送入截面积很大的容器室中，流道突然扩大使流体的流动速度变小，悬浮液在室内经过一定时间后，其中的颗粒沉降到室底，沉降速度大的颗粒收集于室的前部，沉降速度小的颗粒则收集于室的后部，从而达到分离的目的。

6.2.2 悬浮液的沉降过程

悬浮液中固体颗粒的浓度对颗粒的沉降速度有明显的影响。在低浓度悬浮液中，例如颗粒的体积分数低于 0.2% 时，按照自由沉降计算所引起的偏差在 1% 以内。当固体颗粒浓度较大时，其干扰沉降速度相对于自由沉降速度会显著减小。实际生产中的悬浮液，固体颗粒含量较高，大部分沉降都属于干扰沉降。重力沉降最适合处理固液密度差较大、固体含量不太高，且处理量比较大的悬浮液。实验证明，对于液体与固体比不超过 6：1 范围内的悬浮液，所有颗粒都基本以大体相同的速度进行沉降。

悬浮液的沉降过程可通过间歇沉降实验来考察，如图6-6所示。通常以澄清液面随时间的改变表示沉降速度，即为表观沉降速度。把摇匀的悬浮液（颗粒粒度相差不大）倒进玻璃筒内［见图6-6（a）］，过程开始后所有的颗粒都开始沉降，并很快达到自由沉降速度，于是筒内出现4个区，如图6-6（b）所示。A区为清液区，已无固体颗粒；B区为等浓度区，固相浓度与在原悬浮液中浓度相同；C区为变浓度区，该区内越往下颗粒越大，浓度越高，变浓度区中有一股股的上升液体形成沟流，这些沟流是由于固体颗粒进入D区压紧间隙而排出来的；D区为沉聚区，固相浓度最大，由最先沉降下来的大颗粒和随后陆续沉降下来的小颗粒构成。通常A、B两区之间的界面非常清晰，而其他区之间的界面则不很明显。随着沉降过程的进行，A、D两区逐渐扩大，B区逐渐缩小以至消失，如图6-6（c）所示。在沉降开始后的一段时间内，A、B两区之间的界面以等速向下移动，直至B区消失与C区上界面重合为止。此阶段，A、B两区间界面向下移动的速度即为该悬浮液中颗粒相对于容器壁的表观沉降速度。在浓悬浮液中，液体被沉降颗粒压紧排出向上的速度不能忽略，致使表观沉降速度小于颗粒相对于液体的沉降速度。等浓度区B区消失以后，A、C两区间界面以逐渐变小的速度下降，直至C区消失，如图6-6（d）所示。此时，A区与D区之间形成清晰的界面，即达到"临界沉降点"。此后便进入沉聚区的压紧过程，所以D区又称为压紧区。压紧过程所需的时间往往占沉降过程绝大部分的时间。

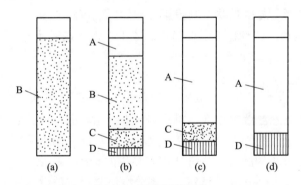

图6-6　间歇沉降实验

A—清液区；B—等浓度区；C—变浓度区；D—沉聚区

通过间歇沉降实验，可以获得表观沉降速度与悬浮液浓度、沉渣浓度与压紧时间等对应关系的数据，可作为设计沉降设备的依据。

如果是澄清作业，主要是获取清液，因此操作的关键是控制澄清液面的下降速度。如果是浓密作业，则操作的重点应放在取得更稠厚的产品，其原则是在使浓密机底流仍具有流动性，在便于用隔膜泵或往复泵等输送的前提下，希望获得固体浓度尽可能高的底流。

完成间歇沉降操作的沉降设备，称为间歇式沉降槽。间歇沉降操作的特点是清液和沉渣要经过一段时间后才能产生。而在连续操作的沉降过程中，沉降槽内存在并保持沉降过程的各个区域，即连续加入悬浮液，并连续产生清液和沉渣，完成连续沉降操作的沉降槽称为连续式沉降槽。将完成这两种沉降操作的设备都简称为沉降槽。

6.2.3 沉降槽的构造

6.2.3.1 单层沉降槽

沉降槽是用来提高悬浮液浓度并同时得到澄清液体的重力沉降设备。沉降槽又称为浓密机或增浓器，沉降槽可间歇操作或连续操作，其中常用的是连续操作。

间歇式沉降槽通常为带有锥形底的圆槽，其中的沉降情况与间歇沉降试验时玻璃筒内的情况相似。需要处理的悬浮料浆在槽内静置足够时间以后，增浓的沉渣由槽底排出，清液则由槽上部排出管抽出。

图6-7为一典型的连续式单层沉降槽示意图，该设备主要由底部略成锥形的大直径浅槽体、工作桥架、刮泥机构传动装置、传动立轴、立轴提升装置、刮泥装置（刮臂和刮板）等组成。

单层沉降槽的工作原理是沉降槽的中央下料筒插入到悬浮液区，待分离的悬浮液（料浆）经中央下料筒送到液面下 0.1~1.0 m 处，在尽可能减小扰动的条件下，迅速分散到整个横截面上，液体向上流动，清液经由槽顶端四周的溢流堰连续流出，称为溢流；固体颗粒下沉至底部，缓慢旋转的耙机（或刮板）将槽底的沉渣逐渐聚拢到底部中央的排渣口连续排出，排出的稠泥浆称为底流。耙机的缓慢转动是为了促进底流的压缩而又不至于引起搅动。料液连续加入，溢流及底流则连续排出。当连续式沉降槽的操作稳定之后，各区的高度保持不变，如图6-8所示。

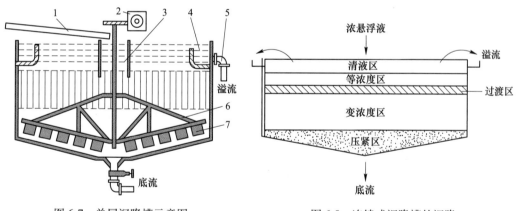

图6-7 单层沉降槽示意图
1—进料槽道；2—转动机构；3—料井；
4—溢流堰；5—溢流管；6—转耙；7—耙

图6-8 连续式沉降槽的沉降

连续式沉降槽的直径，小者为数米，大者为几十米甚至上百米。高度一般在几米以内，比较常见的是 2.5~4 m。耙机转速通常为小槽约 1 r/min，大槽减至 0.1 r/min。排出的底流中，液体体积含量为50%以上。

6.2.3.2 多层沉降槽

多层沉降槽相当于把几个单层沉降槽垂直叠放，共用一根中心竖轴带动各槽的转耙，各层之间的悬浮液是相通的，上一层的下料筒插入下一层的泥浆中形成泥封，使下一层的清液不会通过下料筒进入上层。各层内所规定的浓缩带沉渣高度由下一层中的压力差所控制，以防止上层的沉渣面由于沉渣流入下层而下降。压力差可由相邻两层沉降槽溢流管内清液的高度差而产生。

多层沉降槽的优点是占地面积小，比同样面积的单层沉降槽节省材料；但操作控制较为复杂。尤其是近年来，单层沉降槽的生产能力可通过加高槽体而提高，多层沉降槽的优势已不很明显。沉降槽的高度根据槽内要积存的沉渣量，由经验确定。

6.2.4　重力沉降设备

重力沉降设备的类型有多种，若按设备的操作形式不同，可分为间歇式沉降设备和连续式沉降设备。在间歇式操作时，将悬浮液注入沉降槽内，令其呈静止状态停留一定时间，以使悬浮颗粒降到槽底；然后将澄清液倾析出来，再将沉渣人工或机械取出，或者从槽的底流排放口排出。连续式沉降槽中，注入悬浮液、排出澄清液和沉渣都是连续进行的，这种沉降槽机械化程度较高，管理方便，广泛用于大、中型冶炼厂。

重力沉降设备按悬浮液流动方向不同，可分为平流式、辐流式和竖流式，具体形状有箱形、圆形和锥形等。有色金属冶炼厂用于处理矿浆沉降的设备主要采用辐流式沉降槽进行连续作业。

6.2.4.1　辐流沉降槽

辐流沉降槽有悬挂式中心传动单层、多层，垂架式中心传动单层，周边传动等几种结构。

A　垂架式中心传动单层辐流沉降槽

图 6-8 为垂架式中心传动单层辐流沉降槽结构示意图。这种沉降槽的进水由槽下部的中心水柱管进入，在穿孔挡板的作用下，沿辐射方向均匀流向槽的四周。澄清液从设在槽顶端的锯齿形堰口溢出，并通过出水管排出。

为避免中心布水时由于水的径向流速过高造成短路而影响沉降效果，一般在中心水柱管外设置导流筒以改变水流方向。当槽径为 21 m 时，还需在中心水柱管的出水口外周加设扩散筒，使出水在导流筒内先形成水平切向流，然后再变成缓慢下降的旋流。扩散筒的结构如图 6-9 所示。扩散筒为中心水柱管的同心套筒，扩散筒的环形面积略大于中心水柱管的截面积，筒体高度比中心水柱管的矩形出口长度长 100 mm，筒体下端为封板，封板的位置略低于中心水柱管的出水口，在扩散筒体上相应位置开设 8 个纵向长槽口，沿槽口设置导流板，使浆液从扩散筒流出后，沿切线方向旋流，以此改善沉降效果。

B　悬挂式中心传动沉降槽

悬挂式中心传动沉降槽主要由底部呈圆锥形的槽体、工作桥架、刮泥机构传动装置、传动立轴、立轴提升装置、刮泥装置（刮臂和刮板）等组成。因为刮泥装置的质量和转矩均由工作桥架承受，所以称为悬挂式中心传动沉降槽，其结构如图 6-10 所示。槽的工作过程是：槽中心下料筒插入到悬浮液区，清液自槽上部沿周边溢流排出，浓缩后的底流由刮板刮至底部中央，由底流排出口排出槽外。刮板缓慢运动是为了促进压缩而又不至于引起搅动。料液连续加入，溢流及底流连续排出。当沉降槽操作稳定之后，各区高度保持不变。

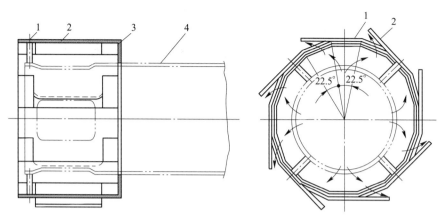

图 6-9　扩散筒结构示意图
1—扩散筒；2—支撑；3—封板；4—中心水柱管

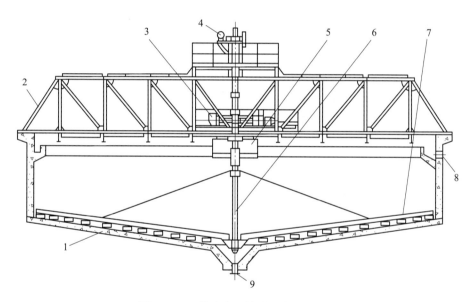

图 6-10　悬挂式中心传动沉降槽的结构
1—槽体；2—工作桥架；3—刮泥机构传动装置；4—立轴提升装置；5—进料筐（或称加料筒）；
6—传动立轴；7—刮泥装置；8—澄清液出口；9—底流排出口

　　悬浮液和泥渣都从槽体中央支柱下部开设的管道进入及排出，中央支柱还起着支撑旋转桥架的作用，在其顶部设置专门的中心旋转支座，以使刮泥装置顺利绕其旋转。槽子圆周平台为刮泥机构传动装置行走轨道的安装基础，通过传动使滚轮在槽周走道平台上做圆周运动，也可采用实心橡胶轮直接在槽缘混凝土面上行走。

　　C　周边传动沉降槽

　　周边传动沉降槽根据旋转桁架结构分为半跨式和全跨式两种。图 6-11 为半跨式周边传动沉降槽，只有一套传动机构。全跨式周边传动沉降槽则有横跨槽径的工作桥，桥端各有一套传动机构，并有对称的刮板。

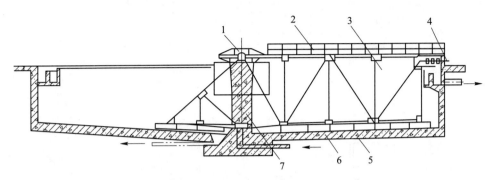

图 6-11　半跨式周边传动沉降槽结构示意图
1—中心旋转支座；2—栏杆；3—旋转桁架；4—传动装置；
5—刮板；6—槽体；7—中央支柱

6.2.4.2　深锥沉降槽

深锥沉降槽如图 6-12 所示，结构特点是池深大于池直径，整机呈立式圆锥形。由于池体深，一般又添加絮凝剂，因此设备处理能力大，可得到高浓度的底流产品，有的底流产品甚至可以用皮带运输机输送。与耙式沉降槽相比，它具有占地少、处理能力大（单位面积处理能力可达 $2 \sim 4 \ m^3/(m^2 \cdot h)$）、自动化程度高等优点。该设备适用于处理和回收各种微细物料。

6.2.4.3　艾姆科（Eimco）型高效浓密机

高效浓密机是以絮凝技术为基础，用于分离含微细颗粒矿浆的沉降设备。其实质上不是单纯的沉降设备，而是结合了泥浆层过滤特性的一种新型脱水设备，如图 6-13 所示。主要特点有：（1）在待浓缩的料浆中添加一定量的絮凝剂或凝聚剂，使浆体中的固体颗粒形成絮团或凝聚体，加快其沉降速度，提高浓缩效率；（2）料筒向下延深，将絮凝料浆送至沉积区与清液区之间的界面

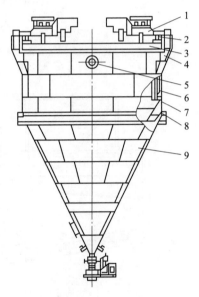

图 6-12　深锥沉降槽
1—给料装置；2—排气装置；3—桥架；
4—外斜斗；5—溢流口；6—挡板；
7—受料锥；8—机座；9—池体

上；（3）设有自动控制系统控制絮凝剂或凝聚剂的用量、浓浆层高度和底流浓度等。

6.2.5　离心沉降设备

依靠惯性离心力作用实现的沉降过程称为离心沉降。两相密度差较小、颗粒粒度较小的非均相物系在重力场中的沉降效率很低，甚至完全不能分离，若改用离心沉降可大大提高沉降速度，设备尺寸也缩小很多。

6.2.5.1　惯性离心力作用下的沉降速度

当流体围绕某一中心轴做圆周运动时，便形成了惯性离心力场。在与转轴距离为 r、

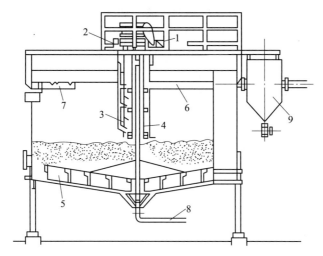

图 6-13　艾姆科型高效浓度机的结构示意图

1—耙传动装置；2—调速电动机系统；3—絮凝剂给料管；4—给料筒；5—耙臂；6—给料管；
7—溢流槽；8—底流排料管；9—排气系统

切向速度为 u_t 的位置上，惯性离心力场强度为 u_t^2/r，即离心加速度。显然，惯性离心力场强度不是常数，随径向位置及切向速度而变，方向是沿旋转半径从中心指向外周。重力场强度基本上可视为常数，方向指向地心。

当流体带着颗粒旋转时，如果颗粒密度大于流体密度，惯性离心力将会使颗粒在径向上与流体发生相对运动而飞离中心。与颗粒在重力场中受到三个作用力相似，惯性离心力场中，颗粒在径向上也受到三个力的作用，即惯性离心力、向心力（与重力场中的浮力相当，方向为沿半径指向旋转中心）和阻力（与颗粒径向运动方向相反，方向为沿半径指向中心）。如果球形颗粒的直径为 d、密度为 ρ_s，流体密度为 ρ，颗粒与中心轴的距离为切向速度，则上述三个力分别表示为

$$惯性离心力 = \frac{\pi}{6}d^3\rho_s\frac{u_t^2}{r} \tag{6-21}$$

$$向心力 = \frac{\pi}{6}d^3\rho\frac{u_t^2}{r} \tag{6-22}$$

$$阻力 = \varepsilon\frac{\pi}{4}d^2\frac{\rho u_r^2}{2} \tag{6-23}$$

式中，u_r 为颗粒与流体在径向上的相对速度，m/s。如果上述三个力达到平衡，则

$$\frac{\pi}{6}d^3\rho_s\frac{u_t^2}{r} - \frac{\pi}{6}d^3\rho\frac{u_t^2}{r} - \varepsilon\frac{\pi}{4}d^2\frac{\rho u_r^2}{2} = 0 \tag{6-24}$$

平衡时，颗粒在径向上相对于流体的运动速度便是它在此位置上的离心沉降速度，由式（6-24）得

$$u_r = \sqrt{\frac{4d(\rho_s - \rho)}{3\rho\varepsilon}\cdot\frac{u_t^2}{r}} \tag{6-25}$$

比较式（6-25）与式（6-14）可以看出，颗粒的离心沉降速度 u_r 与重力自由沉降速度

u_0 具有相似的关系式。若将重力加速度 g 改为离心加速度 u_t^2/r，则式（6-14）变为式（6-25）。但是两者又有明显的区别，首先，离心沉降速度 u_r 不是颗粒运动的绝对速度，而是绝对速度在径向上的分量，且方向不是向下而是沿半径向外；再者，离心沉降速度 u_t 不是恒定值，随颗粒在离心力场中的位置 r 而变，而重力自由沉降速度 u_0 则是恒定的。

离心沉降时，如果颗粒与流体的相对运动属于层流，阻力系数也可用式（6-15）表示，于是得到

$$u_r = \frac{d^2(\rho_s - \rho)}{18\mu} \cdot \frac{u_t^2}{r} \qquad (6-26)$$

式（6-26）与式（6-18）相比可知，同一颗粒在同种介质中的离心沉降速度与重力自由沉降速度的比值为

$$\frac{u_r}{u_0} = \frac{u_t^r}{gr} = K_c \qquad (6-27)$$

比值 K_c 就是颗粒所在位置上的惯性离心力场强度与重力场强度之比，称为离心分离因数或分离因数，是离心分离设备的重要指标。离心分离设备按分离因数大小不同分为常速离心设备（$K_c < 3000$）、高速离心设备（$K_c = 3000 \sim 50000$）和超高速离心设备（$K_c > 50000$）。湿法冶金中使用的离心沉降设备因两相密度差以及颗粒直径 d 较大，所以常速离心机已可达到要求。旋流分离器的分离因数一般为 $5 \sim 2500$。例如当旋转半径 $r = 0.5$ m，切向速度 $u_r = 20$ m/s 时，则分离因数为

$$K_c = \frac{20^2}{9.81 \times 0.5} = 81.5 \qquad (6-28)$$

由此表明，颗粒在上述条件下的离心沉降速度比重力自由沉降速度大约 80 倍。可见，离心沉降设备的分离效果远高于重力沉降设备。

6.2.5.2　旋流分离器

旋流分离器又称为水力旋流器，它是利用离心沉降原理从悬浮物中分离固体颗粒的设备。旋流分离器的结构及工作原理如图 6-14 所示，设备主体是由圆筒和圆锥两部分构成。悬浮液经入口管沿切向进入圆筒，向下做螺旋形运动，固体颗粒受惯性离心力作用被甩向器壁，随下旋流降至锥底的出口，由底部排出的增浓液称为底流。清液或含有微细颗粒的液体则成为上升的内层旋流，从顶部的中心管排出，称为溢流。内层旋流中心有一个处于负压的气柱，气柱中的气体是由料浆中释放出来的，或者是由于溢流管暴露于大气中时将空气吸入器内的。旋流分离器的特点是圆筒直径小而圆锥部分长，小直径的圆筒有利于增大惯性离心力，以提高沉降速度；同时，锥形部分加长可增大液流行程，从而延长了悬浮液在器内的停留时间。旋流分离器可作固液分离（增浓）用，当作为分级设备使用时更具显著特点。根据增浓或分级用途的不同，旋流分离器的尺寸比例也有相应的变化。

旋流分离器中，固体颗粒沿壁面的快速运动会造成分离器严重的磨损，为延长使用寿命，应采用耐磨材料制造或采用耐磨材料作内衬。锥形段倾斜角一般为 $10° \sim 20°$，减小锥角、增加圆筒部分高度均有助于改进分离效果。旋流分离器的生产能力大，通常当设备直径为 $0.1 \sim 1$ m 时，其生产能力每分钟可达数百立方分米，见表 6-2。

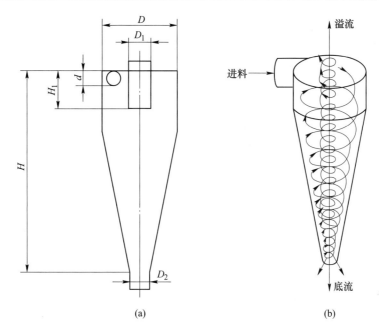

(a)　　　　　　(b)

图 6-14　旋流分离器的结构及工作原理

D—圆筒直径；D_1—中心管直径；d—入口管直径；H_1—中心管高度；

H—旋流分离器的高度；D_2—锥底出口直径

表 6-2　旋流分离器直径和参数 d/D 对其生产能力的影响

		生产能力/dm³				
	d/D	0.10	0.15	0.20	0.25	0.30
D/mm	125		30	38	48	63
	250	45	60	75	95	125
	500	90	120	150	190	—
	1000	180	240	300	—	—

注：表中 d 为进料悬浮液中固体粒子直径；D 为旋流器直径。

动画

6.3　过滤分离设备

　　沉降操作往往需要很长的时间，而且无法将液体中的悬浮的固体颗粒完全分离干净，而过滤操作不但分离速度快，且可获得澄清的液体和含液量很少的固相产品。与沉降分离相比，过滤操作可使悬浮液的分离更迅速、更彻底。在某些场合下，过滤是沉降的后续操作，因此过滤是分离悬浮液最普遍和最有效的操作单元之一。

6.3.1　过滤的基本概念

　　过滤是以某种多孔物质为介质，在外力作用下，使悬浮液中的液体通过介质的孔道而固体颗粒被截留在介质上，从而实现固液分离的操作。过滤操作采用的多孔物质称为过滤介质，所处理的悬浮液称为滤浆或料浆，通过多孔通道的液体称为滤液，被截留的固体物质称为滤饼或滤渣。

实现过滤操作的外力可以是重力、压强差或惯性离心力。在湿法冶金和化工生产中应用最多的还是以压强差为推动力的过滤过程。

6.3.1.1 过滤的分类及过滤机理

过滤的推动力为滤饼与介质两侧的压强差，而不是所受压强的绝对值。根据造成这种压强差的方式不同可将过滤分为以下几类：第一类重力过滤，悬浮液本身的液柱压强差一般不超过 $4.9×10^4$ Pa；第二类加压过滤，在悬浮液上面加压，压强差一般达到 $4.9×10^5$ Pa 以上；第三类真空过滤，在过滤介质下面抽真空，压强差通常不超过 $8.34×10^4$ Pa；第四类离心过滤，利用离心力分离悬浮液。

根据目前使用的过滤介质及过滤方法，过滤机理基本上有以下四种类型。

(1) 表面筛滤。尺寸大于过滤介质孔道的颗粒沉积在介质表面上。针织类介质基本上属于此种类型，如图 6-15 (a) 所示。

(2) 深层粗滤。那些尺寸小于介质孔道直径的较小颗粒，在介质孔道内穿行时遇到曲折微孔的咽喉而被截留。这种机理多发生在毛毡类介质中，如图 6-15 (b) 所示。

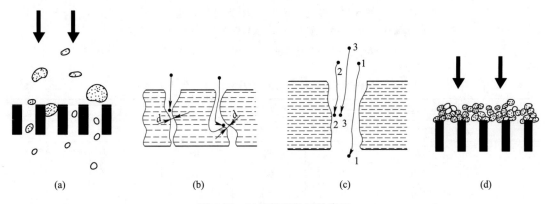

(a)　　　　　　　　(b)　　　　　　　　(c)　　　　　　　　(d)

图 6-15 过滤机理的四种类型

(a) 表面筛滤；(b) 深层粗滤；(c) 深层过滤；(d) 滤饼过滤

(3) 深层过滤。颗粒在穿过介质的孔道时会沉积在孔道的内壁上，即使孔道尺寸较大。这多半是由于吸附、静电等作用，或是在惯性力作用下造成的，如图 6-15 (c) 所示 (1、2、3 表示不同的固体颗粒)。在深层过滤中，介质表面并不形成滤饼，固体颗粒是沉积于较厚的粒状过滤介质床层内部。这种过滤适用于生产能力大而悬浮液中颗粒小、含量甚微 (固相体积分数在 0.1% 以下) 的场合，如饮用水的净化等。

(4) 滤饼过滤。作为过滤机理 (1) 的后续步骤，即一旦形成一层滤饼后，即转而进入滤饼过滤。其阻力主要取决于滤饼的厚度，而受阻颗粒的粒度大部分均大于介质的孔径，如图 6-15 (d) 所示。由于过滤介质中微细孔道直径可能大于悬浮液中部分颗粒，因而过滤初期会有一些细小颗粒穿过介质而使滤液浑浊，但当滤饼开始形成后，滤液即变清，此后过滤才能有效地进行。可见，在滤饼过滤中，真正发挥拦截颗粒作用的主要是滤饼层，而不是过滤介质。通常情况下，过滤开始阶段得到的浑浊液，待滤饼形成后应返回滤浆槽重新处理。滤饼过滤适用于处理固体含量较高 (固相体积分数在 1% 以上) 的悬浮液。

6.3.1.2 过滤介质

过滤介质是滤饼的支撑物，它应具有足够的机械强度和尽可能小的流动阻力；同时，还应具有相应的耐腐蚀性和耐热性。过滤介质可按其作用原理、介质材料和介质结构进行分类，主要有以下三类。

（1）织物介质（滤布）。其包括由棉、毛、丝、麻等天然纤维及合成纤维制成的织物，以及由玻璃丝、金属丝等织成的网。这类介质能截留颗粒的最小直径为 5~65 μm，在工业上应用最为广泛。

（2）堆积介质。由各种固体颗粒（细砂、木炭、石棉、硅藻土、无烟煤、瓦砾等）或非编织纤维等堆积而成，多用于深层过滤中。

（3）多孔固体介质。它是具有很多微细孔道的固体材料，如多孔陶瓷、多孔塑料及多孔金属制成的管或板，能拦截 1~3 μm 的微细颗粒。

6.3.1.3 滤饼的性质

滤饼是由截留下的固体颗粒堆积而成的床层，随着操作的进行，滤饼厚度与流动阻力都会逐渐增加。在大多数情况下，过滤的阻力主要取决于滤饼的厚度及其特性。

颗粒如果是不易变形的坚硬固体（如硅藻土、碳酸钙等），则当滤饼两侧的压强差增大时，颗粒形状和颗粒间空隙都不发生明显变化，单位厚度床层的流动阻力可视为恒定，这类滤饼称为不仰压缩滤饼；如果滤饼是由某些类似氢氧化物的胶体物质构成，则当滤饼两侧的压强差增大时，颗粒的形状和颗粒间的空隙便有明显的改变，单位厚度床层的流动阻力随压强差增加而增大，这种滤饼称为可压缩滤饼。

6.3.1.4 助滤剂

为了减少可压缩滤饼的流动阻力，有时将某种质地坚硬而能形成疏松饼层的另一种固体颗粒混入悬浮液或预涂于过滤介质上，以形成疏松饼层，从而使滤液得以畅流。这种只靠物理或机械作用来改变滤饼结构，从而改善过滤过程的粒状物质称为助滤剂。由助滤剂所构成的滤饼具有很大的孔隙率，能显著提高分散效果和过滤能力。对助滤剂的基本要求为：（1）应是能形成多孔饼层的刚性颗粒，使滤饼有良好的渗透性及较低的流动阻力；（2）应具有化学稳定性，不与悬浮液发生化学反应，也不溶于液相中；（3）在过滤操作的压强差范围内，应具有不可压缩性，以保持滤饼有较高的孔隙率，常用的助滤剂有硅藻土、膨胀珍珠岩、石棉、纤维素以及炭粉等，其特点见表6-3。

表 6-3　一些主要助滤剂物质的特点

物　质	化学成分	特　点
硅藻土	硅	适应范围广；可通过焙烧减少细微颗粒；能用于深层过滤；稍溶于稀释的各种酸和碱
膨胀珍珠岩	硅和硅酸铝	适用尺寸范围广；不能挡住极细小的硅藻土；酸、碱中的可溶性超过硅藻土，能产生脂的可压缩滤饼

物　质	化学成分	特　点
石棉	硅酸铝	一般与硅藻土联合使用，在粗滤网上过滤性能良好；化学性能与膨胀珍珠岩相似
纤维素	纤维素	主要用于粗预敷层；纯度高；耐化学性能极好；稍溶于稀或浓碱液中，但不溶于稀释酸液中；价格昂贵
炭粉	碳	可用于过滤很浓的碱溶液；仅用于较粗粒级；价格较高

6.3.2　过滤的基本理论

6.3.2.1　液体通过滤饼层的流动

在大多数过滤操作中，滤饼层厚度为 4~20 mm，滤饼的阻力远大于过滤介质的阻力，因此应着重研究液体通过滤饼层的流动。

滤饼是由固体颗粒堆积而成的颗粒床层，颗粒之间有空隙，这些空隙形成了液体流动的通道。但是由于构成滤饼层的颗粒形状各异，且尺寸通常很小，滤饼层中滤液通道不但细小曲折，而且互相交连，形成不规则的网状结构，因此在过滤时，流体在其中的流动是极其缓慢的爬流，无脱体现象发生。这样的流体阻力主要是由颗粒床层内固体颗粒的表面积大小决定的，颗粒形状并不重要。

6.3.2.2　过滤速度

通常将单位时间获得的滤液体积称为过滤速率，单位为 m³/s。过滤速度则是单位过滤面积上的过滤速率，单位为 m/s。应防止将两者相混淆。若过滤进程中其他因素维持不变，则因滤饼厚度不断增加而使过滤速度逐渐变小。

6.3.2.3　滤饼阻力

对于不可压缩滤饼，滤饼层中的孔隙率，可视为常数，颗粒的形状、尺寸也不改变，因而比表面积 a 也是常数。

饼比阻是单位厚度滤饼的阻力，它在数值上等于黏度为 1 Pa·s 的滤液以 1 m/s 的平均流速通过厚度为 1 m 的滤饼层时所产生的压强差。式（6-29）表明，当过滤介质的阻力很小而滤饼不可压缩时，任一瞬间单位面积上的过滤速率（过滤速度）与滤饼前后两侧的压强差成正比，与其厚度成反比，又与滤液的黏度成反比，即

$$过滤速度 \propto \frac{过滤推动力}{过滤阻力} \tag{6-29}$$

6.2.3.4　过滤介质的阻力

在滤饼过滤中，过滤介质的阻力一般都比较小，但在过滤初始阶段、滤饼很薄时，过滤介质的阻力却不能忽略。过滤介质的阻力与其材料、结构、厚度等有关。通常把过滤介质的阻力视为常数。

6.3.3　恒压过滤与恒速过滤

过滤操作有两种典型的方式，即恒压过滤和恒速过滤。连续式过滤机一般都在恒压条件下进行过滤；间歇式过滤机的操作在恒压、恒速、先恒速后恒压等不同条件下进行。当然，工业上也有既非恒速也非恒压的过滤操作，如用离心泵向压滤机输送料浆等。

6.3.3.1　恒压过滤

当过滤操作是在恒定压强差条件下进行时，称为恒压过滤。恒压过滤时恒定，随着过滤进行，滤饼厚度增大而使过滤阻力增大，所以过滤速率逐渐变小。

6.3.3.2　恒速过滤

过滤设备（如板框压滤机）内部空间的容积是一定的，当料浆充满此空间后，供料的体积流量就等于滤液流出的体积流量，即两者过滤速率相等，所以当用排量固定的正位移泵向过滤机供料而未打开支路阀时，过滤速率便是恒定的。这种在恒速率、变压强差条件下进行的过滤操作，称为恒速过滤。

不可压缩滤饼进行恒速过滤时，其操作压强差 Δp 与过滤时间呈线性关系，所以实际上很少采用把恒速过滤进行到底的操作方法，而是采用先恒速后恒压的复合操作方法。即在过滤初期保持恒定速率，使压强差逐步升高至系统允许的最大值，然后在恒定的最大压强差下进行恒压过滤操作。这样也可以避免过滤初期因压强差过大而引起过滤介质堵塞和破损。

6.3.4　过滤设备

各种生产工艺得到的悬浮液，其性质有很大差异，过滤目的和料浆的处理量相差也很悬殊，为适应各种不同的要求而发展了多种形式的过滤机。按照操作方式不同，过滤机可分为间歇式过滤机与连续式过滤机。间歇式过滤机中，过滤、洗涤、干燥、卸料四个阶段的操作在设备的同一部位进行，但是在不同时间内依次进行，如板框式压滤机、叶滤机等。连续式过滤机中，上述的各个阶段在设备的不同部位同时进行，如转筒真空过滤机等。过滤设备还可按照过滤的推动力（压强差）的类别不同分为加压过滤机、真空过滤机和离心过滤机。下面分别进行简要介绍。

6.3.4.1　加压过滤机

加压过滤技术的发展已有相当长的历史，早在 19 世纪中叶就出现了间歇式板框压滤机，经过不断的改进，至今仍沿用不衰，它是间歇式过滤机中应用最广泛的一种。加压过滤机根据操作方式的不同，可分为间歇式加压过滤机和连续式加压过滤机。间歇式加压过滤机的给料和排料是周期性进行的，一般分为给料过滤、滤饼洗涤、压榨脱水、卸料和滤布冲洗五个阶段。连续式压滤机的给料和排料同时进行，但结构较复杂，至今仍不如间歇式加压过滤机使用普遍。

加压过滤机可按操作方式、过滤表面结构、滤饼卸料方式等进行分类如下。

$$
间歇式加压过滤机
\begin{cases}
板框 \\
厢式（凹板式） \\
叶式 \\
微孔式 \\
烛式
\end{cases}
\qquad
连续式加压过滤机
\begin{cases}
转鼓式 \\
圆盘式 \\
螺旋式 \\
微孔式 \\
圆筒式
\end{cases}
$$

根据结构形式来说，常用的加压过滤机有板框式压滤机、厢式过滤机、加压叶滤机、带式压滤机等。

A　板框式压滤机

板框式压滤机的类型：根据出液方式不同可分为明流式和暗流式；根据板框的安装方式不同可分为卧式和立式；根据板框的压紧方式不同可分为手动螺旋压紧式、机械（电动）螺旋压紧式、液压压紧式或自动操作式；根据滤布安装方式不同可分为滤布固定式和滤布行走式；根据有无压榨过程可分为压榨式（滤室内装有弹性隔膜）和非压榨式（滤室内未装弹性隔膜）。同时，还可分为吹气脱干和无吹气脱干两种。卧式板框压滤机是加压过滤机中结构简单、应用最广的一种机型。

卧式板框压滤机的结构如图 6-16 所示，主要由压紧装置、压紧板、滤框、滤板、滤布、止推板、支架等组成。多块带凹凸纹路的滤板、中空的滤框及过滤介质交替排列组装成滤室，并借助滤板和滤框两侧的把手支撑在机架的横梁上；头板的两侧各装有两个滚轮将其支撑在横梁上。滤板、滤框之间敷设有四角开孔的滤布，板框与滤布围成了容纳滤浆及滤饼的空间，通过压紧装置，将装在横梁上的滤板和滤框压紧在压紧板与止推板之间进行过滤。

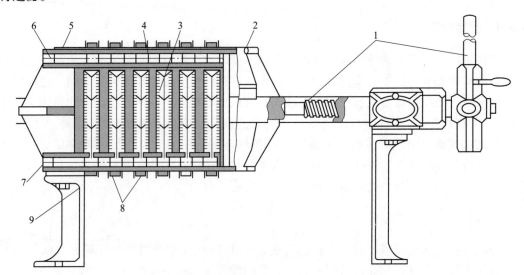

图 6-16　卧式板框压滤机的结构

1—压紧装置；2—压紧板；3—滤框；4—滤板；5—止推板；
6—滤液出口；7—滤浆进口；8—滤布；9—支架

滤板和滤框一般制成正方形，如图 6-17 所示。滤板和滤框的角端均开有圆孔，装合、压紧后即构成供滤浆、滤液或洗涤液流动的通道。滤板又分为过滤板与洗涤板两种。洗涤板左上角的圆孔内还开有与滤板两面相通的侧孔道，洗水可由此进入框内。为了便于区别，常在滤板、滤框外侧铸有小钮或其他标志，通常过滤板为 1 个钮，洗涤板为 3 个钮，而滤框则为 2 个钮［见图 6-17（a）］，装合时按照钮数以 1→2→3→2→1→2→3→2→…的顺序排列过滤。

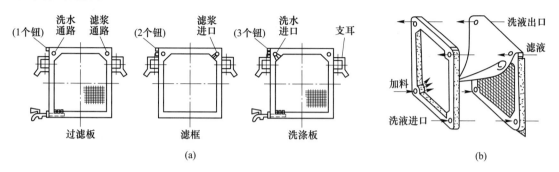

图 6-17　卧式板框压滤机的滤板、滤框
（a）明流式压滤机的滤板和滤框；（b）暗流式压滤机的滤板和滤框

　　滤液的排出方式有明流式与暗流式之分。若滤液经由每块滤板底侧的滤液阀流到压滤机下部的敞口槽内，则称为明流式，如图 6-17（a）所示。其滤液可见，当某个滤室的滤布破裂时，则滤液浑浊，可迅速发现问题并及时予以更换或关闭此处的滤液阀门。若在压滤机长度方向上，滤液通道全部贯通，即滤液经过由每块滤板和滤框组合成的通道，并接入末端的排液管道，称为暗流式，如图 6-17（b）所示。其滤液不可见，当某块滤布破裂时不易发现，但这一类型的排液方式密闭性好，适用于滤液不宜暴露于空气中或可能有有害气体排出的料浆的过滤。

　　卧式板框压滤机为间歇式，作业程序可概括为进料—过滤—卸饼—洗涤—装合。卧式板框压滤机的工作原理如图 6-18 所示。过滤时，用泵将料浆送至滤板与滤框组合的通道

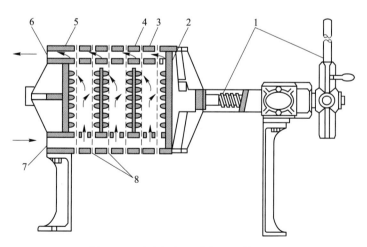

图 6-18　卧式板框压滤机的工作原理
1—压紧装置；2—可动头；3—滤框；4—滤板；5—固定头；6—滤液出口；
7—滤浆出口；8—滤布

中，料浆由滤框角端的暗孔进入框内，在压强差作用下，滤液分别穿过两侧的滤布，经过紧邻滤板板面上的沟槽流至滤液出口排走。固相则被滤布截留在滤框中形成滤饼，待滤饼充满滤框后，过滤速度随之下降，即时停止过滤。若滤饼不需洗涤，可随即松开压紧装置将头板拉开，然后分板装置依次将滤板和滤框拉开，进行卸料。

　　滤饼洗涤分明流洗涤和暗流洗涤两种方式。明流洗涤是将洗涤水压入洗涤水通道，并经由洗涤板角端的暗孔进入板面与滤布之间。此时应关闭洗涤板下部的滤液出口，洗水便在压差的推动下横穿第一层滤布及整个滤框中的滤饼层，然后再横穿第二层滤布，按此重复进行，最后由非洗涤板（滤板）下部的滤液出口排出，这种操作方式称为横穿洗涤法。由于洗涤水的流向横穿整个滤饼层，可减少洗水将滤饼冲出裂缝而造成短路的可能性，提高了洗涤效率。但明流式洗涤方式不能用于暗流式压滤机。洗涤结束后，旋开压紧装置并将板框拉开，卸出滤饼，清洗滤布，重新装合，进入下一个操作循环。对于滤饼洗涤要求不高的压滤操作，一般采用暗流洗涤方式，在有色冶金中大多采用暗流洗涤方式。此外，不同的机型有不同的加料和排液方法。如底部加料顶部排液法，能够快速排除空气，并且对于一般物料的固体颗粒，在过滤过程中能生成厚度非常均匀的滤饼；顶部加料底部排液法，滤液的回收量最多，滤饼也最干，这对于含有大量固体颗粒、有堵塞底部进料口趋势的物料非常适宜；双进料口和双排液口适用于高过滤速率、高黏度的物料，特别适用于有预敷层过滤机和在操作过程中从一端排放滤液的过滤机。

　　板框式压滤机的优点是结构简单，操作容易，生产能力弹性大，故障少，保养方便，机器使用寿命长，所需辅助设备少；对物料的适应性强，既能分离难以过滤的低浓度悬浮液和胶体悬浮液，又能分离液相黏度高和接近饱和状态的悬浮液；过滤面积选择范围广，可在 $3 \sim 1250 \; m^2$ 间选用；滤饼含水率较低；固相回收率高，滤液澄清度好；滤布的检查、洗涤、更换较方便；过滤操作稳定，价格便宜，单位过滤面积占地少。其缺点是间歇操作，使用效率低，手动拆框劳动强度大；因是开启性设备，操作条件差；过滤速度随着滤饼的增厚而减慢，所以过滤效率低；由于压力过高，滤饼密实而且变形，洗涤不完全；由于排渣和洗涤易发生对滤布的磨损，滤布的使用寿命短。

　　B　厢式压滤机（凹板式压滤机）

　　厢式压滤机与板框式压滤机相比，工作原理相同，外表相似，但厢式压滤机的滤板和滤框功能合二为一，一般为矩形，每块滤板的两个表面都呈凹形，依进料口的位置不同有多种结构形式，图6-19所示为其中的几种。相邻两块滤板的凹面与过滤介质交替排列，

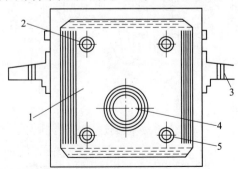

图 6-19　厢式压滤机的滤板结构示意图
1—滤板；2—洗水入口；3—把手；4—料浆入口；5—滤液出口

经压紧后组成过滤室。厢式压滤机也是一种间歇操作的加压过滤机，工作程序一般可概括为过滤→洗涤滤饼→吹风干燥→卸除滤饼→压紧滤板的周期性操作。

料浆通过中心孔进入滤室，各板间的滤室相串联，滤液在下角排出。带有中心孔的滤布覆盖在滤板上，各板上覆盖的滤布需在中心加料孔处固定于板上，或与邻室的滤布中心孔相缝合。

厢式压滤机适用于过滤黏度大、颗粒较细且有压缩性的各类悬浮液料浆。厢式压滤机比相同过滤面积的板框式压滤机造价减少15%。由于厢式压滤机仅由滤板组成，相对板框式压滤机而言，厢式压滤机减少了密封面，增加了密封的可靠性。但滤布的磨损和折裂非常厉害，所以增加了操作成本；而且滤板上进料口很小，容易被粗颗粒的料浆堵塞。

厢式压滤机按其滤板的安装方向不同可分为卧式和立式；按过滤室结构不同可分为压榨式和非压榨式；按出液方式不同可分为明流式和暗流式；按滤布安装方式不同可分为滤布固定式和滤布移动式；按滤板的压紧方式不同可分为机械压紧式和液压压紧式；按滤板的拉开方式不同可分为逐块拉开式和全拉开式；按操作方式不同可分为全自动操作式和半自动操作式等。其压紧方式一般均为液压压紧式。

自动厢式压滤机的结构形式很多且各有特色。设备单机过滤面积较大，目前已有过滤面积为 1727 m^2 的产品问世；且过滤压力高，最高压力已达 2.0 MPa 左右，所以生产率较高；滤饼含水率低，经压榨后的滤饼含水率可再降低 5%～15%；滤板可采用多种增强型塑料制作，质量小，弹性好，耐腐蚀，适应性广；运转费用低，可实现多台连续作业、联机控制。此外，还具有占地少、操作安全等优点，所以其在湿法冶金、化工、医药等领域都得到广泛应用。自动厢式压滤机的缺点为间歇操作，更换滤布较麻烦。

现简要介绍滤布固定式自动厢式压滤机、滤布单行走式自动厢式压滤机的主要结构和工作原理。

a 滤布固定式自动厢式压滤机

滤布固定式自动厢式压滤机分为无隔膜压榨式和隔膜压榨式两种形式，其中无隔膜压榨式的居多。

滤布固定式自动厢式压滤机的结构如图 6-20 所示。该机由压紧板（头板）、固定板（尾板）、凹形滤板、主梁、压紧装置、滤板移动装置、滤布及滤布振打装置、清洗装置、滤液收集槽等部分组成，操作时可按程序自动进行各工序的作业。其工作原理可参照图 6-21 进行说明。工作时先将凹形滤板压紧，滤板闭合形成过滤室；然后启动进料泵（或隔膜泵），使料浆由尾板上的进料口进入各个滤室，借助泵产生的压力进行液固分离。滤液穿过滤布，经滤板上的排液沟槽流到滤板出液口排出机外；固相物料被滤布阻隔而留在滤室内形成滤饼。当过滤速度减小到一定数值时，泵停止输送料浆进入滤室。根据需要，可对滤饼进行洗涤、吹风干燥。此后，主油缸启动，将压紧板拉回，然后位于横梁两侧的拉板装置将滤板一块接一块地依次拉开；因滤板间的滤布呈八字形张开，滤饼很容易靠自重自然下落，对于难剥离的滤饼，可借助滤布振打装置将滤饼迅速剥离卸除；滤饼完全卸除后，滤布清洗喷嘴射出高压水进行滤布清洗（或进行若干个工作循环后再清洗一次）；而后主油缸再次启动，推动压紧板将全部滤板合在一起压紧。至此完成一个工作循环，接着再进行下一个工作循环。

滤布固定压榨式自动厢式压滤机的滤板布置是采用厢式滤板与隔膜滤板交错排列，其

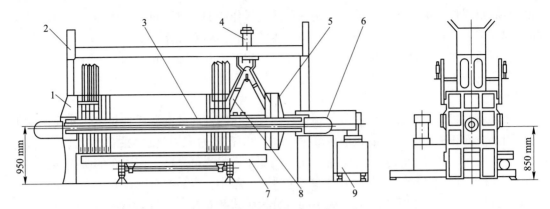

图 6-20　滤布固定式自动厢式压滤机的结构

1—尾板组件；2—凹形滤板；3—主梁及拉板装置；4—振动装置；5—头板组件；
6—压紧装置；7—滤液收集槽；8—滤布；9—液压系统

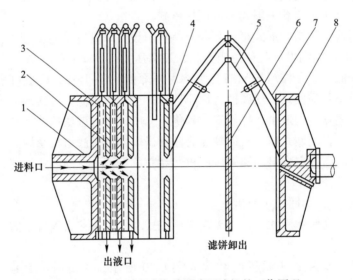

图 6-21　滤布固定式自动厢式压滤机的工作原理

1—尾板；2—压榨膜（隔膜）；3—滤室；4—滤板；5—滤布；6—滤饼；7—活动滤布吊架；8—头板压榨流体

工作原理与无隔膜压榨式的大体相似，只是在过滤和洗涤结束后，通入压缩流体（空气或水），使橡胶隔膜膨胀，对滤饼进行挤压使其进一步脱水，如图 6-22 所示。

隔膜滤板又称隔膜压榨装置，是压榨式厢式压滤机特有的部件，通常为平隔膜滤板，它由两块橡胶隔膜和一块光面滤板组合而成，橡胶隔膜分别固定在光面滤板的两个面上，橡胶隔膜的一个面上铸有由小凸台组成的排液沟槽，另一个面是光面。橡胶隔膜用软橡胶或聚丙烯材料压制而成。平隔膜与光面滤板上的进料口和排液处需设有密封装置。

　　b　滤布单行走式自动厢式压滤机

滤布单行走式自动厢式压滤机的工作原理如图 6-23 所示。该机各滤室的滤布自成体系，由驱动装置带动滤布同时上下行走；滤饼卸除时，滤布张开角度大，易自动卸除；滤布在上升过程中，内外都可得到清洗。

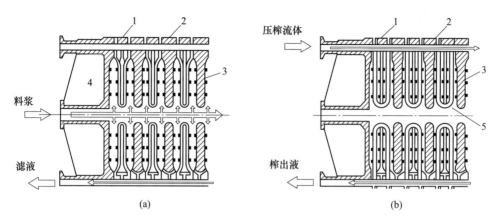

图 6-22 滤布固定压榨式自动厢式压滤机的工作原理

（a）厢式滤板；（b）隔膜滤板

1—压榨板；2—滤板；3—滤布；4—尾板；5—压榨膜

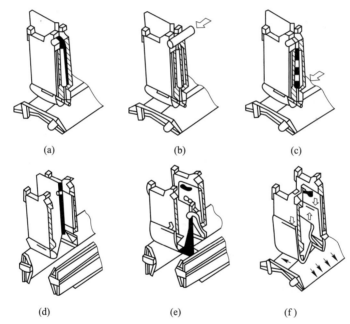

图 6-23 滤布单行走式自动厢式压滤机的工作原理

（a）闭板；（b）过滤；（c）压榨；（d）开板；（e）卸饼；（f）清洗滤布

每个压滤周期分为以下 6 道程序，由程序控制器进行操纵和控制，即闭板→过滤→压榨→开板→卸饼→清洗滤布。滤布清洗可几个周期进行一次，完成一个周期通常需要 25 min 左右。

料浆在 0.5 MPa 压力下，采用顶部进料方式，于一定时间内将料浆压入所有滤室，在过滤结束的同时，对隔膜提供压力水，使橡胶隔膜膨胀并压榨滤饼。此后，油缸启动，将各滤室同时打开，滤布包着滤饼向下行走，滤布两个下端在转辗处做 U 形转弯，滤布越向下行，其张角越大，因此滤饼很容易从滤布上剥离落下。滤饼卸除后，滤布开始上升，同时清洗喷嘴喷射高压水对滤布的两面进行清洗。返程结束时，滤布回到原位，清洗也即停止，滤板经合板、压紧，可进行下一个工作循环。

C　加压叶滤机

加压叶滤机是由一组不同宽度的滤叶（过滤元件）按一定方式装入能承受压力的密闭滤筒内，当料浆在压力下进入滤筒后，滤液透过滤叶从管道排出，而固体颗粒被截留在滤叶表面，这种过滤机称为加压叶滤机，简称叶滤机。滤叶通常由金属多孔板或金属网制成，外罩滤布，滤叶间有一定间距。

叶滤机结构形式很多，按外形的不同可分为水平（卧式）和垂直（立式）叶滤机；按自动化程度不同可分为自动、半自动和手动叶滤机；按滤叶进出滤筒的传动方式不同可分为机械推动和液压推动叶滤机；按滤筒的密封形式不同又可分为全密封式、密封式和半开式叶滤机。

加压叶滤机为间歇操作，悬浮液料浆用泵压送入密闭的滤筒内，当料浆充满滤筒后，过滤过程开始。固相颗粒被滤布截留，在滤布表面形成滤饼，厚度一般为 $5 \sim 35\ mm$，视滤浆性质和操作情况而定；滤液穿过滤叶的过滤面到达滤液通道，然后通过单独的输出管线排出或进入集流管排出。若滤饼要求洗涤，将残留的料浆吹除，用泵把洗涤水送入滤筒，使洗涤水再次充满滤筒，并加压使洗涤水穿过滤饼和滤布，将滤液带出。过滤和洗涤过程结束后，可采用冲洗或吹除方式卸出滤饼。

叶滤机的过滤面积最大已发展到 $438\ m^2$，其自动化程度也在不断提高。叶滤机是采用加压过滤，所以推动力较大，可适用于过滤浓度较大、较黏而不易分离的悬浮固体颗粒溶液，广泛用于冶金、化工、轻工等工业生产。

加压叶滤机的优点是灵活性大，有较大的容量，滤饼厚度均匀，操作稳定；密闭操作，改善了操作条件；过滤速度快，洗涤效果好；采用冲洗或吹除方式卸除滤饼时，劳动强度低。其缺点是为防止滤饼固结或下落，必须精心操作，滤饼含水率大。

a　立式叶滤机

立式叶滤机的结构如图 6-24 所示。该机的立式滤筒由钢板焊制而成，滤头（上部头盖）为椭圆形，底部为 90°角的圆锥形。滤筒与滤头间有橡胶圈并压紧、铰接密封，其铰接机构由油缸推动，可使滤头快开快闭，锥底部有排渣阀，叶片直立吊挂在滤筒内。叶片是由异形钢管焊制而成的滤框和滤网组成。在叶片的滤网外面包覆过滤介质（滤布或编制网等），并用锁环固定或压紧，叶片的两面都是过滤面。

每一次过滤终了时，将剩余的料浆和滤渣排出，随后用水洗掉沉积物。叶片中部装有带喷嘴的冲洗水管，它可以旋转并前后移动，把所有叶片表面和滤筒内的颗粒沉积物冲洗干净。

立式叶滤机的卸渣和清洗在滤筒内进行，无需开盖或移动滤片，因而作业周期短；由于密闭操作，不污染环境；滤布不外漏，冲洗彻底，使用寿命可达 800 h 以上；工作周期长。

b　快开式水平加压叶滤机

快开式水平加压叶滤机的结构如图 6-25 所示，已知最大过滤面积为 $25\ m^2$，过滤压力为 0.5 MPa，滤叶间距为 $14 \sim 70\ mm$，液压压力为 $2.5 \sim 4.0$ MPa。该机的操作程序一般为合拢头盖→锁紧→进料浆→加压过滤→排放余留料浆→进洗涤剂→洗涤→排放余留洗涤

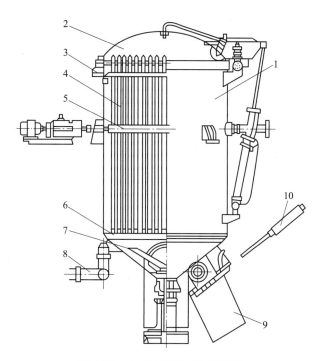

图 6-24 立式叶滤机结构示意图

1—滤筒；2—滤头（封头）；3—喷水装置；4—滤叶；5—料浆加入管；6—锥底；
7—滤渣清扫器；8—滤液排出管；9—排渣口；10—插板阀气缸

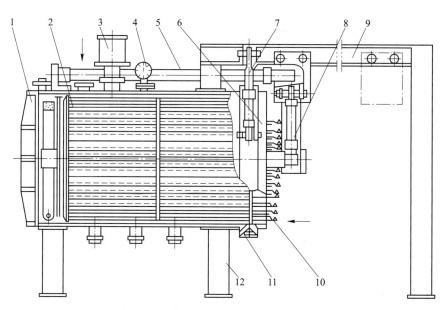

图 6-25 快开式水平加压叶滤机的结构

1—滤筒；2—滤叶；3—阻液排气阀；4—压力表；5—拉出油缸；6—头盖；
7—锁紧油缸；8—倒渣油缸；9—支架；10—视镜阀；11—快开机构；12—底座

剂→进压缩空气→吹干滤饼→卸压→松锁→拉出头盖及框架→滤板转动 90°卸滤饼→清洗滤布。

此类型的叶滤机适用于过滤固相含量小于 20%、沉降速度不大于 0.2 mm/s 的可压缩性细黏料浆。对要求密封、保温或需预处理（如调 pH 值、加助滤剂等）的料浆也很适用。

　　D　分隔式转鼓加压过滤机

对于不宜在连续式真空过滤机上过滤的高温、易挥发的固液悬浮物料，可采用分隔式转鼓加压过滤机过滤。它的过滤速率比真空过滤机大，滤饼含水率较低。

分隔式转鼓加压过滤机的结构如图 6-26 所示。它由两个同心的圆筒组成，外筒是固定的，并承受压力，内筒是连续旋转的。内外筒之间的环隙由密封隔条分隔为过滤区、洗涤区、滤饼干燥区、卸料区及滤布洗涤区等区域，这些区域的大小按用途需要可适当调整，并具有不同的操作压力和独立的流动系统。

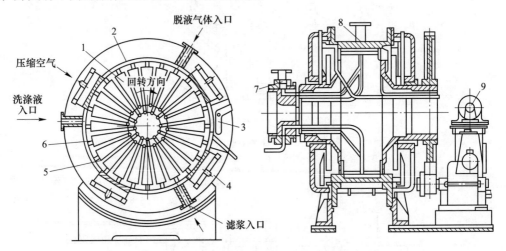

图 6-26　分隔式转鼓加压过滤机的结构

1—内筒；2—外筒；3—滤饼卸除处；4—隔板；5—滤液管；6—滤板；7—排液阀；8—压盖密封垫；9—电动机

这种过滤机的主要特点是可广泛用于过滤各种有机和无机产品，可处理易挥发的流体，操作压力约为 0.3 MPa，洗涤、干燥性能良好，可在常压下卸饼。然而这种压滤机结构复杂；由于压力室内存有细小颗粒，操作和维修比较困难；造价高，与具有相同过滤面积的转鼓真空过滤机相比，其价格高 4 倍。

　　E　圆盘加压过滤机

圆盘加压过滤机又称为旋转式压滤机或旋叶压滤机，它是在动态加压过滤的原理上发展而成的新机型。动态加压过滤是 20 世纪 70 年代的过滤技术，属于无滤饼层或薄滤饼层过滤，过滤阻力小，过滤速率高，洗涤效果好。

旋叶压滤机的过滤原理和传统的滤饼过滤不同，其过滤原理是动态加压过滤，即在压力、离心力、流体阻力或其他外力推动下，料浆与过滤面做平行或旋转的剪切运动；过滤面上不积存或只积存少量滤饼，是一种基本上或完全摆脱了滤饼束缚的过滤操作。当采用筛网或滤布作为过滤介质时，其过滤机理即属于动态薄滤饼层或无滤饼层的过滤介质过滤。

图 6-27 为欧洲型卧式动态旋叶压滤机。在耐压容器里，交替排列着固定过滤圆盘和旋转过滤圆盘，两盘的间距很小（不超过 10 mm），且表面都覆盖有滤布。固定过滤圆盘被固定在过滤机筒形的外壳上，固定过滤圆盘下有滤液出口；而旋转过滤圆盘则固定在高速旋转的中空轴上，过滤旋转圆盘的周边速度为 10~12 m/s。

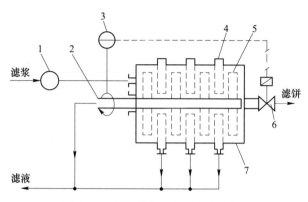

图 6-27 欧洲型卧式动态旋叶压滤机

1—加料泵；2—空心转轴；3—扭矩控制装置；4—固定过滤圆盘；5—旋转过滤圆盘；6—滤渣排出阀；7—滤室

6.3.4.2 真空过滤机

真空过滤机理与加压过滤机理基本相同，不同之处是真空过滤是以过滤面两侧的压强差为推动力。真空过滤机接触料浆一侧为大气压，而滤液一侧则与真空源相通，真空源是利用真空设备（真空泵或喷射泵）提供负压，所以真空过滤机的推动力就是过滤面两侧的压力差，即真空度。常用的真空度为 0.05~0.08 MPa，也有超过 0.09 MPa 的，因此真空过滤的推动力要比加压过滤小得多。在此压差作用下，悬浮液中的固体颗粒被截留在滤布表面形成滤饼，滤液被真空吸力抽走，从而达到过滤的目的。

真空过滤机种类很多，在工业上应用也很广泛。对于湿法冶金过程，根据料浆的处理数量、特性及处理目的，可采用各种形式的真空过滤机。真空过滤机也可按操作方式、过滤表面结构、滤饼卸料方式等进行如下分类。

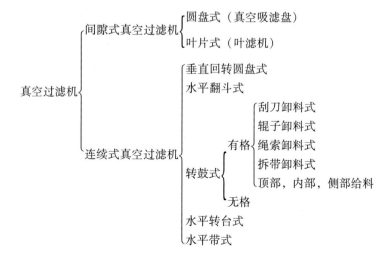

下面简要介绍几种常用的真空过滤机。

A　转鼓真空过滤机

转鼓真空过滤机也称为转筒真空过滤机，是一种连续生产和机械化程度较高的过滤设备。转鼓真空过滤机的形式很多，分类方法也很多。按给料方式不同可分为顶部给料式、内部给料式和侧部给料式；按滤饼卸料方式不同可分为刮刀卸料式、折带卸料式、绳索卸料式和辊子卸料式；按滤布铺设在转鼓的内侧还是外侧可分为内滤式和外滤式。以下仅就侧部给料外滤式转鼓真空过滤机为例进行介绍。

转鼓真空过滤机主要由过滤转鼓（滤筒）、料浆储槽、搅拌装置、分配头、卸料装置、滤饼洗涤装置（喷水器）、铁丝缠绕装置和过滤机的传动系统组成，如图 6-28 所示。

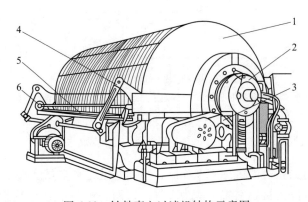

图 6-28　转鼓真空过滤机结构示意图

1—过滤转鼓；2—分配头；3—传动系统；4—搅拌装置；5—料浆储槽；6—铁丝缠绕装置

设备的主体是一个回转的真空滤筒，滤筒的下部横卧在滤浆槽内，滤浆槽为一半圆形槽，两端有两对轴瓦支撑着滤筒。滤筒两头均有空心轴，一端空心轴安装传动装置，带动过滤筒回转；另一端的空心轴安装滤液管和洗液管，供滤液和洗液通过。滤筒的末端装有分配头，分别与真空管路和压缩空气管路相连，真空管路用于过滤时抽取真空，压缩空气管路用于吹脱滤饼。滤筒的表面覆盖一层多孔滤板（或塑料网格），滤板上覆盖滤布；滤筒沿径向分隔成若干互不相通的扇形格滤室，每个格滤室都单独接有与分配头相通的滤液管。分配头由紧密贴合着的转动盘与固定盘构成，转动盘上有与滤液管数量相同的圆孔，它固定在空心轴上，随着筒体一起旋转；固定盘上有大小不等、形状不同的开孔，它固定在分配头壳体上，壳体连接在真空管路和压缩空气管路上。滤筒转动时，凭借分配头的作用使这些孔道分别与真空管路及压缩空气管路相通，因而在回转一周的过程中，每个扇形格表面即可按顺序进行过滤、洗涤、吸干、吹松、卸饼等操作。滤筒上部装有滤饼洗涤装置，用来洗涤滤饼（不需洗涤可不装）。滤浆槽安装在基础上，槽内装有搅动料浆的往复摆动的搅拌装置，以防止料浆沉淀。图 6-29 所示的各个区域具体如下。

（1）过滤区。在此区内，浸于料浆中的过滤室内为负压，滤液穿过滤布进入过滤室内，并经分配头内的滤液管排出，在滤布上逐渐形成滤饼。

（2）第一吸干区。在此区内，过滤室内为负压，将剩余滤液进行进一步吸出，滤饼被吸干。

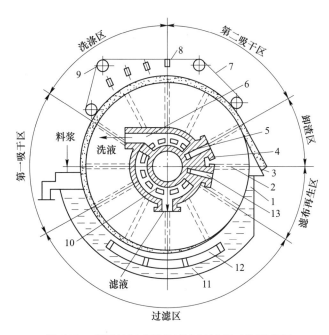

图 6-29 刮刀卸料式转鼓真空过滤机工作原理图

1—过滤转鼓；2—吸盘；3—刮刀；4—分配头；5, 13—压缩空气管入口；6, 10—与真空源相通的管口；
7—无端压榨带；8—洗涤喷嘴装置；9—导向辊；11—料浆槽；12—搅拌装置

（3）洗涤区。在此区内，洗涤装置将水喷洒在滤饼上，过滤室内仍为负压，洗涤水穿过滤饼和滤布进入过滤室，并经分配头内的洗液管排出。

（4）第二吸干区。此时过滤室内仍为负压，使滤饼中剩余洗涤水被吸干。如滤饼不需洗涤就不设洗涤区，则第一吸干区、洗涤区、第二吸干区均为吸干区。根据生产需要和滤饼的性质，可在洗涤区和第二吸干区装设无端压榨带，以防止滤饼产生裂纹而吸入空气，降低真空度。由于对滤饼的摩擦作用，无端压榨带被滤饼带动沿换向辐的方向运动。

（5）卸渣区。过滤室与压缩空气管路相通，滤饼被吹松而脱落，然后被伸向过滤表面的刮刀刮落或接取。刮刀卸料情况如图 6-30 所示。

（6）滤布再生区。根据需要和可行性，在此区内进行滤布洗涤，使其具有新的过滤表面，以便进行下一个循环过程。

一般情况下，过滤区跨度为 125°～135°，洗涤区和吸干区跨度为 120°～170°，卸渣区和滤布再生区跨度为

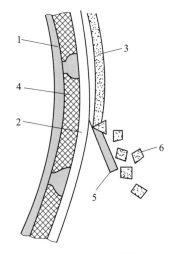

图 6-30 刮刀卸料情况

1—滤室；2—滤布；3—滤饼；
4—孔板；5—刮刀；6—卸除的滤饼

40°～60°。转筒的过滤面积一般为 5～40 m²，滤筒转速可在一定范围内调整，通常为 0.1～3 r/min。滤饼厚度一般保持在 40 mm 以内，转筒过滤机所得滤饼中液体含量很少低于

10%，通常为30%左右。

转鼓真空过滤机的优点是：能连续自动操作，节省人力，生产能力大，改变过滤机转速可以调节滤饼层的厚度；特别适宜于处理量大、容易过滤的料浆，对难以过滤的胶体物系或含细微颗粒的悬浮液，若采用预涂助滤剂措施也比较方便。其缺点是：该过滤机附属设备较多，投资费用高，过滤面积不大，过滤推动力有限，滤饼含水率大等。

B　圆盘真空过滤机

圆盘真空过滤机属于连续式过滤设备，是由数个过滤圆盘装在一根水平空心轴上构成的真空过滤机，其工作原理如图6-31所示。每个圆盘都由10~30个彼此独立、互不相通的扇形滤叶组成，扇形滤叶的两侧为筛板或槽板，每个扇形滤叶单独套上滤布，即构成过滤圆盘的一个过滤室。各个圆盘等距地由长螺杆将其固定在旋转空心轴上。各圆盘部分浸没在盛有待过滤悬浮液的槽中。中空主轴有两层壁，内壁与外壁之间的环形空隙则用径向筋板分割成10~30个（与每个过滤圆盘上的滤叶数相同）独立的轴向通道，每个扇形滤叶设有排液管与中空主轴上的径向通道相连。各通道都通到轴的一个端面上，并与过滤机的分配头紧密结合。轴转动时，各通道顺次与分配头的各室连通，并经分配头周期性地与真空抽吸系统、反吹压气系统和冲洗水系统相通。在过滤区，滤液穿过滤布，进入轴上的各通道，然后经分配头自过滤机中抽出；固相颗粒被截留在滤布的表面，形成滤饼层；在脱液区，液体从滤饼中抽出，流经与滤液一样的路径从过滤机中排出；当轴旋转至卸渣区，压缩空气经分配头和排液通道连通后进入过滤室（扇形滤叶过滤室）进行反吹，帮助滤饼从滤布上脱开，并用刮刀或锥形辊将其刮下；在滤布再生段，空气进入过滤室，进行滤布的再生。因此轴每旋转一周，每个滤叶即完成过滤、脱液、卸除滤饼及滤布再生等操作。

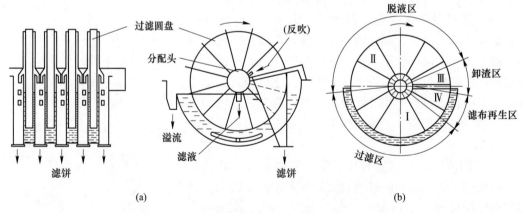

图6-31　圆盘真空过滤机工作原理
（a）结构示意图；（b）操作区域划分

圆盘真空过滤机适用于粒子粗细不匀、数量不等、沉降速度不高的悬浮液，如应用于采矿、浮选、冶金工业、煤炭、水泥、污泥处理等领域的大规模生产。

圆盘真空过滤机的优点是：在所有的连续式真空过滤机中，按单位过滤面积计算，圆盘真空过滤机是价格最便宜的一种；过滤面积大，占地面积小；更换滤布快；一般用于处理量大、易过滤的物料。缺点是：由于在竖直的滤叶表面过滤，滤饼脱液时间短，因而滤饼不能洗涤；滤饼含水率高于转鼓真空过滤机，滤饼厚度不均匀且易龟裂；用刮刀或锥形辊卸料，滤布磨损速率高且滤布易堵塞；薄滤饼卸除较困难，不适用于处理非黏性物料。

    C 转台真空过滤机

    转台真空过滤机实际上是圆盘真空过滤机的变种之一，是由水平旋转滤盘、中心分配头支撑滚道、传动装置、螺旋卸料装置以及下料管、洗涤水管等装置组成。

    转台真空过滤机的结构和工作原理如图 6-32 所示。该机的主体部件是由若干个（一般为 18~20 个）扇形滤室组成的旋转圆形转台。圆环形过滤面的下面是由若干径向垂直隔板分隔成的许多彼此独立的扇形滤室。滤室的上方有筛板，用来支撑滤布。这些滤室在转台的下方直接与分配头相通，分配头的作用与转鼓真空过滤机相同。圆环形过滤面的上面是堰形布料器和卸料装置，当圆环形过滤面的内外边缘较低时，用螺旋输送器或辊子卸料；当圆环形过滤面的内外边缘较高时，则采用刮刀卸料。卸料后，滤布上必然要留下厚约 3 mm 的滤饼层，为了消除残留滤饼对过滤过程的影响，在加料位置用压缩空气反吹，由反吹空气将残留的滤饼吹入新加入的滤浆中。

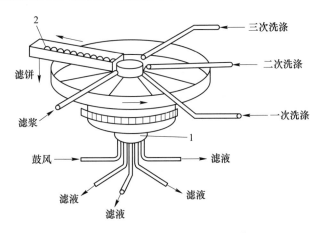

图 6-32 转台真空过滤机的结构和工作原理
1—分配头；2—螺旋输送器

    转台真空过滤机运行时，随着圆盘的转动，滤盘的各个滤室通过中心分配头分别依次接通吹风系统、真空吸滤系统、真空洗涤吸滤系统和一定的隔离系统，完成滤布再生、浆液吸滤、滤饼洗涤、滤饼干燥及在隔离区进行卸料等过程。这种过滤机适用于对滤饼洗涤要求较高的料浆过滤，也适用于过滤颗粒粗、密度大的料浆或密度小的悬浮颗粒的料浆。

    转台真空过滤机的优点是：结构简单，造价便宜；洗涤效果好，洗涤液与滤液分开；对于脱液快的悬浮液，单台过滤机的处理量大，不需要滤槽和搅拌器。缺点是：占地面积大；螺旋卸料造成滤布磨损快且滤布易堵塞；虽然洗涤效果好，但滤饼上也难免出现与液体的交叉混合。

    D 翻斗真空过滤机

    翻斗真空过滤机是在水平回转圆盘上径向设置多个独立扇形滤斗，各滤斗能绕其径向轴线翻转卸渣的一种真空过滤机，其结构及工作原理如图 6-33 所示。滤斗内都有由橡胶或聚丙烯制成的筛板，筛板上覆盖滤布。滤斗通过滤液管与分配头连接。

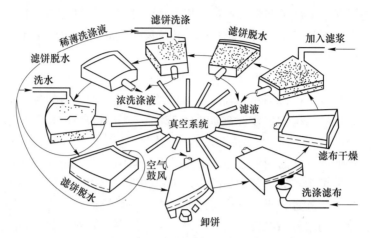

图 6-33　翻斗真空过滤机的结构及工作原理

料浆通过加料管从上部加入滤盘，在负压作用下，在滤布上形成滤饼；滤液则经中心吸引管、支管和中心分配头排出；接着，滤饼进行真空脱水；再进行滤饼洗涤、脱水。在滤饼卸除位置有一机构，使该处的扇形滤斗翻转180°，需要时还可以借助空气的反吹将脱水后的滤饼卸除。滤布冲洗再生后，扇形滤斗翻转到初始位置，准备接受新的悬浮液进行过滤。

翻斗真空过滤机的优点是：能过滤黏性大的悬浮液，洗涤充分；滤液易于排出，滤饼易于卸除，可充分而又迅速地冲洗滤布，适应性强；设备易于大型化。缺点是：占地面积大，机器结构复杂，小型机器成本高。

翻斗真空过滤机适用于分离浓度较高（固相含量在20%以上）、密度大、固相颗粒粗且不均匀的悬浮液，尤其适用于要求滤布再生方便及滤饼需进行充分洗涤的场合，它具有前述几种真空过滤机所没有的特性，用于氧化铝生产和处理铁矾土等工艺。

E　水平带式真空过滤机

水平带式真空过滤机具有水平过滤面、上部加料和卸除滤饼方便等特点，是近年来发展最快的一种真空过滤设备。按其结构原理不同可分为固定室型、移动室型、滤带间歇移动型，分别适用于不同的场合。

固定室型带式真空过滤机的结构如图 6-34 所示。这种过滤机的结构先进滤带在机上既作为环状过滤带又作为物料传送带，连续完成过滤、洗涤、吸干、卸料、清洗滤布等操作。该机采用一条橡胶脱液带作为支撑带，滤布放在脱液带上，脱液带上开有相当密的、成对设置的沟槽，沟槽中开有贯穿孔。脱液带本身的强度足以支撑滤布承受真空的吸力，因此滤布本身不受力，寿命较长，特别适用于低浓度固液悬浮液的快速过滤。缺点是：脱液带的成本较高，需定期更换，安装及调试均较困难。对有机溶剂性物料不能用这种类型的过滤机过滤。

移动室型带式真空过滤机采用普通滤布作为无端滤带，真空吸滤时，真空室与滤布同步移动，移动到一定距离后，真空撤除，真空室快速返回到起始位置，重新开始吸滤。这种机器的优点是维护费用较低，在过滤过程中能够保持真空度，滤布磨损小。缺点是返回行程是空载，因而相对于其他形式的带式真空过滤机，过滤效率较低。

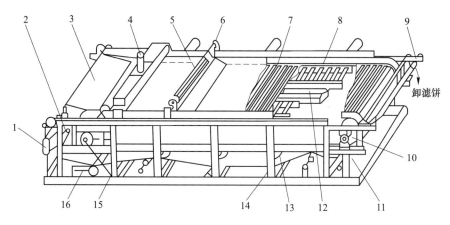

图 6-34 固定室型带式真空过滤机的结构

1—滤布张紧装置；2—滤布脱水辊轮；3—滤布；4—加料浆口；5—滤饼洗涤水；
6—洗水槽；7—沟槽式胶带；8—周边胶带；9—卸滤饼辊轮；10—驱动辊；11—滤布洗涤装置；
12—真空室；13—反向支撑辊轮；14—滤布辊轮；15—胶带张紧装置；16—纠偏装置

滤带间歇移动型带式真空过滤机是用普通滤布作为无端滤带，真空室是固定的，过滤时滤带静止不动，在切断真空源的时间间隔里，滤布快速移动一段距离，然后滤带停止运动并开始下一次过滤。与移动室型带式真空过滤机相比，结构更为简单，空载时间可减少50%左右，因此过滤效率较高。由于真空室是固定的，因此对滤带宽度没有限制；过滤面积也不会受到结构材质的限制。这种过滤机的过滤效率主要取决于滤带速度和滤带移动频率。

带式真空过滤机与其他真空过滤机相比，其优点是：适用于处理难以机械输送的易碎物料和沉降快、易絮凝的物料；滤布不易堵塞，单位过滤面积的处理能力大；可以最大限度地保持真空度，洗涤效果好，对物料的适应性好。缺点是：占地面积大，价格较高。

6.3.4.3　离心过滤机

离心过滤机是利用惯性离心力分离液态非均相混合物的设备。它与旋流分离器的主要区别在于，离心力是由设备（转鼓）本身旋转而产生的。由于离心过滤机可产生很大的离心力，因此可用来分离用一般方法难以分离的悬浮液或乳浊液。

离心过滤机种类很多，分类方法也很多。根据分离方式不同，离心过滤机可分为过滤式、沉降式和分离式。过滤式离心过滤机于转鼓壁上开有均匀分布的孔，在鼓内壁上覆以滤布，悬浮液加入转鼓内并随之旋转，液体受离心力作用被甩出，而颗粒被截留在转鼓内。沉降式和分离式离心过滤机的转鼓壁上没有开孔。若被处理物料为悬浮液，其中密度较大的颗粒沉积于转鼓内壁，而液体集于中央并不断引出，此种操作即为离心沉降；若被处理物料为乳浊液，则两种液体按轻重分层，重者在外，轻者在内，各自从适当的径向位置引出，此种操作即为离心分离。

第 6.2.5.1 节中已提及，离心过滤机也可按分离因数 K_c $[u_t^2/(rg)]$ 的大小分为常速离心机，$K_c < 3000$，一般为 600~1200；高速离心机，K_c 为 3000~50000；超高速离心机 $K_c > 50000$。

在离心过滤机内，由于离心力远远大于重力，因此重力的作用可以忽略不计。

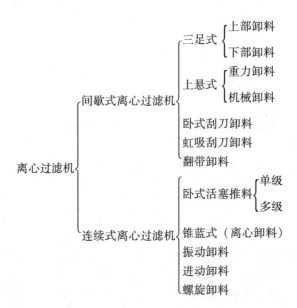

此外，离心过滤机还可按操作方法不同分为间歇式和连续式；按主轴在空间的位置不同分为立式和卧式；按卸料方式不同分为人工上部（或下部）卸料式、机械上部（或下部）卸料式等。现按操作方式、结构形式，以及卸料方式分类如下。

离心过滤过程包括加料、过滤、洗涤、甩干和卸除滤饼五个过程。间歇式离心过滤机每一周期均按顺序依次进行上述五个操作过程。而连续式离心过滤机却是将上述五个操作过程安排在过滤机的不同部位同时进行。

离心过滤机一般适用于悬浮液中固相含量较高、颗粒粒度范围大、液体黏度较大的物料分离。对于固相密度等于或低于液相密度，即飘浮型的悬浮液均可进行分离。工艺上要求获得含水率较少的滤饼或对滤饼需要进行洗涤时，应首先考虑选择离心过滤机。对于固相浓度高达 50% ~60% 的悬浮液，只能采用离心过滤机。当悬浮液中固液两相分离后，允许细微颗粒进入滤液时，可以采用甩干和洗涤效果较好的离心过滤机。

连续式离心过滤机一般用金属网作为过滤介质，而间歇式离心过滤机一般用滤布作为过滤介质。使用滤布的离心过滤机有三足式离心过滤机、卧式刮刀卸料离心过滤机、上悬式离心过滤机、虹吸刮刀卸料离心过滤机、翻袋卸料离心过滤机和卧式活塞推料离心过滤机等几种。

A　三足式离心过滤机

离心过滤机的转鼓垂直支撑在三个装有缓冲弹簧的摆杆上，以减少因加料或其他原因引起的重心偏移，这种机型称为三足式离心过滤机。三足式离心过滤机是工业上采用较早的间歇操作立式离心过滤机，目前仍是国内应用最广、制造数量最多的一种离心过滤机。

三足式离心过滤机有多种形式。按滤渣卸料方式、卸料部位和控制方法不同，可分为上部人工卸料、下部人工卸料、上部自动卸料（如上部吊装卸料、上部抽吸卸料等）以及下部自动卸料（如下部自动刮刀卸料）等结构形式。这些机型除在卸料方式上有所不同外，其他结构原理基本相同。

三足式上部人工卸料离心过滤机是最简单的一种三足式离心过滤机，为上部人工加料和卸料，其结构如图 6-35 所示。该机的技术参数范围为转鼓直径 450~1500 mm；有效容积 20~400 L；转鼓转速 730~1950 r/min；分离因数 450~1170。

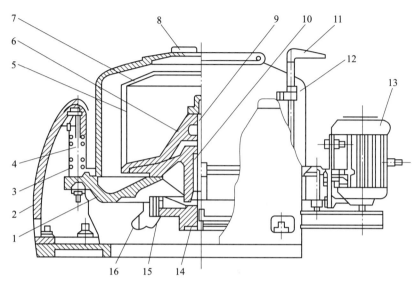

图 6-35 三足式上部人工卸料离心过滤机的结构

1—底盘；2—支柱；3—缓冲弹簧；4—摆杆；5—转鼓体；6—转鼓底；7—拦液板；8—机盖；
9—主轴；10—轴承座；11—制动手柄；12—外壳；13—电机；14—三角皮带；15—制动轮；16—滤液出口

三足式离心过滤机的主要优点是：结构简单，造价低廉，机器运转平稳；对物料的适应性强，过滤、洗涤时间能按需要随时调节，可进行充分洗涤；能得到较干的滤饼，固体颗粒几乎不受破坏。缺点是：对于人工卸料的三足式离心过滤机，因间歇操作，生产中辅助时间长，生产能力低，劳动强度大，操作条件差。为克服人工卸料的缺点，近年来已在卸料方式等方面进行改进，出现了各种机械卸料和自动卸料的三足式离心过滤机，由于装有程序控制装置，可采用刮刀或气流从转鼓上部或底部卸除滤饼，因此实现了自动化操作。

B 卧式刮刀卸料离心过滤机

卧式刮刀卸料离心过滤机的特点：在转鼓全速运转的情况下，能够自动地依次进行加料、分离、洗涤、甩干、卸料、洗网等工序的循环操作。每一工序的操作时间按预定要求实行自动控制，其结构及操作示意如图 6-36 所示。该机型的技术参数范围为转鼓直径 450~2000 mm，有效容积 151~1100 L，转鼓转速 350~3350 r/min，分离因数 140~2830。

操作时，进料阀门自动定时开启，悬浮液进入全速运转的转鼓内，液相经过滤网及转鼓壁小孔被甩到转鼓外，再经机壳的排液口流出。留在转鼓内的固相被耙齿均匀分布在滤网面上。当滤饼达到指定厚度时，进料网门自动关闭，停止进料。随后冲洗阀门自动开启，洗水喷洒在滤饼上。再经甩干一定时间后，刮刀自动上升，滤饼被刮下并经倾斜的溜槽排出。刮刀为窄刮刀，其长度短于转鼓长度。卸除滤饼时，刮刀除了向转鼓壁方向运动外，还沿轴向运动。刮刀升至极限位置后自动退下，同时冲洗阀又开启，对滤网进行冲洗，即完成一个操作循环，然后重新开始进料。

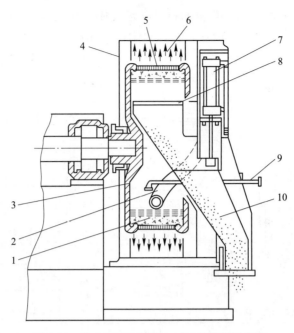

图 6-36　卧式刮刀卸料离心过滤机结构示意图

1—滤网；2—进料管；3—转鼓；4—外壳；5—滤饼；6—滤液；7—液压缸；8—刮刀；9—冲洗管；10—溜槽

该类离心过滤机的优点是：可自动操作，也可人工操作；操作简便，分离洗涤效果好，生产能力大；可处理不同粒度、不同浓度的悬浮液；操作中对进料量及料浆浓度的变化不太敏感，滤饼含水率低，适宜大规模连续生产。缺点是：刮刀卸料时固相颗粒有一定程度的破损，对于必须保持晶粒完整的物料不宜采用；振动较大，刮刀易磨损；不适用处理易使滤网堵塞而又无法使其再生的物料。

C　卧式活塞推料离心过滤机

活塞推料离心过滤机在全速运转的情况下，加料、过滤、洗涤等操作可以同时连续进行，滤渣由一个往复运动的活塞推送器脉动地推送出来，整个操作自动进行。

卧式活塞推料离心过滤机的推料活塞有单级和多级（一般为 2~4 级，最多 8 级）之分。单级卧式活塞推料离心过滤机的结构和工作原理如图 6-37 所示。料浆不断地由进料管加入，沿锥形进料斗的内壁流到转鼓内推料活塞前的滤网上；滤液穿过滤网经滤液出口连续排出；过滤后形成的滤饼在推料活塞的推动下脉动地沿轴向往前移动，最后被推出转鼓。

此种离心过滤机的过滤介质是板状或条状筛网，主要用于浓度适中并能很快脱水和失去流动性的悬浮液。其优点是：颗粒破碎程度小，控制系统较简单，功率消耗也较均匀。缺点是：对悬浮液的浓度较敏感，若料浆太稀，则滤饼来不及生成，料液直接流出转鼓，并可冲走先前已形成的滤饼；若料浆太稠，则流动性差，易使滤渣分布不均，引起转鼓的振动。

物料需要洗涤时，沿转鼓筛网的轴向长度可分为四个区域，即过滤区、分离区、洗涤区和脱水干燥区。在生产中，调节分离区和脱水干燥区可控制滤饼的含水率。

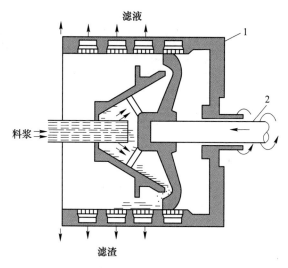

图 6-37 单级卧式活塞推料离心过滤机
1—转鼓；2—推料活塞

6.3.5 滤饼洗涤

洗涤滤饼的目的在于回收滞留在滤饼颗粒缝隙间的滤液或净化构成滤饼的颗粒，以提高固体组分的纯度。洗涤在固液分离中的作用相当显著，在某些工业领域，甚至对企业的生产和经济起决定性作用。

滤饼洗涤有置换洗涤法和滤饼再制浆洗涤法。通常采用的是置换洗涤法，它使洗涤剂直接洗涤滤饼表面并透过滤饼层，替换滤饼颗粒缝隙内夹带的液体，但有时滤饼呈黏泥状、渗透性差或干脆无法成饼，利用简单的置换洗涤法达不到所要求的溶质移出程度，或者虽能满足工艺要求，但所需洗涤时间太长，或者因滤饼碎裂而无法进行置换脱水时，此时可采用滤饼再制浆洗涤法，即用新鲜洗液将滤饼重新制浆、搅拌、过滤。必要时，需多次重复上述过程。

6.4 静电分离设备

静电分离设备又称静电分离器，是非均相分离的基本方法。在冶金上，静电分离设备有两大运用，即含尘气体的固气分离以及废旧金属回收中的金属与非金属分选。

6.4.1 静电分离器的工作原理

用于固气分离的静电分离设备称为静电收尘器。静电收尘器的工作原理是由接地的板或管作收尘极（集尘极），在板与板中间或管中心安置张紧的放电极（电晕线），构成收尘工作电极。在收尘器的两极通以高压直流电，在两极间维持一个足以使气体电离的静电场。含尘气体进入收尘器并通过该电场时，产生大量的正负离子和电子，并使粉尘荷电。荷电后的粉尘在电场力的作用下向集尘极运动，并在上面沉积，从而达到净化收尘的目的。静电收尘器的工作原理包括电晕、气体电离、粒子荷电、粒子的沉积、清灰等过程。

6.4.1.1　气体电离

空气在正常状态下是几乎不能导电的绝缘体，气体中不存在自发的离子，因此实际上没有电流通过。当气体分子获得能量时就可能使气体分子中的电子脱离而成为自由电子，这些电子成为输送电流的媒介，此时气体就具有导电的能力，使气体具有导电能力的过程称为气体的电离，如图 6-38 中曲线所示。

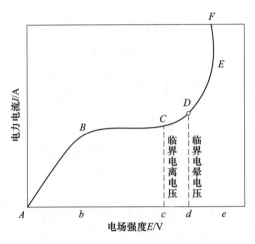

图 6-38　气体导电过程的曲线

在 AB 阶段气体导电仅借助于其中存在的少量自由电子或离子，电流较小。在此期间，由于电压小，带电体运动速度低，在与分子发生弹性碰撞后又相互弹开，故不能使中性分子发生电离。在 BC 阶段，电压虽升高到 C 但电流并不增加，这样的电流称为饱和电流。当电压高于 C 时，气体中的带电体已获得足以使发生碰撞的气体中性分子电离的能量，开始产生新的离子传送电流，故 C 点的电压就是气体开始电离的电压，通常称为临界电离电压。在 CD 阶段，使气体发生碰撞电离的只有阴离子，放电现象不发出声响。当电压继续升高到 D 时，较小的阳离子也因获得足够能量而与中性分子碰撞使之电离，气体电离加剧，在电场中连续不断生成大量的自由电子和阴阳离子。

此时在电离区，可以在黑暗中观察到一连串淡蓝色的光点或光环，也会延伸成刷毛状，并伴随"咆咆"响声，这种光点或光环被称为电晕，此时通过气体的电流称为电晕电流，D 点的电压称为临界电晕电压。静电收尘就是利用两极间电晕放电工作的。当电压进一步升高到 E 点时，由于电晕范围扩大，电极间产出剧烈的火花，甚至电弧，电极间介质产生电击穿现象，瞬间有大量电流通过，使两极短路，称为火花放电或弧光放电，E 点电压称为火花放电电压或弧光放电电压。弧光放电温度高，会损坏设备，在操作中必须避免这种现象，应经常使电场保持在电晕放电状态。

6.4.1.2　尘粒荷电

在静电收尘器的电场中，尘粒的荷电机理有两种：一种是电场中离子的吸附荷电，这种荷电机理通常称为电场荷电或碰撞荷电；另一种是由于离子扩散现象的荷电过程，通常这种荷电过程为扩散荷电。尘粒的荷电量与尘粒的粒径、电场强度和停留时间等因素有关，一般电场荷电更为重要。图 6-39 为离子扩散尘粒荷电及运动过程。

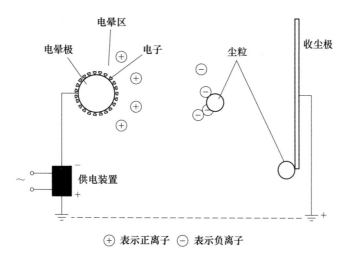

图 6-39 电收尘器的基本工作原理

在电场作用下，当一个离子接近颗粒时，颗粒靠近离子的部位被感应生成相反的电荷，于是离子被吸附在颗粒上，使颗粒荷电。离子在电场中沿电力线移动，当尘粒未带电且介电常数 $1 \leqslant \varepsilon \leqslant \infty$ 时，将引起电力线的畸变，导致电力线向尘粒方向弯曲，从而使更多的离子被尘粒吸附，随着尘粒电荷增加电场的畸变减小，直至不能荷电，则尘粒的荷电达到饱和状态。为此，尘粒只能带上一定的电荷。该种荷电机理主要适用于粒径大于 0.5 μm 的粉尘。

对于粒径小于 0.5 μm 的粉尘荷电机理主要是扩散荷电。由于离子的无规则热运动，通过气体扩散使离子与粉尘发生碰撞，然后黏附在其上，使粉尘荷电。

一般情况下，两种尘粒荷电机理是同时存在的，只不过对于不同粒径的粉尘，不同机理所起的主导作用不同而已。

6.4.1.3 荷电尘粒的运动

粉尘荷电以后，在电场的作用下，带有不同极性电荷的尘粒分别向极性相反的电极运动，并沉积在电极上。工业电收尘多采用负电晕，在电晕区内少量带正电荷的尘粒沉积在电晕电极上，绝大多数荷正电粒子在运动过程中会碰上电子成为带负电荷的粒子，从而改变运动方向，电晕外区的大量尘粒带负电荷，因而向收尘电极运动。

6.4.1.4 荷电尘粒放电

在静电收尘器中，除少部分粉尘在电晕电极上放电沉积下来，绝大部分粉尘颗粒带有与电晕极极性相同的电荷，在电场中趋向收尘电极，到达收尘电极后，颗粒上的电荷便与电极上的电荷中和，从而使粉尘恢复中性停留在收尘电极上，当电极振打时便落入灰斗，如图 6-40 所示。

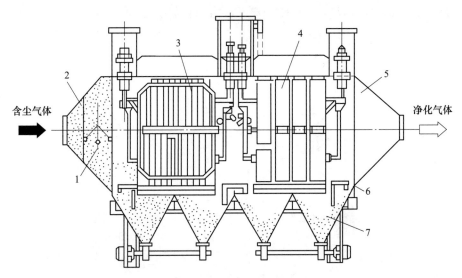

图 6-40　卧式静电收尘器

1—振打器；2—气流分布板；3—电晕电极；4—收尘电极；5—外壳；6—检修平台；7—灰斗

6.4.2　静电收尘器的结构

　　静电收尘器通常包括收尘器机械本体和供电装置两部分，其中收尘器机械本体主要包括电晕电极装置、收尘电极装置、清灰装置、气流分布装置和收尘器外壳等。

6.4.2.1　收尘电极装置

　　收尘电极是捕集粉尘的主要部件，其性能的好坏对收尘效率有较大影响。一般有两种形式，一种是管式收尘极，可以得到强度均匀的电场，但清灰困难，多用于湿式电收尘器，对无腐蚀性气体可用钢管，对有腐蚀性气体可用铅管或塑料管及玻璃钢管；另一种是板式收尘电极，为了降低粉尘二次飞扬，提高收尘效率，通常做成 C 形、CW 形、波形等形式的电极板，一般用普通碳素钢冷轧成型。

6.4.2.2　电晕电极装置

　　电晕极系统主要包括电晕线、电晕极框架、框架悬吊杆、支撑绝缘套管、电晕极振打装置等。电晕极为电收尘的放电极，电晕电极按电晕辉点状态分为有无固定电晕辉点状态两种。无固定电晕辉点的电晕电极沿长度方向无突出的尖端，也称非芒刺电极，如圆形线、星形线、绞线、螺旋线等；有固定辉点的电晕电极沿长度方向有很多尖刺，属于点状放电，亦称为芒刺电晕线，如 RS 管状芒刺线、角钢芒刺线、波形芒刺线、锯齿线、鱼骨针线等。电晕电极一般接负极，因为负极比正极作电晕极的临界电离电压低。

6.4.3　影响静电收尘性能的因素与使用的注意事项

　　影响静电收尘器性能的因素有许多，可大致归纳为烟尘性质、设备状况和操作条件。各种因素的影响直接关系到电晕电流、粉尘比电阻、收尘器内的粉尘收集与二次飞扬三个环节，而最后结果表现为收尘效率的高低。

6.4.3.1 影响电除尘效果的因素

A 粉尘的比电阻

比电阻在 $10^4 \sim 10^{11}$ Q·cm 的粉尘电除尘效果好。当粉尘比电阻小于 10^4 Q·cm 时，粉尘释放负电荷的时间快，容易感应出与集尘极同性的正电荷，由于同性相斥而使粉尘形成沿极板表面跳动，降低除尘效率；当粉尘比电阻大于 10^{11} Q·cm 时，粉尘释放负电荷慢，粉尘层内形成较强的电场强度而使粉尘空隙中的空气电离，出现反电晕现象而使除尘效率下降。

影响比电阻的因素有烟气的温度和湿度，如图 6-41 所示。

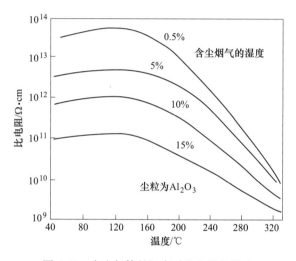

图 6-41 含尘气体的温度对比电阻的影响

氧化铝生产过程中，焙烧炉把氢氧化铝焙烧成氧化铝，化学反应产生气态水，即含氧化铝颗粒的气体湿度大（约 15%）。此时，氧化铝颗粒的比电阻约为 10^{11} Ω·cm，适合用电收尘。在铝电解过程中产出的烟气也含氧化铝，铝电解作业整个环境都要避免水气，故这种含氧化铝颗粒的气体由于比电阻太大（大于 10^{13} Ω·cm，见图 6-41），不能用电收尘来捕集，只能用布袋收尘。

B 气体含尘浓度

粉尘浓度过高，粉尘阻挡离子运动，电晕电流降低，严重时为零，出现电晕闭塞，除尘效果急剧恶化。

C 气流速度

随气流速度的增大，除尘效率降低，其原因是风速增大，粉尘在除尘器内停留的时间缩短，荷电的机会降低，风速增大二次扬尘量也增大。

6.4.3.2 使用的注意事项

静电收尘器选用注意事项如下。
（1）静电收尘器是高效收尘设备，随收尘器效率的提高，设备造价也提高。

（2）静电收尘器适用于烟气温度低于 250 ℃的情况。

（3）要求烟气含尘浓度低于 60 g/m³，避免电晕闭塞。

（4）对粒径过小、密度又小的粉尘，要适当降低电场风速，否则易产生二次扬尘，影响收尘效率。

（5）要求捕集比电阻在 $10^4 \sim 5 \times 10^{10}$ Q·cm 范围内的粉尘。

（6）静电收尘器的气流分布要求均匀，一般在收尘器入口处设 1~3 层气流分布板。

（7）电场风速一般为 0.4~1.5 m/s，风速过大会造成二次扬尘，对比电阻、粒径和密度偏小的粉尘，也应选择较小风速。

6.4.4　金属与非金属分选

静电分离器利用不同物品与塑料摩擦产生电荷的差异，在高压静电场的作用下，把导体物质与非导体物质进行分离，主要用于废旧电路板，各种药板、铝塑板、食品包装袋、铝塑管、铝箔等物料中金属与非金属成分的分离。静电分离设备是电路板回收装备的重要组成部分。静电分离器的工作原理如图 6-42 所示。

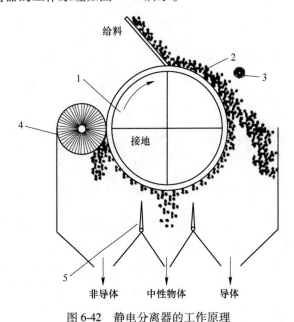

图 6-42　静电分离器的工作原理
1—接地鼓筒；2—电极丝（电晕极）；3—电极管；4—羊毛刷；5—分矿调节隔板

传送机把混合物颗粒送入静电分离器。导体颗粒受到离心力和自身重力切向分力的作用。当物料经放置旋转着的鼓筒带至电晕电极（电极丝）和偏极（电极管）共同作用的高压电场中时，物料受到库仑力、离心力、重力的共同作用，导体颗粒以一定角度从转辐表面脱离。脱离后的导体颗粒受到重力、静电力和空气阻力的作用，沿一定的轨迹落入导体产物收集区。非导体材料受电后，由于其导电性能差，吸附在旋转辐筒表面，随着辐筒转到后面，最后由毛刷清除，落入非导体产物收集区。由于各种原因而无法正常进入导体或非导体产物收集区的颗粒，则进入中间体收集区。

静电分离器有单辊、两辊、三辊、并列六辊与多辊等不同结构形式，可由实验确定适合具体分离场合的机型。不同的物料或同种物料不同粒度对电选机的喂料系统、排料系统及上料系统要求不同，电选机的内部结构有差异。水平两辊静电分离器的基本形式如图6-43所示。废塑料静电分选机由振动筛体、固定槽板、筛节、静电辊、吸风腔体、离心风机、沉降箱体、升降机构、振动电机、弹簧、机架一、机架二、机架三连接构成。机架一连接有升降机构、静电辊、吸风腔体，静电辊安装在吸风腔体下面，弹簧安装于机架三和振动筛体之间，振动筛体通过固定槽板与筛节连接，筛节上均布有圆形小孔，振动电机对称安装在振动筛体两侧。

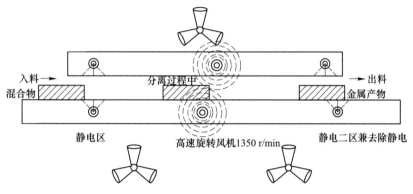

图 6-43   两辊静电分离器的基本形式示意图

  习   题

查看习题解析

6-1   选择题

(1) 沉降液固分离的驱动力是（   ）。

    A. 颗粒受到的浮力   B. 颗粒受到的黏力

    C. 颗粒的重力   D. 颗粒受到流体的曳力

(2) 在重力场中，固体颗粒的沉降速度与下列因素无关的是（   ）。

    A. 粒子的形状   B. 粒子几何尺寸

    C. 粒子密度与流体密度   D. 流体的水平流速

(3) 在滞流沉降区，颗粒的沉降速度与颗粒的（   ）成正比。

    A. d' B. d C. $d1$ D. $d2$

(4) 自由沉降的意思是（   ）。

    A. 颗粒在沉降过程中受到的流体阻力可忽略不计

    B. 颗粒开始的降落速度为零，没有附加一个初始速度

    C. 颗粒在降落的方向上只受重力作用，没有离心力等的作用

    D. 颗粒间不发生碰撞或接触的情况下的沉降过程

(5) 下列各项中不用于表示过滤推动力的是（   ）。

    A. 液柱静压力   B. 浓度差   C. 惯性离心力   D. 压力差

(6) 下列为间歇式操作设备的是（   ）。

    A. 转筒真空过滤机   B. 三足式离心机

    C. 平盘式真空过滤机   D. 立盘式真空过滤机

(7) 有一个两级收尘系统，收尘效率分别为80%和95%，用于处理起始含尘浓度为 8 g/m 的粉尘，

该系统的总效率为（　　）。

　　A. 80%　　　　　　B. 95%　　　　　　C. 99%　　　　　　D. 95.5%

（8）下列不属于袋式除尘器清灰方式的是（　　）。

　　A. 机械振打除灰　　　　　　　　B. 压缩空气振打除灰

　　C. 反吹灰除灰　　　　　　　　　D. 清洗除灰

（9）静电本体包括阴极、阳极、槽型极板系统、（　　）和壳体。

　　A. 电源装置　　　B. 振打装置　　　C. 集尘装置　　　D. 均流装置

（10）评价旋风分离器性能的参数不包括（　　）。

　　A. 生产能力　　　B. 分离因素　　　C. 分离效率　　　D. 压降

6-2　思考题

（1）斯托克斯定律区的沉降速度与各物理量的关系如何，应用的前提是什么，颗粒的加速段在什么条件下可以忽略不计？

（2）什么是间歇式沉降槽，什么是连续式沉降槽，为什么添加絮凝剂可加快沉降速度？

（3）沉降槽的深度设计是依据什么条件来进行的，为什么？

（4）什么是可压缩性滤饼，如何改善滤饼的性质以提高过滤速率？

（5）计算直径为 1 mm 的雨滴在空气（20 ℃）中的自由沉降速度。

7 电化学冶金设备

岗位情境

　　电化学冶金是利用电极反应而进行的冶炼方法，对电解质水溶液或熔盐等离子导体通以直流电，电解质便发生化学变化，在阳极（电流从电极向电解液流动）上发生氧化反应（称为阳极反应），而在阴极（电流从电解液流向电极）上则发生还原反应（即阴极反应）。根据所使用的电解液是水溶液还是熔盐，分为水溶液电解和熔盐电解。按过程的目的及特点不同水溶液电解冶金又可分为电解精炼（简称电解）和电解沉积（简称电积）。图7-1为某厂铝电解生产现场。

图 7-1　铝电解生产现场

岗位类型

　　（1）重金属冶金电解槽操作岗位；
　　（2）重金属冶金电解净液岗位；
　　（3）铝冶金电解操作岗位。

职业能力

　　（1）具有操作电解设备、阴阳极加工机组、起重设备等并进行智能控制与维护的能力；
　　（2）具有处理工艺设备故障，清晰完整记录生产数据的能力；
　　（3）具有较强的有色金属智能冶金技术领域相关数字技术和信息技术的应用能力。

电解是从矿石中提取有色金属的主要方法，是大多数有色金属生产的必要工序。

电解精炼用炼制的粗金属作为阳极，用该金属的盐水溶液作为电解质进行电解，从而达到分离粗金属中杂质和提纯金属的目的。电解精炼是火法冶金工艺提取高纯度有色金属的最后工序。

电解沉积采用不溶性阳极，用经过浸出、净化的电解液作为电解质，在直流电的作用下待沉积的金属离子在阴极上还原析出，制得纯金属。电解沉积是湿法冶金工艺中的最后工序（金属提取）。

熔盐电解是利用电能加热并转换为化学能，将某些金属的盐类熔融并作为电解质进行电解，以提取和提纯活泼金属。熔盐电解是获得活泼金属的最后工序。

7.1　电化学冶金工程基础

电解、电积与熔盐电解是冶金的基本过程。当电流通过电极与溶液（熔盐）界面时，将发生一系列的变化，称为电极过程。金属电极过程包括金属阴极过程与金属的阳极溶解和钝化。

（1）金属阴极过程。如果仅从电化学热力学考虑，只要 H^+ 发生足够的阴极极化，任何金属离子都可能发生阴极还原。金属电解沉积与电解精炼的基本过程是金属离子的阴极还原。这一过程不仅决定产物的质量（金属沉积物的纯度、结构和性质），而且影响生产的技术经济指标。

（2）金属电结晶过程。电解阴极板表面反应包括离子在阴极的还原（属电化学过程）和结晶过程（称为电结晶）。电结晶可用两种方式进行：一种是放电后的金属原子长入基体的晶格，即原有的未完成的晶面继续生长；另一种是新晶核的形成及长大。由于电极表面的状态及电位分布不同，在存在完整晶面及超电压较高时可能形成新晶核，而在晶面不完整以及超电压较低时，则多发生前一种电结晶。

电结晶也需要一种过饱和度，即超电压才能产生晶核。

在电解沉积和电解精炼金属时，电结晶的沉积量大、时间长，电流效率和电能消耗成为过程的主要技术经济指标；同时也要求电结晶平整致密，不产生枝晶和海绵状沉积物。

（3）金属阳极过程。电解冶金中涉及可溶阳极与不溶阳极。与阴极过程相比，阳极过程的产物可能具有多种形态，包括多价金属离子、金属氧化物、氢氧化物、盐类或气体等。这些阳极产物常不稳定，可能相互转化。涉及多电子反应的阳极过程往往失去最后一个电子的步骤速度最慢，因此容易造成中间价态离子的积累，引起副反应，如化学氧化和其他歧化反应。

7.1.1　水溶液电解工程基础

由于水溶液中电解存在待沉积的金属离子、氢离子和杂质离子参与反应，因此金属离子与氢离子存在共析的可能，特别是在酸性水溶液中。此外，待沉积的金属离子与杂质离子也存在共析的可能。电解沉积时它们来自浸出和净化后的电解液，而电解精炼时则来自待精炼的可溶性金属阳极（含杂质的粗金属），电解冶金的目的正是去除和分离这些杂质，因此应力求减少或避免它们在阴极共析。

大多数有色金属都可通过水溶液电解的方法加以提取或提纯。金属离子水溶液电解的可能性规律如图 7-2 所示。

水溶液电解冶金的优点是：具有较高的选择性，自多种金属盐混合物溶液中能够分离

	IA	IIA	IIIB	IVB	VB	VIB	VIIB	VIII			IB	IIB	IIIA	IVA	VA	VIA	VIIA	0
三	Na	Mg												Al	Si	P	S	Cl	Ar
四	K	Ca	Sc	Ti	V	Cr	Mn	Fe	Co	Ni	Cu	Zn	Ga	Ge	As	Se	Br	Kr
五	Rb	Sr	Y	Zr	Nb	Mo	Te	Ru	Rh	Pb	Ag	Cd	In	Sn	Sb	Te	I	Xe
六	Cs	Ba	La	Hf	Ta	W	Re	Os	Ir	Pt	Au	Hg	Tl	Pb	Bi	Po	At	Rn

水溶液中
可能电沉积出来

氰化物溶液中
可以电沉积出来

图 7-2 水溶液中金属配合离子电解的可能性规律

出纯的金属,用于金属提纯、精炼、多金属的综合利用,且对环境的污染较小,生产也较易连续化和自动化;控制电解条件,可以制得不同聚集状态的金属,如粉状金属、致密晶粒、海绵状金属、金属箔等。水溶液电解冶金还可用于制造金属粉末,如在水溶液中电解制取 Cu、Ni、Fe、Ag、Sn、Pb、Cr、Mn 等的金属粉末,在熔融盐中电解制取 Ti、Zr、Te、Nb、Be 等金属粉末;可以制备金属间合金、金属镀膜和金属膜,如 NiSn、Al_3Ni、AuSn、MnBi、PtBe 等。

7.1.1.1 电解精炼的电极过程

水溶液电解的电化学特性主要取决于电极过程的本性。在水溶液电解(电积)冶金过程中,常常涉及气体的电极过程,最为重要的是氢在阴极还原的电极过程和氧在阳极氧化的电极过程。

A 氢在阴极析出

在浓差极化影响可以忽略的条件下,氢在阴极析出的超电压与电流密度成近似对数关系,即

$$\eta = a + b\lg i \tag{7-1}$$

式 (7-1) 为塔菲尔 (Tafel) 公式。式中 b 的值大致相同,一般在 $100 \sim 140$ mV;a 值表示在电流密度 $i = 1$ A/cm^2 时的 η 值,它与电极材料、电极表面状态、温度、溶液组成等有关。对于析氢反应,可根据 a 值的大小将常见的电极材料分为三类:第一类为高超电压金属 ($a = 1 \sim 1.5$ V),主要包括 Pb、Cd、Hg、Tl、Zn、Be、Sn、Al 等;第二类为中等超电压金属 ($a = 0.5 \sim 0.7$ V),主要包括 Fe、Co、Ni、Cu、W、Au 等;第三类为低超电压金属 ($a = 0.1 \sim 0.3$ V),主要包括铂族金属,如 Pt、Pd 等。

在那些需要促进 H_2 析出的场合,应选用第三类金属作电极材料;在那些需要抑制 H_2 析出的场合,应选择第一类金属作电极材料。例如 Zn 电积提取过程中,应采用高超电压的 Al 板作阴极材料,以抑制氢析出,提高电流效率。表 7-1 是 25 ℃时不同电流密度下,氢在锌和铝上的超电压。由表 7-1 可见,氢在锌和铝上的超电压很大,改变了氢离子、锌离子在其上的实际析出电位顺序,故能用硫酸锌水溶液电积获得金属锌。

表 7-1 25 ℃时不同电流密度下,氢在锌和铝上的超电压

电极材料	电流密度/(A·cm^{-2})				
	30	100	500	1000	2000
氢在铝上的超电压/V	0.745	0.826	0.968	1.066	1.176
氢在锌上的超电压/V	0.726	0.746	0.926	1.064	1.161

　　B　氧在阳极析出

　　与氢的电极过程相比，氧在阳极析出的电极过程更加复杂，反应的可逆性低，而且超电压较高。其塔菲尔方程的 b 值约为 120 mV，a 与各种复杂因素有关，因此氧的超电压随电流密度、电极材料、电极表面状态、温度、电解质，以及溶剂性质、浓度等不同而改变。由于析氧电位很高，在电解冶金中为了使析氧反应进行，避免阳极电极材料的溶解，应选用一些低超电压的贵金属或处于钝化状态下的金属作阳极材料，如在锌和铜电解沉积时（H_2SO_4 介质）选用 Pb 或 Pb-Ag 合金作阳极材料。尽管如此，电极表面仍可能形成各种氧化膜，如 Pb 电极上形成 PbO_2 薄膜，表面状态也不断变化，反应历程变得更为复杂。

　　金属正常溶解时，阳极极化增大，电流密度提高。但有时会出现当电位增加到一定数值后，电流密度突然急剧减小，这种情况称为金属的钝化。

　　C　水溶液电解的阴、阳极组合方式

　　电解槽按电极的连接方式可分为单极式和复极式两类电解槽。单极式电解槽中同极性的电极与直流电源并联连接，电极两面的极性相同，即同时为阳极或同时为阴极。复极式电解槽两端的电极分别与直流电源的正负极相连，成为阳极或阴极。电流通过串联的电极流过电解槽时，中间各电极的一面为阳极，另一面为阴极，因此具有双极性。当电极总面积相同时，复极式电解槽的电流较小，电压较高，所需直流电源的投资比单极式省。复极式一般采用压滤机结构形式，比较紧凑，但易漏电和短路，槽结构和操作管理比单极式复杂。

7.1.1.2　有色重金属电解简介

　　A　铜电解

　　铜电解精炼时的电化学体系是阳极为粗铜，阴极为纯铜，电解液主要含有 $CuSO_4$ 和 H_2SO_4，电解精炼时的总反应为

$$Cu(粗) \longrightarrow Cu(纯)$$

　　在铜电解精炼时，电极电位较铜负的杂质可在阳极共溶，但不能在阴极与铜一同析出，而电极电位较铜正的杂质因不能在阳极共溶，只能进入阳极泥，当然也就失去了在阴极共析的可能性。这正是金属电解精炼的电化学原理。最危险的杂质是电位与铜接近的杂质，它们既可能在阳极共溶，又可能在阴极共析，因此它们在溶液中的浓度应加以控制，即通过定期地对电解液进行净化处理，来降低这些离子在溶液中的浓度。

　　B　铅电解

　　以硅氟酸和硅氟酸铅混合溶液作为电解液的贝茨（Betts）法铅电解精炼技术。硅氟酸对铅的溶解度大，电导率较高，稳定性也较好，价格相对较低，是其在铅电解精炼中得到应用的主要原因。在铋和锡的电解精炼中也采用硅氟酸型电解液。

　　铅电解精炼时的电化学体系是阳极为粗铅，阴极为纯铅，电解液主要含有 $PbSiF_6$ 和 H_2SiF_6。电解精炼的总反应为

$$Pb(粗) \longrightarrow Pb(纯)$$

　　与铜电解相似，粗铅阳极中含有多种杂质，按其在电解过程中的行为可分为三类，具体可参阅《铅冶金》。其中最难用电解除去的杂质是标准电极电位与铅接近的元素 Sn。从

理论上讲，它能同铅一起溶入电解液，然而实际上锡并不完全溶解，而是有一部分会留在阳极泥中。与铅一道进入电解液的杂质锡，由于其析出电位与铅接近，能与铅一起在阴极上析出。如果电解液锡含量过高，则必然导致阴极铅含锡过高。

C　锌电解沉积

锌电积电解液的主要成分为 $ZnSO_4$、H_2SO_4 和 H_2O，并含有微量杂质金属 Cu、Cd、Co 等的硫酸盐。$ZnSO_4$、H_2SO_4 在水溶液体系中，呈离子状态存在。当通直流电于溶液中时，正离子移向阴极，负离子移向阳极，并分别在阴、阳极上放电。

工业生产大多采用 Pb-Ag 合金（也添加 Ca、Sr 等元素）不溶阳极作为锌电解沉积的阳极，电解时阳极上的主要反应是析 O_2。

在工业生产条件下，设电解液中含 55 g/L Zn^{2+}，120 g/L H_2SO_4，密度为 1.25 kg/L（相应活度 $\alpha_{Zn^{2+}} = 0.0421$，$\alpha_{H^+} = 0.142$），电解液温度 40 ℃，电流密度 500 A/m^2。实际 $\varphi_{Zn^{2+}/Zn} = -0.83$ V，$\varphi_{H^+/H_2} = -1.16$ V。由于氢气超电压的存在，氢的析出电位比锌偏负，锌得以优先于氢析出，从而保证了锌电解沉积的顺利进行。生产实践中，氢的超电压直接影响电解过程的电流密度，因此总是力求增大氢的超电压以提高电流效率。

由于锌的析出电位较低，电解液中微量杂质的存在都会改变电极和溶液界面的结构，直接影响析出锌结晶的状态，降低电流效率和电锌质量。钴、镍、砷、锑、锗等杂质能在阴极析出，加速氢离子放电和锌反溶，形成各种形态的"烧板"。氯离子在阳极氧化成氯酸盐，严重腐蚀阳极，同时增加溶液中铅含量，使析出锌含铅量增加而降低锌的品级，同时缩短阳极寿命。氟离子能破坏阴极铝板表面的氧化铝膜，使析出锌与铝板发生锌铝黏结，致使锌片难以剥离。加入酒石酸锑钾，可缓解锌片难剥离的状况。因此锌电解沉积要求尽量除去电解液中的杂质，保证正常电极过程顺利进行。

7.1.1.3　水溶液电解要素

电解精炼是指利用不同元素的阳极溶解或阴极析出难易程度的差异提取纯金属的技术。一个完整的电解精炼必然包括的工艺要素如下。

（1）电解液。它是由酸及所电解金属盐组成的水溶液，例如铜电解液是由硫酸、硫酸铜组成的水溶液。组成是 40~50 g/L Cu^{2+}、150~180 g/L H_2SO_4。电解液需要循环。

（2）阳极板。符合一定物理规格和化学成分要求的原料极板。物理规格要求包括耳部饱满，板薄厚均匀适当、无飞边、无毛刺、无夹渣等。

（3）阴极。它就是经加工（拍平、压纹、铆耳、穿铜棒）制作而成的极板。始极片要求表面光滑、结晶致密、各处厚薄均匀，具有一定的硬度，板面无缺陷，通常要求始极片比阳极板长 25~30 mm。

（4）添加剂。在电解过程中，添加剂所起的作用是抑制粒子生长，使电析面光滑、结晶致密。国内通用的有胶、硫脲、盐酸等。

一个完整电解系统设备要素如下。

（1）电解槽系统。电解槽系统包括电解槽本体、电解液循环、导电与排列等系统。电解槽是电解车间的主体设备，是长方形槽子，内装阳极板和阴极，阴阳极交替吊挂，槽内有排液出口和排泥出口等。

（2）阴极制作机组。该机组的功能是制作电解槽上的阴极。例如，从钛母板上把铜剥离下来，经压纹、铆耳（穿棒）拍平加工后制作成阴极，然后把阴极排距，以备吊车吊至电解槽。

（3）阳极加工机组。该机组的功能是对从火法精炼出来的阳极板进行加工，达到电解工艺所要求的标准。该机组各工序为阳极板面压平、铣耳、压耳、阳极板排距等。

（4）电解产品洗涤机组。以铜电解为例，该机组的作用是把出槽后的电铜洗涤、烘干，抽出导电棒，将电铜堆垛、打包、称重。

（5）残极机组。该机组的作用是把出槽后的残极洗涤、堆垛、打包、称重等，然后把打包的残极送往火法精炼重熔。

7.1.2　熔盐电解工程基础

凡是在水溶液中实际析出电位比氢的实际析出电位更负的金属，就不能在水溶液中电解，必须用熔盐电解。一些重要的工业金属，如碱金属锂、钠、钾，碱土金属铍、镁、钙，以及产量极大的铝，都不能从水溶液中阴极还原析出，只能通过熔盐电解法进行生产。此外，一些在水溶液中难以生产的金属，如钛、锆、钽、铌、钨、钼、钒等也采用熔盐电解法进行生产，只是数量较少。熔盐电解也用于非金属的生产，其中最重要的是氟；另有一些非金属（如硼、硅等），也可通过熔盐电解法制取。

建立在电解质水溶液体系的电化学基础理论一般也可用于熔盐体系。但是熔盐电化学又另有一些特点：第一，因为不可能像水溶液一样，找到一种通用的溶剂，所以难以建立一个通用的电位序，各种熔盐在不同的溶剂中可能具有不同的电位序，即具有不同的氧化还原趋势；第二，因为熔盐的温度高，温度变化的区间大，所以电极电位的变化范围也大得多，甚至可能导致相互位置的变化，因此导致熔盐电极过程在热力学及动力学方面都另具特点；第三，因为熔盐中电极电位的测量也比较困难，缺少通用的参比电极，所以不易确定共同的电极电位标度，所得的数据也较难比较，如 850 ℃时，在 Na_3AlF_6 溶剂中金属的电位序为 Al、Mn、Cr、Nb、W、Fe、Mo、Ni、Cu、Ag；第四，温度同样影响分解电压的大小，影响电极过程；第五，熔盐电解可在很高的电流密度下进行，达到 10 A/m^2，远高于水溶液电解的电流密度（200~500 A/m^2），高温还对电化学反应器的材料及结构提出了特殊要求。

7.1.2.1　熔盐电解体系

在熔融盐电解质中进行的电解过程称为熔盐电解。用于熔盐电解的电解质有以下几种体系：以氯化物为主要电解质成分的熔盐电解体系（稀土熔盐电解的氯化物体系见图 7-3），以氟化物为主要电解质成分的熔盐电解体系，以氧化物为主要电解质成分的熔盐电解体系，以氟化物、氯化物混合熔盐为电解质的熔盐电解体系。

以冰晶石-氧化铝熔体为基础，再加入少量 AlF_3、MgF_2、CaF_2、LiF 等添加剂形成了比较复杂的电解质体系。我国预焙槽用的电解质接近低分子比型。采用低分子比型电解质，要求与电解槽的点式下料和比较完善的自动控制系统相配套，即保持半连续下料，保持电解质中较低的 Al_2O_3 浓度，此时这种电解质才好"操作"。

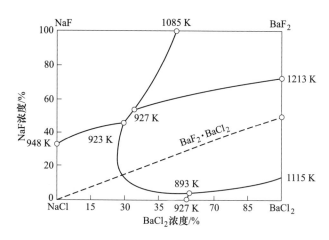

图 7-3 稀土熔盐电解的氯化物体系

低温电解质是指熔化温度（800~900 ℃）低于炼铝电解质的温度，它是铝电解行业长期追求的目标。

7.1.2.2 熔盐电解的电极过程

A 阴极过程

阴极上的主要过程是金属的析出。在熔盐电解中，金属产品以液态形式存在是较为理想的，这不仅有利于电解质与金属的分离，而且对提高阴极电流密度和浇铸都是有利的。在制取高熔点金属时，此时成功与否的关键取决于阴极产品的形态，通常希望得到致密完整的产品。为了避免阴极产品为固态金属，有时把另一低熔点、稳定的金属作为阴极，在阴极上直接生产合金，如用铝为阴极生产 Al-Ti 合金。某些液态金属化学性质非常活泼，在与其相对应的盐中有较大的溶解度，以致在电解中发生明显的二次反应，减少了电流效率，这时也可以采用一个惰性金属为阴极。

一般认为，在 970~1010 ℃，阴极电流密度为 0.4~0.7 A/cm^2 的情况下，阴极过电压为 50~100 mV。当阴极金属进入熔盐之后，熔体迅速变暗，这是阴极过程的副作用。阴极过程的另一个副作用是钠的析出。

B 熔盐电解的阳极过程

稀土熔盐电解时，阳极过程主要有两种：一种是氯离子放电和氯气的析出，这主要包括镁电解、钙电解、锂电解等的阳极过程；另一种是氧离子放电生成氧气或二氧化碳。

铝电解的阳极过程是十分复杂的。阳极过程对于铝电解生产中的顺畅与否关系密切，在生产中常把阳极比作电解槽的"心脏"。阳极的原生产物为何物，要依阳极材料而定。当采用炭阳极时，原生产物主要为 CO_2；采用惰性阳极时，原生产物为 O_2。

熔盐电解中的过电压主要由阳极产生。在铝电解中，阳极过电压高达 0.4~0.5 V；在电解 NaCl（NaCl-CaCl$_2$熔体）时，氯气在阳极上的过电压为 0.2 V。阳极产物是气体。气泡在逸出过程中对电解质形成强烈的搅拌，对电解质各成分的均匀是有利的。阳极表面生成的气泡不但增加了电极表面的电阻，而且也增加了没有被气泡覆盖部分的电流密度，于是就增加了阳极的过电压。

在阳极的电流-电压关系图上，随着电流的增加，电压达到一个最大值，而后电压降低，这个高峰的电流密度就是临界电流密度。该处表示出现了阳极效应。在许多熔盐电解中，都存在阳极效应现象。这种现象在铝电解中最为典型，一度曾作为一种加工制度。

阳极效应可以认为是一种堵塞效应。当阳极效应发生时，在阳极与电解质之间产生一气体薄膜，此薄膜阻碍电流的通过。而工业电解槽又相当于一个恒电流源，所以对于发生阳极效应的那台电解槽，槽电压必将骤然升高，而电流只略有下降。

电解中由于种种原因，氧化铝浓度减小到 $0.5\% \sim 1\%$ 时，氟离子开始在阳极表面放电，生成碳氟和碳氧氟等中间化合物，使得电解质对炭阳极的湿润性更差，气泡更难脱离电极表面，甚至可能在阳极底掌发展为一层"气膜"，使电极导电面积减小，真实电流密度大大提高，阳极电位和槽电压骤升，可从几伏增至几十伏，阳极附近出现电弧光和噼啪声，发生阳极效应。发生阳极效应之后就要及时熄灭阳极效应。

从阳极效应的发生机理可知，熄灭效应时，要尽快恢复阳极导电面积，消除阳极表面存在的气体膜，改善电解质同阳极的湿润性能，因此熄灭的方法如下。

（1）加入新鲜氧化铝后，插入阳极效应棒，后者急速干馏而放出大量气体，强烈搅拌电解质，排除阳极上的气膜，可很快熄灭阳极效应。

（2）用大扒刮除阳极底部的气膜也能很快熄灭阳极效应。

（3）下降阳极，接触铝液，瞬间短路，借助大电流通过电极，排除气膜（应尽量少用）。

（4）摆动阳极。此举的目的也是消除气膜，扩大阳极导电面积，达到消除效应的目的。

（5）氮气的性质比较稳定，在铝电解条件下不与铝及电解质反应，铝电解生产中也用氮气来灭阳极效应。将氮气通过预热后，用钢管从中缝通入阳极底掌。氮气流搅动电解质，破坏底掌的气膜，帮助气体逸出，改善电解质对炭阳极的湿润性，从而达到熄灭阳极效应的目的。

阳极效应与熄灭阳极效应是熔盐电解电极过程的一大特点。

C　熔盐电解的阴、阳极组合方式

按不同的原则，可把电解阴、阳极组合方式分为不同类型。熔盐电解中常见的阴阳极组合方式有9种，如图7-4所示。

把阴极与阳极组合起来就构成了熔盐电解槽的基本单元。按电极结构划分，可分为单极电解槽和多极电解槽；按电极性质划分，可分为活性电极电解槽和惰性电极电解槽；从阴极产品的形貌来看，可分为固体阴极电解槽和液体阴极电解槽（液体阴极电解槽可分为上浮阴极电解槽和下沉阴极电解槽，上浮阴极电解槽又可分为有隔板电解槽和无隔板电解槽等）。平行下插式电解槽如图7-4（a）（b）（d）所示；液体阴极下沉式电解槽如图7-4（c）所示；图7-4（i）也是下沉式阴极电解槽（为金属密度大于电解质的电解槽）；液体阴极上浮式电解槽如图7-4（e）所示，镁电解、锂电解时采用；固体电解质隔板式电解槽如图7-4（f）所示；旋转阴极电解槽如图7-4（h）所示；双极电解槽，变"平面反应"为"立体反应"，如图7-4（g）中的6室电解槽，1台电解槽就相当于6台单室的电解槽。

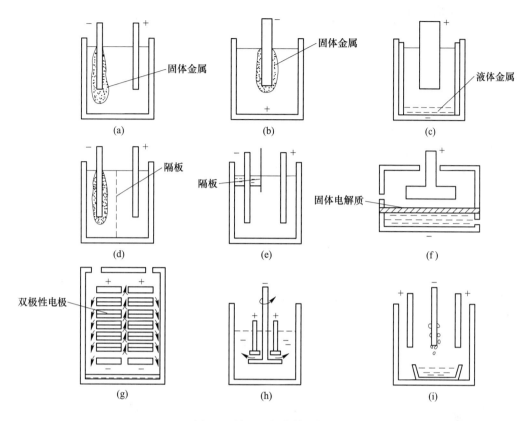

图 7-4 熔盐电解槽结构简图

7.1.2.3 熔盐电解的要素

一个熔盐电解过程包含电解质（熔盐）、原料（溶质）和电解槽结构三个方面。一个完整熔盐电解的设备要素如下。

（1）熔盐电解槽系统。它包括电解槽本体、上料系统、槽集气、导电与排列等系统。熔盐电解槽是电解车间的主体设备。铝电解槽的侧壁绝缘依靠底部保温侧部散热，使电解质凝结而绝缘，并配合一个特殊的启动工艺形成的一个"人工伸腿"。

（2）烟气净化系统。它是指电解铝烟气收集、净化与排放，包括电解槽集气、吸附反应、气固分离、氧化铝输送与机械排风五部分。

（3）阳极组装系统。将电解使用后的残极，清除电解质，残极压机、铸铁环压机、导杆检测、导杆校直，修理，导杆清刷、涂石墨和回转浇铸站，生产出合格的阳极。

（4）电解供电系统。一次采用双母线运行，厂用动力变压器带在Ⅰ组母线，整流机组带在Ⅱ组母线上，220 kV进线带与一段母线，通过母联断路器合闸带二段母线。

（5）铸造系统。以铝为例，由电解槽生产出来的铝液称为原铝液。原铝液经过铝液净化处理，再调配成分，由浇铸机铸成各种不同品位和形状的铝锭，然后经过检验和打捆，再过秤入库。

7.1.3　电化学冶金设备的评价指标

电化学冶金设备产出的就是目标金属，因此衡量电化学冶金设备的第一个评价指标就是阴极产品的质量。

7.1.3.1　阴极产品的质量

以铜为例，阴极铜的品质要求：铜精矿由电解精炼法或电解沉积法生产得到阴极铜。按《阴极铜》（GB/T 467—2010）的规定，阴极铜按化学成分分为 A 级阴极铜（Cu-CATH-1）、1 号标准铜（Cu-CATH-2）和 2 号标准铜（Cu-CATH-3）三个牌号。阴极铜化学成分的分析按 GB/T 5121 和 YS/T 464 的规定进行，仲裁分析方法为 GB/T 5121。表面质量用目视检测。

现行生产的所有电解过程，阴极产品的质量由电解的工艺技术把控，皆能够实现。

7.1.3.2　电流效率

电流效率是电解生产最重要的技术经济指标之一，电流效率是单位时间电解产出金属的质量与按法拉第定律计算的理论产出量之比，即

$$C_E = \frac{W_{实际}}{kIt} \tag{7-2}$$

式中，$W_{实际}$ 为电解产出铝的质量；I 为电流强度，A；t 为时间，h；k 为金属的电化当量，$kg/(kA \cdot h)$。Al 的电化当量为 0.333356 $kg/(kA \cdot h)$。

7.1.3.3　电耗与电能效率

在检验生产过程时，用生产过程的理论值和现行生产的实际值来表示电耗。

用化学方法将一种材料转变为另一种材料时，其理论最低的能源需求是基于制造这个产品的净化学反应。在炼铝（惰性阳极）的情况下，是由氧化铝制得金属铝（$2Al_2O_3 = 4Al + 3O_2$），其理论最低能耗是 9.03 $kW \cdot h/t\text{-}Al$。目前工业铝电解都采用碳阳极，总的理论最低能耗为 6.16 $kW \cdot h/kg\text{-}Al$。维持在这个最低值，反应非常缓慢，近乎平衡。

在实际生产当中，有产品不断排出，实际生产的能耗取决于这个过程的周边范围、参数数目、采样技术、测定准确度和数据精度。实际最低能耗为该项目采用了先进技术的最优设计值。美国曾规划至 2020 年电解铝的实际最低能耗为 11000 $kW \cdot h/t\text{-}Al$。

实际最低能耗：以所述过程采用了最好的技术和最好的管理进行各项单元操作情况下的综合能耗。

隐性能耗：是在线能耗（对现有企业内的作业进行实际测定）和发电、运输、生产燃料和原材料所需能耗的总和。

生产任何一种产品它的全面的能源需求和环境影响，须包括生产所用的原物料的能耗及其对环境影响。例如生产 1 kg 铝，其原材料的生产需要耗能 8.2 $kW \cdot h$，约占原铝生产总能耗的 28%。电解铝综合能源单耗是工艺能源单耗加上应分摊的间接能源消耗（压缩空气、燃气和铸造工序所消耗的电，压缩空气、燃气、重油、柴油、蒸汽、水及电解工序、铸造工序的动力、照明等），其计算式为

$$E_z = E_g + \frac{E_f}{P_{Al}} \qquad (7-3)$$

式中，E_z、E_g 分别为综合能源单耗与辅助工序单耗，$kW \cdot h/t$-Al；E_f 为铝电解的非直接电耗，$kW \cdot h$；P_{Al} 为铝产量，t-Al。

电能效率等于实际生产的能耗与理论最低能耗之比，用百分数表示。直流电能消耗简称直流电耗。一般可用每单位产量（kg 或 t）所消耗的直流电能表示，即

$$\eta_{电能} = \frac{E_z}{W_{理}} \times 100\% \qquad (7-4)$$

式中，$W_{理}$ 为理论耗电量，$kW \cdot h/t$-Al；$\eta_{电能}$ 为电能效率，%。

7.1.3.4 电解槽的容量

电解槽的容量也称作系列电流强度，就是通入一个电解槽的总电流强度（kA）。每一个电解系列都有额定的电压、额定电流强度，与之对应有一定金属的产量。额定电流强度一经确定，就应尽可能保持恒定。电解槽生产的技术参数是以电解槽的类型、电解容量和操作人员的技术水平确定。

水溶液电解也一样，额定电流强度下产出一定的金属产量，电解必须配备足够的电解容量及功率。

7.2 水溶液电解和电积的设备

动画

7.2.1 铜电解精炼过程及设备

铜的生产中，约有 80% 的铜是采用硫化物矿石，经火法熔炼和精炼后获得的阳极铜熔体铸成所需形状和尺寸的粗铜阳极板，再利用电解精炼进一步除去杂质获得纯铜。电解精炼常常是火法冶金过程的最后精炼工序。

7.2.1.1 铜电解精炼的方法

铜的电解精炼，根据所使用极板的不同，通常有常规电解精炼法、永久性阴极板法和薄形阳极板法。

A 常规电解精炼法

该法是自 19 世纪末用于生产以来应用最广的一种方法。常规铜电解精炼的主要操作包括阳极加工、始极片的生产和制作、装槽（向电解槽内装入阳极板和阴极板）、灌液、通电电解、出槽（取出阴极和残阳极），并对其进行处理等。

在实际生产中，首先是在种板槽中用火法精炼产出的阳极铜作为阳极，用钛母板（现在普遍采用钛母板）作为阴极，通以一定电流密度的直流电，使阳极的铜发生电化学溶解，并在钛母板上析出 0.5~1.0 mm 厚度的纯铜薄片，称为种板。将其从母板上剥离下来后，经过整平、压纹，再与导电棒、吊耳装配成阴极板（又称始极片），即可作为生产槽所用的阴极，因而称为阴极板。然后将粗铜阳极板和纯铜阴极板相间地装入盛有电解液（硫酸铜和硫酸水溶液）的电解槽内，通入直流电进行电解精炼。在电流的作用下，铜

在阳极上溶解并迁移至阴极进行电沉积，待沉积到一定质量时，将其取出，作为电解铜成品，即阴极铜。在电解槽的空位上，重新装入新阴极板，使生产连续进行。

当阳极板溶解到一定程度时，成为残阳极，简称残极。将其取出，并在其位置上装入新阳极，使生产继续进行。通常一块阳极可生产 2~3 块电解铜，即阳极板的使用周期为阴极板的 2~3 倍。如果阴极周期太长，则金属沉积太重，处理短路时劳动强度太大；如果阴极板周期太短，则阴极板交替次数多，工作繁重。目前多数工厂的阴极周期为 7~10 d。

电解液需要定期定量经过净化系统，以除去电解液中不断升高的铜离子，并脱除过高的杂质镍、砷、锑和铋等。

目前常规电解精炼法已被其他自动化程度高的方法所取代。

B　永久性阴极电解精炼法

美国的麦特柯（Metco）工厂率先采用这种方法，随后澳大利亚 ISA 公司的汤斯威尔铜精炼厂改进并完善了这种方法，故又称为 ISA 法（1978 年）。我国最早引进该技术的是江铜贵溪冶炼厂。此外，还有加拿大鹰桥公司的永久不锈钢阴极电解 KIDD 法（1986 年，我国铜陵的金隆公司采用的就是此工艺），以及奥托昆普公司的永久不锈钢阴极电解 OT 法（或 OK 法，我国的山东阳谷祥光铜业公司采用的就是此工艺）。

ISA、KIDD、OT 主要是阴极板和阴极剥片机组有差别，阴极板的区别主要是导电棒形式不同。ISA 采用 304L 不锈钢棒，截面为中空长方形（或截面为工字钢形），两端封闭，再镀厚 3.0 mm 的铜层，镀层覆盖全部焊缝，并延至阴极板面 55 mm 处，电阻率最低；不锈钢边沿开启小孔，并涂高分子胶，包边条与板面由胶黏附，并在开孔处卡子卡住。KIDD 采用实心纯铜棒，铜棒部分用不锈钢套牢牢裹住，强度高；不锈钢板与铜棒用铜焊料焊接，不锈钢套和铜焊缝间的缝隙用密封胶密封；绝缘边由聚丙烯材料经压铸而成，并进行热处理；然后加工成两边开槽形状，一边卡住不锈钢板，另一边套入聚丙烯棒增加夹紧力，夹边条与不锈钢之间粘一层胶带。OT 阴极板导电棒装置是内部为实心铜棒，外部为不锈钢，导电棒两头下部露出铜，使之与槽间导电棒接触，吊耳与板面之间用激光焊接，防腐蚀能力强。奥图泰采用槽面双触点导电排，每两个槽中间有一个无线发射装置，可以发射槽电压、短路、温度、电流等信息到控制中心。OT 不锈钢边沿开启小孔，包边条与板面采用机械方法黏附，熔塑挤压。

不锈钢阴极板由不锈钢母板、导电棒和绝缘边三部分组成，如图 7-5 所示。不锈钢阴极板的厚度一般为 3~3.75 mm。不锈钢阴极板可以反复使用，放入电解槽前也不需要加隔离剂、不需要矫直等。它在电解槽中受到阴极保护作用，不会发生腐蚀，实践证明其使用寿命可达 15 a 以上。

不锈钢阴极不易变形、垂直度好，生产中不易发生短路，槽面检查的工作量减少、极距缩短、电流密度增大，不会发生吊耳腐蚀现象。用通常质量的阳极板，阳极板使用周期 21 d，阴极板使用周期 7 d，即阳极板周期为阴极板周期的 3 倍。阴极的两面各剥离下一块铜，产出的电铜产品厚度为 5~8 mm。

ISA 剥片采用传统机械技术，KIDD 剥片采用机器人系统，OT 剥片采用传统机械技术。

从投资方面看，永久性阴极板电解法需要增加不锈钢板和电解铜剥离机组的费用。由

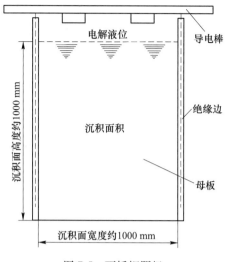

图 7-5 不锈钢阴极

于省去了阴极板制备系统,增加的投资可以由阴极板制作的费用来抵消。

永久性阴极板铜电解精炼法的操作包括阳极加工、装槽(向电解槽内装入阳极板和永久性阴极板)、灌液、通电电解、出槽(取出阴、阳极)、清洗阴极并剥下成品电解铜并对其进行处理等。由于永久性阴极板可反复使用,其操作前的准备工序大为简化。

C 薄形阳极电解精炼法

英国 BICC 公司首先采用哈兹列特连铸机铸成薄形阳极板。20 世纪 70 年代,日本三菱公司小名滨冶炼厂使用大电解槽进行薄形阳极板电解精炼法的生产,故这种方法又称大电解槽电解精炼法。

薄形阳极板法与常规电解法的唯一区别是使用的阳极板的浇铸方法不同。前者采用哈兹列特双带式连铸机,将阳极铜熔液连续地铸成板材(类似钢铁工业),经冲剪机冲切成所需形状和尺寸的阳极板。由于薄形阳极板的厚度通常约为 20 mm,仅为一般浇铸机浇铸的阳极板厚度的一半左右,故其使用周期与阴极板相同。这样,电解槽内铜的积存量减少(达 30%),槽内物料周转加快。

减薄阳极板厚度,相应极距也缩短,因此提高了生产力,但其残极率高。

该法作业过程与常规法相比,除需有阳极板浇铸工序外,其他基本相同。

7.2.1.2 铜电解精炼的设备与极板作业

A 电解槽

电解槽是电解车间的主要设备之一。电解槽为长方形的槽子,槽内附设有供液管、出液管或出液斗,以及出液斗的液面调节器等。槽体底部常做成由一端向另一端或由两端向中央倾斜,倾斜度大约 3°,最低处开设排泥孔,较高处有清槽用的放液孔。放液孔、排泥孔配有耐酸陶瓷或嵌有橡胶圈的硬铅制成的塞子,防止漏液。

图 7-6 为电解槽示意图。电解槽的槽体有多种材质,但现在普遍采用钢筋混凝土槽体结构。钢筋混凝土电解槽,槽壁和槽底一般厚度为 80~100 mm,为了承受电极的重量,槽

壁可以做得较厚，为100~120 mm。由于槽内电解液含硫酸160~230 g/L，温度55~65 ℃，具有很强的腐蚀性，因此电解槽必须进行妥当的防腐处理。

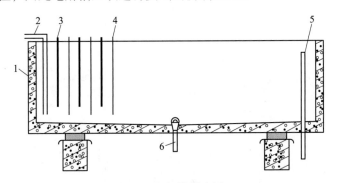

图 7-6　电解槽示意图
1—电解槽外壁；2—供液管；3—阳极；4—阴极；5—出液管；6—排泥管

电解槽的大小和数量直接影响车间的电解铜产量。电解槽的宽度一般为0.9~1.4 m，深度为1.2~1.6 m，长度则视各工厂的产量而定，一般为3.0~6.0 m。电解槽中，阴极边缘与槽侧壁应保持70~100 mm空隙，以便电解液均匀流动（循环），并防止极板触碰槽壁；电极下缘至槽底应有200~400 mm空间，以便储存阳极泥。

　　B　铜阳极板的要求

电解工艺对装槽阳极板的要求主要是化学成分、物理规格和物理外观与垂直度。图7-7为常用的铜阳极示意图。铜电解精炼的阳极板，在前期的火法精炼中应尽可能除去有害杂质（如As、Sb、Bi、Fe等），维持主金属Cu含量为99.0%~99.7%。

阳极的大小取决于工厂规模及生产条件。现代铜电解厂多采用大阳极板，长1000~3000 mm，宽800~1000 mm，质量320~360 kg/块，板面厚度均匀，阳极周期约为20 d，不仅劳动生产率提高，而且可节省辅助生产设备及土建投资费用，获得明显的经济效益。

阳极的浇铸：现代化的工厂普遍采用自动定量浇铸装置，它由中间包、浇铸包、称量装置、浇铸机和取板机组成，可保证每块阳极铜板具有比较固定的规格尺寸和质量，使阳极铜板在电解精炼过程中均匀溶解，降低残极率，从而减少残极重熔的能耗，并改善电解生产指标。

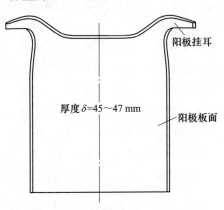

阳极挂耳

厚度 $\delta = 45 \sim 47$ mm

阳极板面

图 7-7　常用铜阳极示意图

　　C　铜阳极板准备的内容

铜阳极板准备工序主要是将从阳极板堆场运来的阳极板垛（一般每垛10~15块）进行分片；对阳极板板面及挂耳进行适当处理，以及按工艺要求的间距（80~120 mm）排列好，以备专用吊车将整槽阳极板吊运装槽。

（1）挂耳处理。其包括挂耳变形处理、底面拔模斜度处理和导电接触面处理。变形处理就是把发生变形的阳极板矫正。挂耳的变形通常有垂直弯曲、水平弯曲和水平扭转三种。现代化工厂可通过阳极准备机组的压平装置进行一部分矫正。阳极板有一定拔模斜度的斜平面，这种斜面使阳极板在电解槽内的垂直位置发生偏斜，矫正的方法是垫锒块或用铣刀削去多余部分。由于阳极板在堆场储存一段时间后，其表面会产生氧化层，装槽前最好对挂耳的导电接触面进行处理，以改善导电性能，降低接触电压。最简单的处理方法是在酸洗槽内浸泡或人工洗刷。

现代冶金工厂可通过阳极板准备机组，对挂耳采用机械化矫耳，并由耳部铣削机构将阳极板挂耳底部铣削成平面，保证了阳极板装槽后的垂直悬挂；同时，铣削后挂耳底部暴露出新鲜铜面，使接触面积增大、接触电压降低。

(2) 板面处理。影响阳极板板面平整的因素有两方面：一方面是浇铸工序对极板冷却不充分，顶板、取板的方式不合适等，使板面产生弯曲；另一方面是由于冶炼质量、浇铸设备运行的稳定性不佳等，使极板表面产生毛刺、荡边及鼓泡等缺陷。因此为了保证极板质量，应对浇铸设备的选型、操作管理有一定的要求；同时，当板面弯曲和局部凸出 5～10 mm 时，还应进行板面平整处理。

在现代化阳极板作业线上，设置卧式或立式压力机对板面进行多点平整或整体平整。多点平整是用若干个液压缸按多个分布点压平整，主要解决板的弯曲变形；整体平整是用一个液压缸，推动一块与阳极板板面尺寸相适应的压力板进行整体平整。整体平整不但可解决极板的弯曲变形问题，且可将板面的鼓泡、毛刺等压平。缺点是需要很大的压力且受力条件复杂。

阳极板经过阳极整形机组挑选、压板、铣耳、排距，与后面叙述的永久不锈钢阴极机组排距后，用具有同时吊装阴阳极的专用吊车装入电解槽内。

D 铜阳极板准备机组

铜阳极板准备可按工艺要求选用不同功能组合的机组，常见的有阳极板排列机组、阳极板矫耳→排列机组、阳极板平整→矫耳→排列机组，以及阳极板的平整→矫耳→铣耳→排列机组等。

图 7-8 为国内某厂的一台铜阳极板的平整→矫耳→铣耳→排列机组的布置图。该机组在平面上呈 L 形布置，立面为双层布置。其工作原理是：升降台接受叉车运来的阳极板，进行左右矫正后卸载到链式搬入输送机 1 上；搬入输送机 1 将阳极板送到端部的分片位置，由顶板装置及移载台车 2 将阳极板逐片移到步进式输送机 4 的横梁上，送入整形区，对阳极板板面及挂耳进行整形；整形后的阳极板由步进式输送机 4 运到出口端，由出口移载机送到调整输送机 5 上，经 1 号圆盘移载机 6 送入配列输送机 7，按 600 mm 间距排列，每 3 片为一组，送入挂耳铣削区；提升装置将 3 片阳极板提取、夹紧，切削机 8 铣削挂耳底面，然后重新下放到配列输送机 7 上，运至端部，由 2 号圆盘移载机 9 送入中间储备输送机 10，再由倾斜式输送机 11 送往排列输送机 13，按 105 mm 的间距排列整齐，以待吊车按每槽阳极板数（如 51 片/槽）一起吊运装槽。该机组处理的阳极板规格为 1000 mm×960 mm×45 mm，挂耳厚度为 40 mm，每片阳极板质量为 350 kg，机组生产能力为 300 件/h。

E 铜阴极板的准备

a 常规电解精炼法阴极板的准备

(1) 电解工艺对装槽阴极板的要求。电解工艺对装槽阴极板的要求主要是化学成分、

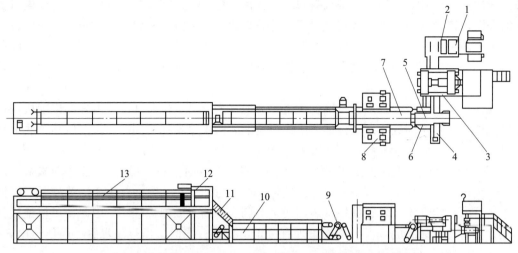

图 7-8　铜阳极板的平整→矫耳→铣耳→排列机组的布置图

1—搬入输送机；2—移载台车；3—压力机；4—步进式输送机；5—调整输送机；

6—1 号圆盘移载机；7—配列输送机；8—切削机；9—2 号圆盘移载机；

10—中间储备输送机；11—倾斜式输送机；12—转换装置；13—排列输送机

物理规格和物理外观与垂直度。

　　综上所述，阴极板是由种板槽生产的种板（或称为始极片），经与吊耳铆接并穿上导电铜棒而构成，如图 7-9 所示。

　　种板作为阴极铜板产品的"种子"，应具有优越的化学成分，因此生产中控制种板槽的工艺条件优于生产槽。

　　种板的规格尺寸应满足生产工艺的要求，即种板的长、宽尺寸应比相应的阳极板略大，以避免阴极板边部过厚或生成结瘤。

　　装槽阴极板应厚度均匀，边缘整齐，板面平整光滑、无较大的粒子，吊耳铆接牢固，悬直性好并使极板间距在极板的整个板面范围内均匀一致，与导电板接触良好。

　　由于纯铜的柔韧性较好，而种板的厚度只有 0.5~1.0 mm，致使阴极板面在运输、装槽等过程中容易产生弯曲、变形和凹凸不平，使电解槽中极板各部位的

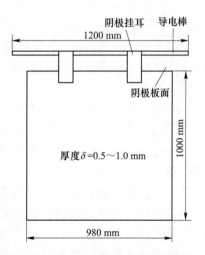

图 7-9　铜常规电解精炼法的阴极板

间距不等。板面上任何部位存在微小的凸凹不平，都将会在铜析出的过程中使其更加凸凹不平，甚至导致结瘤的生成和长大。板面变形将给极距调整带来困难，同时，结瘤和变形有时会引起同一槽内阳极板和阴极板间的接触短路。因此必须对种板进行相应处理，使其平整且具有一定的刚性。

　　影响接触电阻的因素主要有导电棒和吊耳及导电棒和导电板间接触的面积及其表面的状态。接触应在整个接触面上保持贴合状态，接触面应清洁，无氧化物和杂物等，以确保

其电解工艺达到最佳工况。

（2）铜阴极板的准备工序。铜阴极板的准备工序就是按工艺要求，将钛母板上剥离下来的种板（始极片）进行平整、定形后，与吊耳和导电棒装配在一起，组成阴极板。

1）对种板表面的处理。由于生产种板的钛母板表面质量和种板槽操作条件等原因，往往使种板周边不齐，板面带有结瘤，会影响电解铜的表面质量，因此除了要求钛母板的包边整齐、严格控制种板槽的生产条件并精心操作外，当产生上述弊病时，需用剪切机将周边剪齐，并用圆盘钢刷洗刷或用对辊碾压结瘤，使结瘤脱落或被碾平，以改善其表面质量。

2）种板变形处理。对种板必须进行平整、矫直和压纹，以提高其平直程度，增强刚性，使之不易变形，同时要求种板槽能生产出不易变形或容易进行平整的种板。一般来说，金属板在弯曲90°变形（弹性、塑性变形）时，在其内外侧将分别产生压应力和拉应力，当外力消失后，金属板将产生回弹（弹性恢复），弹性恢复的程度随板厚的增加而加大。但是电解后剥下的种板，虽然其端部比中部要薄，但由于集中于端部的电沉积物的残余应力的作用，其弹性恢复仍然很大，致使种板端部变形较大。实践证明，如适当延长生产种板的时间，增加种板的整体厚度，可使端部曲翘程度减小，平直度得到改善。通常种板的推荐厚度为 $0.5 \sim 1.0$ mm，最佳厚度为 $0.7 \sim 0.9$ mm。

对种板变形进行处理的方法有辊压处理和平压处理两种。辊压处理采用以辊式矫直机和辊式轧纹机为主体的多辊式装置，通过矫直，使板面平整；再通过轧纹，使种板刚性增加。平压处理采用压力机将种板板面直接压出各种纹路，这些纹路可同时起到平整板面和增强双向刚性的作用。图 7-10 为种板板纹的几种形式，其中辊压直纹最为常用。

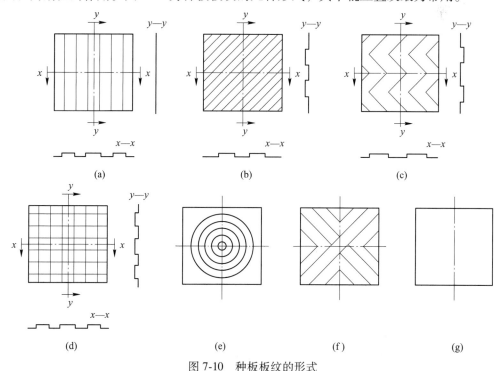

图 7-10 种板板纹的形式

（a）直纹；（b）斜纹；（c）波浪纹；（d）方块纹；（e）圆环纹；（f）人字纹；（g）平板

3）导电棒导电接触面的处理。导电棒一般用纯铜制作，截面为方形或中空方形，截面长、宽为 20~30 mm。导电棒的一端置于电解槽的导电板上，直流电经导电棒与导电板接触面流入，再经导电棒与两个吊耳的接触面后，流入阴极板。为改善接触面的导电性，各接触表面应进行如下处理：极板出槽后，用钢刷对导电板进行人工洗刷；在吊耳切制机组中，设置刷光机构，对其与导电棒接触的表面进行刷光；在电解铜出槽的洗涤机组中，用 1.5 MPa 的高压水对导电棒的导电接触面进行强烈冲洗；用导电棒抛光机进行抛光处理，除去表面的氧化膜，减小接触电阻。

（3）铜阴极板制备机组。铜阴极板制备机组的主要工序包括种板的供给及整形、吊耳的供给、导电棒的供给、导电棒的穿入、吊耳与种板的铆接装配及排列等。图 7-11 为国内某厂一台铜阴极板的多辊式矫直并轧纹-装配-排列机组的总图。其工作程序是：种板箱储运装置将种板箱逐箱运至取板处，由种板供给装置将种板从种板箱内逐块吸起，送入多辊式矫直装置，经矫直并轧纹后送至步进式装配台上；吊耳也由其供给装置从吊耳箱内逐片吸起，经垂直滑道借自重落下，送入装配台；导电棒由其供给装置逐根转送入装配台。步进式装配台将三者组合后送入钉耳机，铆接装配成阴极板；翻板机将水平状态的阴极板变换成垂直状态；经输送系统送入链式排板机，按 105 mm 的间距排列，以待吊车按每槽阴极板数（一般比每槽阳极板数少一块）吊起，装入电解槽。该机组的处理能力为 500 件/h。

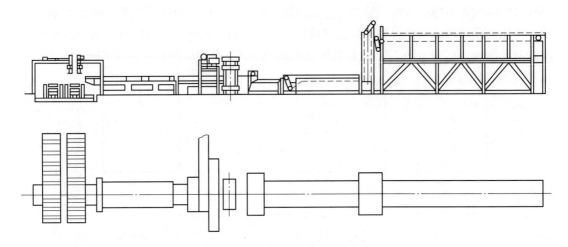

图 7-11　铜阴极板的多辊式矫直并轧纹-装配-排列机组的总图

b　永久性阴极电解精炼法铜阴极板的准备

（1）电解工艺对装槽阴极板的要求。

对装槽阴极板的主要要求是：提供高机械强度和尺寸准确性；良好的种板和吊架杆平直度，实现高电流密度；在高电流密度下，相同的工厂占地面积可实现更高的产量；阴极维护间隔期 4 年。

艾萨不锈钢阴极的结构如图 7-12 所示。该阴极由母板、导电棒和绝缘边三部分组成。母板材料为 316L 不锈钢，厚度 3.25 mm，表面光洁度 2B。从吊棒中心线到板底部两角分别为 2.5 mm 的阴极板垂直度。导电棒有两种，一种是导电棒截面为中空长方形，两端封闭，材质为304L不锈钢，与槽间导电板接触的底边被加工成圆弧形，焊在阴极母板上，并镀上铜，镀层厚度为1.3~2.5 mm（以2.5 mm为最佳），而且镀层覆盖全部焊缝并延伸至阴极表面，使导电棒具有良好的导电性和延伸性；另一种是导电棒为304L不锈钢挤压成工字形，并将工字形底边改为圆弧形，底边圆弧半径80 mm（另有一种为50 mm），镀铜层厚2.5 mm。阴极板的两侧垂直边采用聚氯乙烯强力挤压成型的挤压件包边绝缘，采用螺钉固定或销钉包合。由于挤压件具有较好的弹性，而密封性好可以不必喷涂高温蜡，这种绝缘边的使用寿命为3~4年。阴极板的底边不用绝缘包边，而是采用蘸蜡的方法，绝缘原因是底部包边在阴极剥离作业时容易损坏，而且底部包边处易沉积阳极泥而影响阴极铜质量并造成贵金属损失。

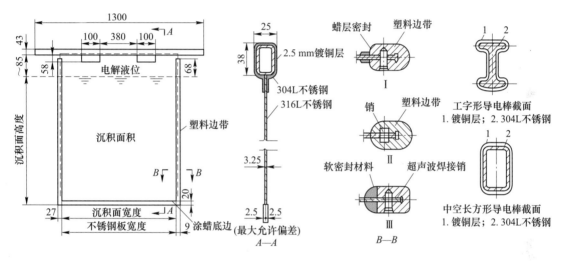

图7-12　艾萨不锈钢阴极的结构

KIDD与OT不锈钢阴极的结构如图7-13所示。该阴极由母板、导电棒和绝缘边三部分组成。母板由316L不锈钢板制造，极板厚度3.25 mm，表面光洁度2B，从吊棒中心线到板底部两角为5.5 mm的阴极板垂直度。导电棒为纯铜棒，与不锈钢阴极之间采用双面连接焊接，导电性能比艾萨法更好。KIDD不锈钢阴极的底边开有90°的V形槽，入槽前底边不蘸蜡，所以KIDD工艺剥离下的两块铜底边呈W形相连，目的是捆扎时可以压紧。KIDD阴极使用的绝缘包边为PVC塑料夹条和张紧棒，这种包边与板面有很好的密封性，不必再用螺栓紧固，也不需进行边部封蜡。

（2）铜阴极机组。

不锈钢永久阴极电解工艺的关键技术是阴极（剥离）机组。ISA法和KIDD法最大的区别在于阴极板的结构和使用不同的剥片机组。两种不锈钢阴极结构上的差异使它们用于电解精炼时的情况也不尽相同。

ISA法阴极（剥离）机组的功能如图7-14所示。与传统法的直线阴极剥离机组不同，艾萨法阴极剥离机组（涂蜡工艺）：从电解槽出来的阴极（铜）用吊车运输至机组进入链，机组接收、传递、热水洗涤，进入锤击区，气锤使铜板与不锈钢阴极板裂开，机械手剥离铜片；分离出的不锈钢阴极板沿运输链至极板检验，剔除不合格品，送维修；合格不锈钢阴极板进入下一道工序，涂边蜡与涂底蜡，再排距，由吊车把不锈钢阴极排板送至电

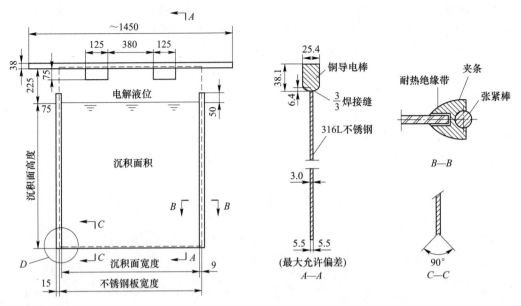

图 7-13　KIDD 与 OT 不锈钢阴极的结构

解槽；分离出的铜片从另一个运输链送往产品分支传送，经取样、压纹、堆垛打捆、检斤后送往入库。

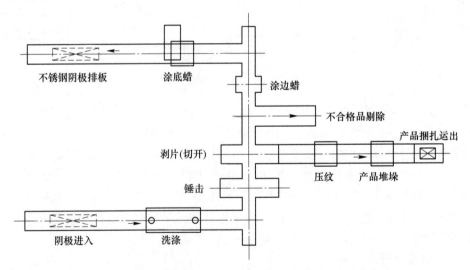

图 7-14　ISA 法阴极（剥离）机组的功能示意图

　　阴极板的两侧垂直边采用聚氯乙烯挤压件包边绝缘。包边绝缘挤压件用单一硬聚氯乙烯材料时，在每次装入电解槽前需在接缝处喷涂熔融的高温蜡进一步密封，防止包边缝隙内析出电铜。当挤压件采用软硬聚氯乙烯复合材料时，由于挤压件具有较好的弹性而密封性好，可以不必喷涂高温蜡，但后者的使用寿命不如前者。ISA 公司一直在考虑取消涂蜡，并于 1999 年推出了无蜡技术，改变了阴极板底部结构，并在阴极剥片机组上增加了将铜从底部拉开的功能，使阴极铜仍为单块产品。

KIDD 法阴极（剥离）机组的功能如图 7-15 所示。从电解槽出来的阴极（铜）用吊车运输至机组进入链，由多功能赛尔（圆圈形）机组接收、传递、热水洗涤，进入锤击区，气锤使铜板与不锈钢阴极板裂开，机械手剥离铜片；分离出的不锈钢阴极板沿运输链至极板检验，剔除不合格品，送维修；合格不锈钢阴极板折回到电解槽方向，排距，由吊车把不锈钢阴极排板送至电解槽；分离出的铜片从另一个运输链送往产品分支传送，经取样、压纹、堆垛打捆、检斤后送往入库。

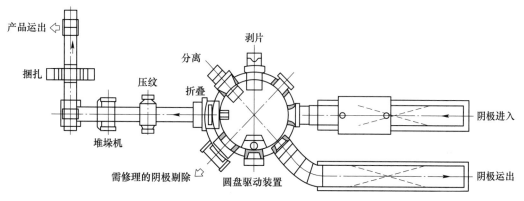

图 7-15 KIDD 法阴极（剥离）机组的功能示意图

F 常规电解精炼的阴极铜处理

在常规电解精炼中，当阴极板上沉积的电铜达到一定质量时，则需要进行电解铜出槽作业，并进行洗涤、导电棒抽出、电铜堆垛、捆扎、称量等处理。其中充分的洗涤是必需的，特别是对极板与吊耳装配间隙（吊耳的夹缝部位）更需仔细清理。

现代化电解车间采用先进的洗涤、堆垛机组处理阴极铜。图 7-16 为国内某厂使用的电解铜洗涤-集中抽棒-堆垛-称量机组。吊车从电解槽中吊出整槽（如 50 片/槽）电铜，沿导向喇叭口装到受板输送机 1 上，向前输送并逐块转入洗涤槽 3 上，极板间距为 105 mm，拉开至 300 mm 以便喷淋装置 2 对其进行喷淋洗涤，再由移载及集中装置 5 按每堆 20 片集中后，一起送入抽棒装置 6，由推棒器和夹送辊配合动作，同时抽出 20 根导电棒、20 片电铜由倾转装置 7 使之横倒，落在下方的输出输送机 8 上，经设在输出输送机中部的称量装置 9 称量后运至端部由叉车运走，或在端部进行捆扎后运出。

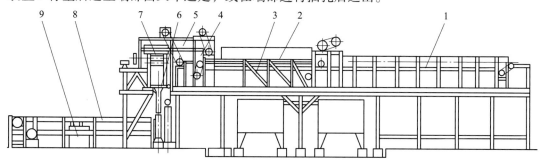

图 7-16 电解铜洗涤-集中抽棒-堆垛-称量机组

1—受板输送机；2—喷淋装置；3—洗涤槽；4—导电棒推出装置；5—移载及集中装置；
6—抽棒装置；7—倾转装置；8—输出输送机；9—称量装置

　　G　残阳极板处理

　　电解精炼中，阳极板因电化溶解而变得很薄，不能再进行电解时就须将残剩阳极板（简称残极）从电解槽内吊起，换上新的阳极板，以维持连续生产。残极取出后必须洗净附酸和阳极泥方可返回火法冶炼，浇铸成新的阳极板继续回到电解精炼。方便运输时，也要按一定规整的方式进行残极堆垛。因此，残极的洗涤和堆垛工序称为残极处理。大型生产厂对残极的处理也是采用专门的机组进行，其主要工序包括洗涤、堆垛、称量、输送等。铜电解的残极处理机组与铅电解的一样，下一节叙述。

　　除上述机组外，一些大型生产厂还采用导电棒储运机组、种板剥离机组、出装槽专用吊车等先进设备设施，以减少人工作业强度，使电解生产效率大幅度提高。

　　H　电解液循环

　　电解液的循环对溶液起到搅拌作用，并将热量和添加剂传递到电解槽中。电解液循环方法按电解槽排列布置不同可分为单级循环和多级循环。现在几乎用单级循环。

　　（1）单级循环。电解液由高位槽分别流经布置在同一个水平面的每个电解槽后，汇集流回循环槽。采用该循环方法的优点是操作和管理比较方便、阴极铜质量均匀，应用非常广泛。

　　（2）多级循环。电解槽布置成阶梯式的多级式循环。电解液自循环系统高位槽流经分液管（沟）进入位置最高的电解槽，然后流入其后位置较低的电解槽，最后从位置最低的电解槽流出后进入集液管（沟）。

7.2.1.3　铜电解车间的电路连接

　　铜电解车间内，电解槽按行列组合配置在一个操作平面上（距地面 3.3~4.5 m 高度），构成供电回路，一般按偶数列配置，每车间配置 4 列。

　　电解槽的电路连接，现在绝大多数都采用复连法，即每个电解槽内的全部阳极板并列相连（并联），全部阴极板也并列相连；而各电解槽之间的电路串联相接。电解槽的电流等于通过槽内各同名电极电流的总和，而槽电压等于槽内任何一对电极板之间的电压降。

　　图 7-17 为复连法的电解槽连接以及槽内电极板排列示意图。

　　在这些电解槽中，交替地悬挂着阳极板（粗线表示）和阴极板（细线表示）。一个槽的阴极板与下一个相邻槽的阳极板不直接接触。分配到每一个电解槽的总电流通过放置在电解槽一侧壁上的公共母线（即槽间导电板分配到阳极板），再通过电解液、阴极板将电流输送到另一侧壁上的槽间导电板上。阳极板的一个挂耳放置在呈正极的导电板上，另一个挂耳放置在另一侧的绝缘板上；阴极板导电棒的一端放置在呈现负极的导电板上，另一端放置在另一侧的绝缘板上。因此同一条槽间的导电板是一个电解槽的正极配电板，又是相邻电解槽的负极汇流板。

　　图 7-18（a）为具有对称挂耳的阳极板在电解槽内的悬挂情况（大型阳极板常用）；图 7-18（b）为具有长短挂耳的阳极板在电解槽内的悬挂情况（小型阳极板多用）。

7.2.2　铅电解精炼过程及设备

　　铅经火法精炼后，虽然也能得到纯度高达 99.995% 的精铅，但电解精炼能使铋和贵金属富集于阳极泥中，有利于综合回收，因此铅的电解精炼技术在我国、日本、加拿大等国

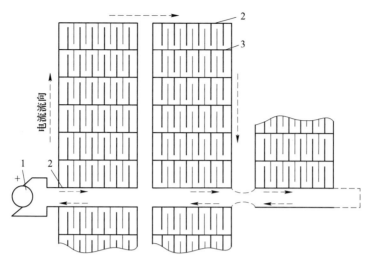

图 7-17 复连法连接以及槽内电极板排列示意图
1—电源（硅整流）；2—槽边导电排；3—槽间导电板

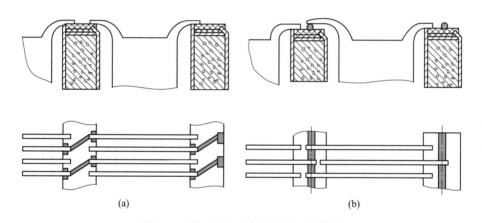

(a) (b)

图 7-18 阳极板在电解槽内的悬挂情况
（a）对称挂耳阳极在电解槽内排列；（b）长短挂耳阳极在电解槽内排列

家获得广泛的应用。

铅的电化学当量比较大，标准电极电位又较负，因此给粗铅电解精炼创造了有利的条件。电解精炼前，粗铅通常要经过初步火法精炼，以除去电解过程不能除去或对电解过程有害的杂质，同时调整粗铅中砷、锑含量，然后铸成阳极。粗铅阳极一般含 Pb 量（质量分数）96%~99%，杂质含量为 1%~4%。与火法精炼相比，铅电解精炼的流程简单、中间产物少，铅的产品质量和回收率都比较高，阴极铅 Pb 含量大于 99.99%。

7.2.2.1 铅电解精炼的工艺过程

铅的电解精炼是将初步火法精炼后的阳极铅熔体用圆盘浇铸机铸成阳极板作为阳极，将电解所得精铅熔化后，用带铸法在水冷式制片滚筒上连续铸成带状薄片，经剪切、穿棒、压合等工序，加工制成阴极板作为阴极，相间地装入盛有电解液的电解槽内，通入直流电进行电解精炼。铅自阳极上被溶解进入电解液，并在阴极上放电析出。当阴极上沉积的铅达到一定质量时，将其取出，沉积的铅即为成品电解铅，同时在槽内的空位上装入新的阴极板。阳极板被溶解到一定程度时成为残极，将其取出，回炉熔炼，并在电解槽的空位上装入新的阳极板，使生产继续进行。阳极板的使用周期一般为阴极板的1~2倍。

显然，铅电解精炼的作业过程与铜的常规电解精炼法相似。但因铅较软，易变形，所以铅的阴、阳极板制作与电解精炼作业密切配合，同步进行。即铅的阳极板和阴极板在熔炼车间浇铸制备后，直接将排列好的阴、阳极板转运至电解车间，吊装入槽。

铅电解精炼需要控制的主要工艺条件如下。

（1）电解液。铅电解厂用含总硅氟酸 150~160 g/L、Pb^{2+} 70~130 g/L 的电解液。游离 H_2SiF_6 浓度波动为 70~100 g/L，还要加入少量添加剂，如骨胶、木质素黄酸钠、β-萘酚等。一般来说，随电流密度的提高，电解液中铅和酸的浓度也应该相应增人。

（2）电解液温度。它受电流密度、气温及散热状况等条件的影响，一般波动为 30~45 ℃。电解液温度的高低对其比电阻有较大的影响。温度越高，电解液比电阻越小，但电解液蒸发损失增大，同时硅氟酸分解加快，消耗增加，分解产物 HF 和 SiF_6 气体既具腐蚀性，又具有毒性。但若温度过低，电解液导电性差，槽电压升高，电耗增大。

（3）电解液的循环。电解液的循环方式与铜电解精炼过程极为相似。一般采取上进液、下出液的循环方式，这样有利于悬浮的阳极泥颗粒沉降。电解液循环速度取决于电流密度、阳极成分和阳极泥层厚度。当电流密度在 120~220 A/m² 范围波动时，电解液循环速度相应在 15~30 L/min。

（4）电流密度。铅电解精炼的电流密度一般为 140~230 A/m²。

（5）同名极距。它通常在 80~120 mm 内选取。在电解过程中缩短同名极距可提高单槽产量，降低槽电压，但极距过小会使短路增多，电流效率下降。

（6）阴、阳极周期。为了减少短路和提高电流效率，阴极周期不宜过长，一般为 2~6 d。

采用一次电解，阳极周期与阴极周期相同。若采用二次电解，阳极周期为阴极周期的 2 倍。大型工厂多采用二次电解。

7.2.2.2　铅电解精炼的设备与极板作业

A　电解槽

铅电解槽与前述的铜电解槽，以及后面将要介绍的锌电解槽在结构、材质、防腐内衬等方面都很相似，电解液的进出方式也相似。电解槽的防腐衬里过去多为熔沥青，现在则为衬 5 mm 厚的软聚氯乙烯塑料。电解槽寿命可达 50 年以上。

电解槽槽体结构有整体式和单体式两种。整体式是将一系列电解槽槽体浇铸成一个整体。目前铅电解槽大多为钢筋混凝土单个预制，壁厚 80 mm，长度为 2~3.8 m，槽子宽度波动于 700~1000 mm，槽子总深度为 1000~1400 mm。

铅电解车间的电路连接与铜电解相同。铅电解槽的电路一般采用复联，即电解槽内的阴阳极为并联，槽与槽之间为串联。槽边导电板用若干紫铜片压延板组成，槽间导电棒多用紫铜制成，断面有实心圆、实心圆缺、矩形和正三角形多种。

B 起重装置

电解车间内的桥式起重机用于阴、阳极板出装槽、设备安装和检修。桥式起重机的台数与车间配置、生产规模、电解槽数、极板周期和操作制度等有关。根据实际情况选用适合的产品。阴、阳极板出装槽用起吊框架勾住极板吊起，落下退吊，如图7-19所示。

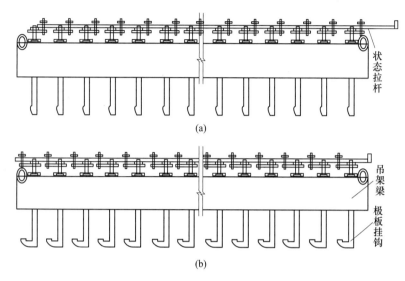

图 7-19 阴、阳极板出装槽用起吊框架示意图
(a) 退吊钩状态；(b) 起吊状态

C 电解液高位槽、集液槽与电解液循环

电解液高位槽用来调整进入电解槽溶液的压力和对进入电解槽的溶液加热，通常也在电解液高位槽补加电解的添加剂。电解液高位槽的容积为电解液总量的4%~8%。

集液槽有循环槽和地下套槽。循环槽置于一个大的地下套槽中，这样可以及时发现循环槽的滴漏，检修时又可以作电解液的短期储存使用。循环槽和地下套槽的容积分别为电解液总量的8%~10%。

电解液循环管道用工程塑料管，输送泵用PW型系列泵或氟塑料泵。大多厂家采用卧式离心泵。

D 阴极板洗槽和残极洗槽

从电解槽出来的阴极沉积板在阴极板洗槽中用水洗涤，回收阴极板带出的电解液。阴极板洗槽的尺寸与电解槽的相同，也可以深度略深，一个电解槽系列通常设2~4个阴极板洗槽。

一个电解槽系列通常设两个残极洗槽，一个用来收集残极，另一个用来洗涤残极，并设置洗刷机。

E 残极洗刷机

残极洗刷机有卧式与立式两种。多数工厂用立式残极洗刷机，如图7-20所示。

立式残极洗刷机是由电动机通过减速器带动齿轮箱中一组工作轴旋转，在洗刷槽上部等距离排列安装一组水平刷辊，其轴线与齿轮箱工作轴相对应，并用万向联轴器连接。刷辊中心距等于同极中心距，刷辊数量比阳极板数量多。洗刷时，起重机吊架将一槽残极插

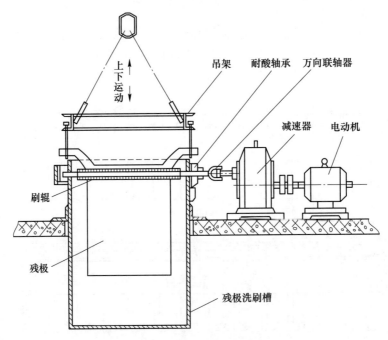

图 7-20 立式残极洗刷机示意图

入刷辊间，开动电动机使刷辊旋转，并用吊钩使残极沿垂直方向做往复移动，直至洗刷干净为止。

F 铅阳极的准备

由于铅阳极板中的杂质对铅阳极泥层的稳定性和析出铅的质量均有重大的影响，因此粗铅在铸成阳极板前一般需经过初步火法精炼，除去铜和锡等杂质，并调整锑的含量。

大中型铅厂通常采用阳极板浇铸联动线制作铅阳极。联动线包括浇铸锅、铅泵、定量浇铸包、圆盘铸模机、平板排板机、液压传动和微机控制系统等。铅阳极圆盘浇铸系统如图 7-21 所示。

圆盘浇铸系统主要由计量机械（包括一个中间包，两个浇铸包）、浇铸圆盘（包括圆盘驱动系统）、喷淋冷却系统、废阳极提起装置、阳极板提取机和冷却水槽、喷涂系统、液压系统、气动系统、电子控制系统等部分组成。

熔料炉上方设有一投料口，下方设有一出料口。该出料口与定量浇铸机相连接，该定量浇铸机设有一浇铸嘴，该浇铸嘴与圆盘浇铸机相连接。该圆盘浇铸机包括圆盘以及镶嵌于圆盘上数个浇铸模，在浇铸模的底端中心处均安装有顶推气缸。驱动器置于圆盘浇铸机的中心位置，圆盘浇铸机一旁安装有喷淋器，冷却器另一旁安装有下料机构。

铅阳极的大小主要取决于生产能力和制作方法，其长度一般为 400~1050 mm，宽度为 300~950 mm。铅阳极的厚度取决于电流密度、残极率、阳极使用周期和阳极中杂质含量等因素。我国铅厂的阳极厚度一般为一次电解 15~20 mm，二次电解小于 35 mm。

为了提高电流效率、降低残极率和保持阳极泥层的稳定性，浇铸阳极板时要求：浇铸温度均匀，阳极板厚薄一致，表面平整光滑，无氧化渣及其他夹杂物，无飞边、毛刺，挂耳处要平滑。

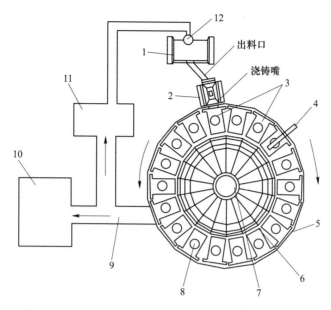

图 7-21 铅阳极圆盘浇铸系统示意图

1—熔料炉；2—定量浇铸器；3—浇铸模；4—喷淋冷却器；5—圆盘镶嵌边；6—浇铸机圆盘；
7—驱动器；8—顶推气缸；9—下料机构；10—阳极板排距；11—不合格品；12—投料口

G 铅阴极的准备

阴极始极片一般由含 Pb（质量分数）大于 99.99% 的电解铅制成。始极片的尺寸主要取决于生产规模、电流密度及其他工艺条件。为了消除因阴极边缘电力线密集所产生的厚边或瘤状结晶，阴极板尺寸一般比阳极板大（比阳极板长 20~40 mm，比阳极板宽 40~60 mm）。阴极板一般长 600~1200 mm，宽 400~1000 mm，厚 0.1~1.5 mm，质量为 8~20 kg/片。

始极片质量的好坏对电解过程有很大影响。一般要求始极片表面平整光滑，无飞边、毛刺，无氧化物夹杂，厚薄均匀，包裹导电棒与铅皮接触良好。由于始极片比较薄，在运送、装槽和电解过程中容易弯曲，从而使短路机会增多，电流效率下降。为了减轻始极片弯曲程度，提高始极片的刚度，可在浇铸始极片的铅液中加入大约 $1.5 \times 10^5 \%$ 的金属锑，也可在始极片上压制出各种图案的沟槽（与铜电解精炼相似）。

铅阴极板最简单的制作方法是模板浇铸，如图 7-22 所示。始极片铸模板为厚约 25 mm 的矩形钢板，两侧焊上高 30 mm 的凸缘。模板的内宽与始极片宽一致，长度比阴极板长 300~400 mm，以便折叠和包卷导电棒。铸模板顶端设一半圆形盛铅液的翻斗，从熔铅锅内将铅液舀入盛铅液的翻斗，倾动翻斗，铅液在沿斜板全宽向下流动并迅速凝固成一张薄铅片，其长、宽与铸模板内部尺寸相等。当铅液温度一定时，始极片的厚度可以用改变铸模板的倾斜度来控制，剩余的铅液流入接液斗，返回熔铅锅。为了加快浇铸速度，可在铸模板背后增设一个水套夹层，通入冷却水强制冷却。

薄片形成后，将导电棒放在支架上，剖开上部，弯折过来包住导电棒并拍合，然后从斜板上撕下整张薄铅片，放到平直机架上进行刮口和压紧。板面平直后即成铅阴极板。

铅电解的阴极导电棒由钢芯和铜导电层两种材料复合制成。复合电解阴极导电棒的截

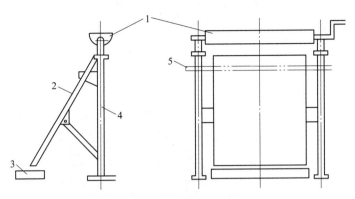

图 7-22　始极片铸模板示意图

1—翻斗；2—斜板；3—接液斗；4—机架；5—导电棒

面有方形、圆形、长方形。钢芯采用低碳钢制作，钢芯有方形、圆形、长方形。

把上述步骤集成在自动机组完成，就是始极片制作的联动线机组。图 7-23 为铅始极片制作联动线机组的生产过程简图。

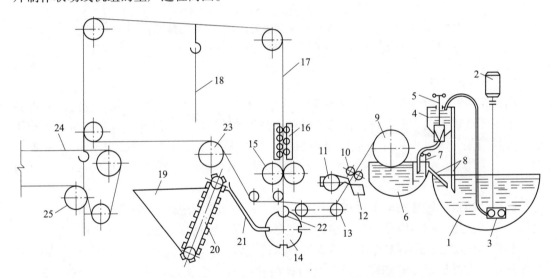

图 7-23　铅始极片制作联动线机组的生产过程简图

1—熔铅锅；2—电动机；3—铅泵；4—高位调量斗；5—调节塞杆；6—储铅池；7—闸板；8—回液管；
9—黏片滚筒；10—牵引辊；11—剪切机刀辊；12—剪切机刀座；13—胶带输送机；14—喂棒盘；
15—压合机；16—矫直机；17—输送机；18—铅片；19—储斗；20—上棒输送机；21—排棒滑道；
22—提升链钩；23—主动链轮；24—排板机；25—排板机主动链轮

始极片制作的联动线机组生产率高，适应性强，已广泛用于大中型工厂。该机组用微机控制，依靠液压和机械传动，通过光电信号无触点控制，可完成始极片自动化生产过程。产出始极片精度高，刚度好，大大减少电解槽内短路现象。机组由铅液供给系统、薄片连续铸片装置、导电棒供给装置、铅阴极板装配装置、排板装置等组成。

H　阴极铅的拔棒机与抛光机

铅电解阴极导电棒拔棒机包括电铅片输送主体箱、位于主体箱内的输送链条、位于输送链条上方的洗涤残酸机构和铅片位置纠正机构、位于输送链条末端的铅片翻板接收机构，以及位于铅片翻板接收机构后的带输送轨道的拔棒平台，在拔棒平台上设置有拔棒压片固定机构，在拔棒平台的末端设置有横向拔棒机构，在拔棒机构旁设置有铅片输出机构，在拔棒机构的拔棒方向对应设置有铜棒夹棒回收机构。

铅电解导电棒的抛光机组运行步骤：第一步，导电棒自动输送到位，控制导电棒按规律移动；第二步，将砂斗内的砂丸通过压缩空气负压吸入沙管，转送到喷枪，进行气砂按比例混合；第三步，混合后的砂丸通过多方位配置的喷枪喷嘴，高速喷射到规律移动的导电棒全表面，进行抛光；第四步，抛光结束，自动吹净导电棒表面粉尘后，导电棒传送到排列机；第五步，自动回收砂丸，分离处理进行砂丸再生、除尘。

7.2.3　锌电解沉积过程及设备

世界锌产量中80%以上是以湿法生产的。锌的电解沉积是湿法炼锌的最后一个工序，是从含有硫酸的硫酸锌水溶液中电解沉积纯金属锌的过程。锌精矿焙烧、浸出、净化作业的好坏，都将在电解过程中明显地显示出来。

7.2.3.1　锌电解沉积过程

目前国外许多工厂倾向采用低电流密度（$300 \sim 40400 \ A/m^2$）、大阴极 $1.6 \sim 3.4 \ m^2$，以适应机械化、自动化作业及降低电耗。我国大多数工厂采用低电流密度的上限和中电流密度的下限，为 $450 \sim 550 \ A/m^2$。

锌的电解沉积（简称锌电积）一般以酸性硫酸锌水溶液作为电解液。随着电解过程的进行，电解液中的含锌量不断减少，硫酸含量不断增加。为了保持电积条件的稳定，当溶液含锌为 $45 \sim 60 \ g/L$、H_2SO_4 为 $135 \sim 170 \ g/L$ 时，则作为废电解液，抽出一部分返回浸出工序作为溶剂，另一部分仍留在电解系统中循环使用；同时相应地加入净化了的中性硫酸锌溶液（新液）以补充所消耗的锌量，维持电解液中一定的锌含量和 H_2SO_4 浓度，并稳定电解系统中溶液的体积。电解 $24 \sim 48 \ h$ 后，将沉积在阴极铝板两面上的厚度为 $2 \sim 4 \ mm$ 的成品电锌剥下，经熔铸即得一定规格尺寸的产品锌锭。

符合要求的阴极铝板重新装入电解槽内，必要时对阴极板进行修整处理，如板面清刷和平整、处理导电头、上绝缘套等。阳极板一直放在槽内，但在电解沉积过程中阳极板上的阳极泥层会逐渐增厚，致使阳极接触短路的可能性增大。此外，在阳极板上的阳极泥层增加到一定厚度时，会成块脱落，在脱落的局部面上，阳极电流密度急剧增大，使该处的铅阳极急剧溶解，导致溶液中铅含量升高，降低了析出锌的质量。因此，要定期洗刷阳极板上的阳极泥，一般 $7 \sim 10 \ d$ 清刷一次。清刷工作是在出槽时取走阴极后，在两块相邻阳极板间用刷子上下刷动即可刷落阳极泥。当阳极板不能再使用时，用新的阳极板更换。

7.2.3.2　锌电解沉积的极板准备和处理

锌电解沉积的电解槽与铜电解精炼生产极为相似，在此不再赘述。

A　阳极准备

阳极由阳极板、导电棒及导电头组成。阳极板大多采用含 Ag 的 Pb-Ag（—Ca—Sr）压延制成，比铸造阳极强度大、寿命长。按其表面形状不同有平板与花纹板之分，花纹阳极板虽然表面积大、电流密度小、质量轻，但强度差，不便于清理阳极泥，所以现在大多数工厂采用压延的铅银合金平板作为阳极板。阳极制作过程如下。

（1）熔化：将电铅或旧的阳极板熔化、掺银，调整合金成分。

（2）铸造：将铅银合金铸成厚度为 25～50 mm 的铸坯。

（3）压延：在压延机上将铸坯轧制成厚度约为 6 mm 的 Pb-Ag 合金板。

（4）裁剪：将铅银合金板按阳极板规格裁剪。

（5）装配：先将铜质导电棒进行酸洗、包锡（热镀）、铸铅，然后与 Pb-Ag 合金板焊接装配成阳极，如图 7-24 所示。

阳极板尺寸由阴极板尺寸而定，一般为长 900～1000 mm、宽 620～720 mm、厚 5～6 mm，重 50～70 kg/片。使用寿命 1.5～2 年。

为了减少极板变形弯曲、改善绝缘，应在阳极板边缘装绝缘套。多采用硬聚氯乙烯、聚乙烯等制成绝缘套，套在阳极两边，如图 7-25 所示。

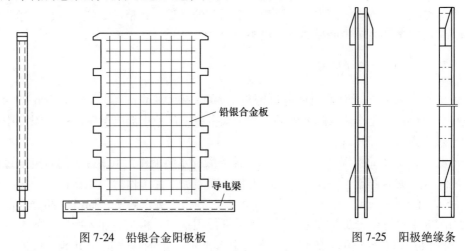

　　　　图 7-24　铅银合金阳极板　　　　　　　图 7-25　阳极绝缘条

B　阴极准备

阴极由阴极板、导电棒及铜导电头（或导电片）组成。阴极板用压延纯铝板（$w(\mathrm{Al})>99.5\%$）制成，要求表面光滑平直，以保证析出锌致密平整。阴极板导电棒用铝或硬铝加工，铝板与导电棒焊接或浇铸成一体。导电头一般用厚为 5～6 mm 的紫铜板做成，用螺钉、焊接或包覆连接的方法与导电棒结合为一体。根据阴、阳极连接方式的不同，导电头的形状也不相同。图 7-26 为阴极示意图。

阴极要比阳极宽 30～40 mm，一般尺寸为长 1020～1520 mm、宽 600～900 mm、厚 4～6 mm，重 10～12 kg/块。为了防止阴极、阳极短路及析出锌包住阴极周边造成剥离电锌困难，阴极的两边缘黏压有聚乙烯塑料条，可使用 3～4 个月不脱落。也可将一个聚氯乙烯的绝缘支架固定在电解槽内，使其刚好能夹住阴极边缘，起到同样的绝缘作用，如图 7-27 所示。后者对机械化剥离锌片有利。

锌电解车间的配置和供电情况与铜电解相似，一般也以偶数列配置。每个电解槽内交错装有阴极、阳极，依靠阳极导电头与相邻一槽的阴极导电头采用夹接法（或采用搭接法通过槽间导电板）来实现导电。列与列之间设置导电板，将前一列的最末槽与后一列的首槽相接，因此槽与槽之间为串联，槽内各极板之间为并联。

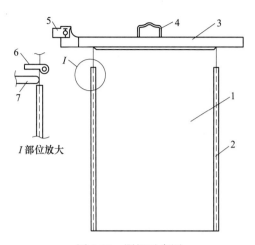

图 7-26　阴极示意图

1—阴极铝板；2—聚乙烯绝缘边；3—导电棒；4—吊环；5—导电片；6—可旋式绝缘边；7—开口刀

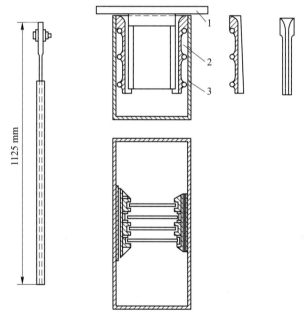

图 7-27　阴极插入绝缘支架槽内的示意图

1—阴极板；2—聚氯乙烯绝缘支架；3—电解槽内衬

7.2.3.3　锌片剥离

沉积在铝板上的阴极锌用剥锌机进行锌与阴极板分离。随着锌电积采用大阴极（2.6 m^2/片）或超大阴极（3.2 m^2/片），必须有相适应的吊车运输系统和机械剥锌自动化系统。

剥锌机组最基本的功能是将电解沉积在阴极板上的成品电锌剥离下来。由于出槽的阴极板上有酸液，剥离前需清洗干净，剥离下来的成品锌要堆垛和输出；对剥离后的阴极母板要进行处理、排板、吊装入槽、重复使用；对损坏的母板需进行更换。一台完善的剥锌机组应能较好地完成上述诸项作业。

目前已有四种不同类型的剥锌机用于生产：第一种是马格拉港铰接刀片式剥锌机，它将阴极侧边小塑料条拉开，横刀起皮，竖刀剥锌；第二种是比利时巴伦两刀式剥锌机，它用剥锌刀将阴极片铲开，随后刀片夹紧，将阴极向上抽出；第三种是日本三井式剥锌机，即先用锤敲松阴极锌片，随后用可移式剥锌刀垂直下刀，将铝板两侧的锌同时剥离；第四种是日本东邦式剥锌机，在使用这种装置时，阴极的侧边塑料条固定在电解槽里，阴极抽出后，剥锌刀即可插入阴极侧面露出的棱边，随着两刀水平下移，完成剥锌过程。

锌片剥离装置的类型通常有三种：第一种是机械铲刀式单片两步锌片剥离机组，该机组设计生产能力为 300 片/h；第二种是机械铲刀式多板两步锌片剥离机组，适用于图 7-26 中具有可旋式绝缘边的阴极板锌片剥离；第三种是机械铲刀式多板一步锌片剥离机，其特点是设备结构简单，占地面积小，运输系统简单，不用转运设备（见图 7-28），它要占用车间吊车，生产能力大，剥片成功率达 99.5% 以上，阴极板无需每次装槽前进行刷板（但对电解液杂质含量控制较严），简化了阴极板的处理过程。

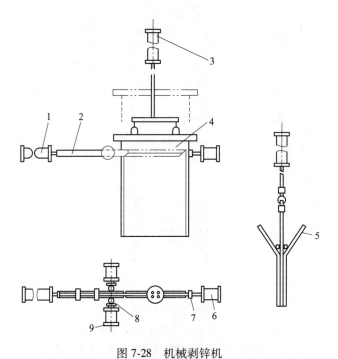

图 7-28　机械剥锌机

1—铲刀驱动气缸；2—铲刀；3—阴极板提升气缸；4—阴极板；5—锌片；
6—V 形挡铁气缸；7—V 形挡板；8—压滚；9—压滚气缸

剥锌的工作原理以图 7-28 所示的机械剥锌机为例说明。工作时，两把铲刀 2 同时向前伸出一段距离，压滚气缸 9 动作，使铲刀紧贴阴极板。此时，另一侧的 V 形挡板 7 使阴极板保持在规定位置上。铲刀从锌片的左上角插入锌片与阴极板之间，阴极板提升气缸将阴极板向上提升一小段距离，以便铲开一个缺口，然后铲刀顺势从一侧至另一侧水平进刀，使锌片在全宽上开缝；继之，铲刀位置保持不变，利用提升气缸将阴极板继续上提，以使锌片从阴极板上完全剥离下来。

7.2.3.4 自动剥锌机组

其结构如图 7-29 所示，生产能力大，剥片成功率达 99.5% 以上，阴极板无需每次装槽前进行刷板（但对电解液杂质含量控制较严），简化了阴极板的处理。

2013 年起，"优瑞科"在吸收国外先进技术的基础上，研发了自动化控制系统、远程监控及故障诊断系统等关键技术，首创仿生结构分离刀及针对薄板、粘板、烧板等国产工艺状况的预开口功能等，成功研制出国内首套集清洗、分离、打包堆垛为一体的电解机器人自动化生产线，并实现技术升级换代（在图 7-29 所示的自动剥锌机组基础上加仿生结构）。

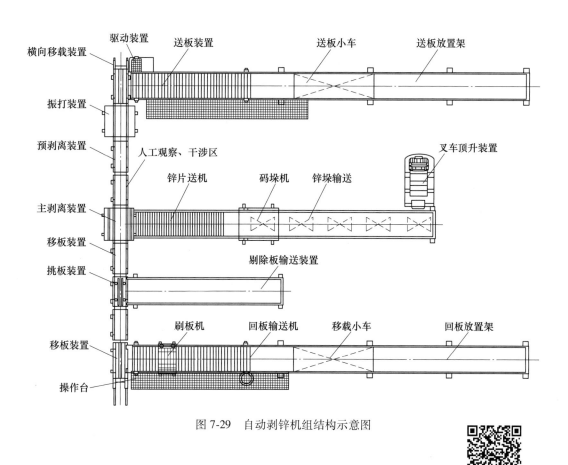

图 7-29 自动剥锌机组结构示意图

动画

7.3 熔盐电解设备

因为高温熔盐的腐蚀性很强，所以选定装置的制造材料很重要，熔盐电解槽用钢板制作，内衬碳质材料，用散热冷却电介质，靠近槽壁处有一定厚度的熔盐结成"冻结层"，此冻结层可以保护槽壁，因此能否顺利形成冻结层是熔岩电解技术的关键。

7.3.1　熔盐电解槽的结构

根据所电解金属的不同，熔盐电解设备也不同。以下就熔盐电解最重要的生产（铝的电解）做简要的介绍。

7.3.1.1　工业上典型的熔盐电解槽

A　稀土熔盐电解槽

熔盐电解法可以生产混合和单一稀土金属，其可分为两种电解质体系：稀土氯化物电解质（RECI-KCl）、稀土氧化物电解质（REO-REF$_3$）；前者为二元电解质，后者为三元电解质（增加 BaF$_2$ 或 LiF）。以氯化物稀土熔盐为电解质、稀土氧化物为原料的电解槽结构如图 7-30 所示。

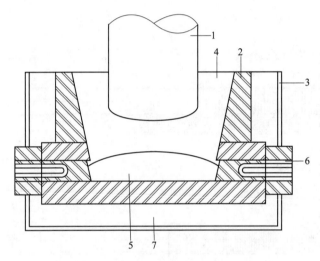

图 7-30　氯化物稀土熔盐电解槽结构简图

1—石墨阳极；2—耐火砖槽体；3—铁外壳；4—电解质；5—稀土金属；6—铁阴极；7—保温材料

B　活泼轻金属的熔盐电解槽

元素周期表中第 1 主族、第 2 主族元素的性质很活泼，相对密度小，这类轻金属的电解槽如图 7-31、图 7-32 所示。

熔盐电解的能耗很高，其能量平衡及节能具有重大的经济效益。这当然也和熔盐电解在高温下进行关系密切。能用水溶液电解获得金属的，就不用熔盐电解。

7.3.1.2　工业铝电解槽

冰晶石-氧化铝熔盐电解炼铝方法自 1888 年用于工业生产以来，随着铝电解生产技术的不断发展，以及能源成本的不断上涨和环境保护要求的日趋严格，电解槽的结构和容量也发生了重大变化，并不断地向大型化、自动化发展，其中最为明显的是阳极结构的变化。它的阳极结构的改进顺序大致是小型预焙阳极→侧部导电自焙阳极→上部导电自焙阳极→大型不连续及连续预焙阳极→中间下料预焙阳极。

我国 2000 年取消自焙阳极电解槽、小型预焙阳极电解槽。现代铝工业已基本采用容

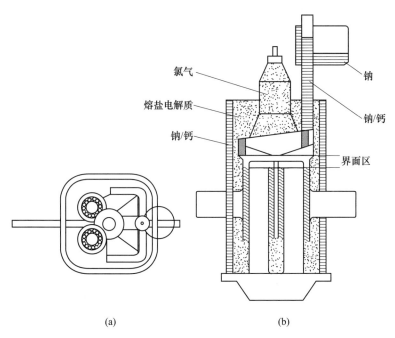

图 7-31 钠电解槽示意图
（a）顶视图；（b）正视图

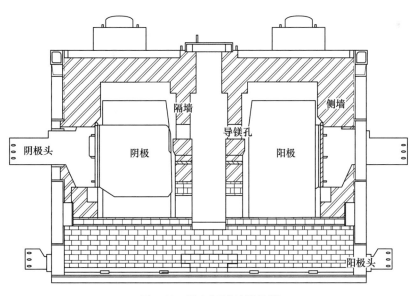

图 7-32 镁电解槽的结构简

量在 200 kA 以上的大型预焙阳极铝电解槽（预焙槽）。因此本章主要以大型预焙槽为例来讨论电解槽的结构。

预焙阳极电解槽是先把阳极糊用成型机（振动或挤压）制成块状，预先在焙烧炉中焙烧好，再与铝导杆、钢爪等构件组装成阳极组（或称阳极块），然后直接挂在电解槽的阳极母线上来进行生产，这样的铝电解槽简称预焙槽。

工业铝电解槽通常分为阴极结构、上部结构、母线结构和电气绝缘四大部分。各类槽工艺制度不同，各部分结构也有较大差异。

预焙阳极电解槽分为边部加工（下料）预焙阳极电解槽和大型中间下料预焙阳极电解槽，后者为目前铝电解生产电解槽的主流，结构如图 7-33、图 7-34 所示，我国一种200 kA 中心点式下料预焙槽的结构图（总图）如图 7-35 所示。

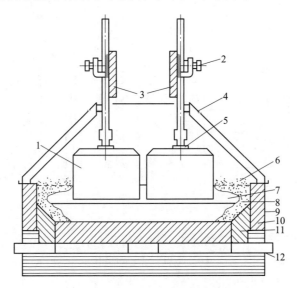

图 7-33　边部加工预焙阳极电解槽

1—炭阳极；2—夹具；3—母线；4—槽罩；5—钢爪；6—氧化铝结壳和保温料；7—电解质；
8—炉帮；9—钢槽壳；10—侧部炭块；11—捣固糊（人造伸腿）；12—阴极钢棒

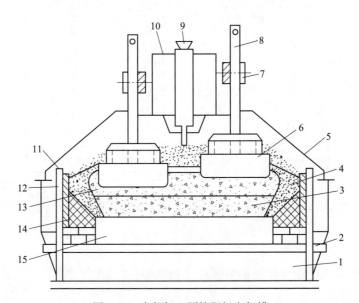

图 7-34　中部加工预焙阳极电解槽

1—槽底砖内衬；2—阴极钢棒；3—铝液；4—炉帮（边部伸腿）；5—集气罩；6—阳极炭块；
7—阳极母线；8—阳极导杆；9—打壳下料装置；10—支撑钢架；11—边部炭块；12—槽壳；
13—电解质；14—边部扎糊（人造伸腿）；15—阴极炭块

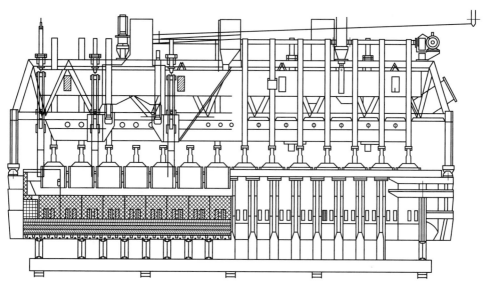

图 7-35　我国一种 200 kA 预焙铝电解槽结构图（总图）

中间下料预焙阳极电解槽采用点式下料器，每台电解槽有 3~6 个打壳下料装置，定期向槽中加料。它是一种具有较高电流效率、能耗低、产量高、劳动生产率高的槽型。这类电解槽的主要特点表现在四个方面：第一个方面采用大面多点进电方式，阴极母线采用非对称性母线配置，以抵消相邻列电解槽的磁场影响；第二个方面采用窄加工面技术、单围栏槽壳和双阳极大阳极炭块六钢爪结构，既可以节省电解槽的材料用量、降低投资，又能提高相应的生产指标；第三个方面氧化铝输送系统采用全密闭的浓相和超浓相输送技术，该系统结构简单、能耗低、无污染；第四个方面采用干法净化技术用氧化铝吸附含氟烟气，往大气排出的烟气应达到国家环保排放标准，因此现在国内外新建电解槽都采用中间点式下料预焙阳极电解槽。

中间下料预焙阳极电解槽的直流电从架在电解槽上部的阳极母线通过阳极棒或铝导杆导入阳极，经过电解质进入阴极（槽底），从阴极棒汇集到阴极母线，再送到下一台电解槽的阳极上，所以电解车间的电解槽是串联的，串联的槽数随车间规模从几十台到几百台不等，以至铝电解车间有时长达 1000 m 以上。

7.3.2　铝电解槽的结构

工业铝电解槽通常分为阴极结构、上部结构、母线结构和电气绝缘四大部分。各种槽型的基本结构形式虽大体类似，但由于电流和工艺制度不同，各部分结构也有较大差异。

7.3.2.1　阴极结构

阴极结构指电解槽槽体部分，它由槽壳、内衬砌体构成。

A　槽壳

槽壳为内衬砌体外部的钢壳和加固结构，它不仅是盛装内衬砌体的容器，而且还起着支撑电解槽、克服内衬材料在高温下产生的热应力和化学应力、约束槽壳不发生变形的作用。槽壳在熔池部位必须具有较大的刚度和强度，因此一般采用 12~16 mm 厚的钢板焊接而成，外部用型钢加固。大型预焙槽采用刚性极大的摇篮式槽壳。所谓摇篮式结构，就是用 40a 工字钢焊成若干组 └┘ 约束架，即摇篮架，紧紧地卡住槽体，最外侧的两组与槽体焊成一体，其余用螺栓与槽壳第二层围板连成一体，摇篮式结构如图 7-36 所示。

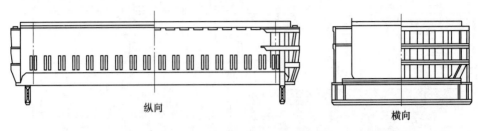

纵向　　　　　　　　　　　横向

图 7-36　大型预焙铝电解槽槽壳结构

B　内衬

电解槽内衬材料常见的有碳质内衬材料、耐火材料、保温材料、黏结材料。电解槽内衬结构如图 7-37 所示。钢壳内底部铺砌保温砖和耐火砖绝热，耐火砖上部铺以炭块，炭块中间插入一钢棒（称为阴极棒），钢棒伸出钢制外壳，并与阴极母线连接。钢壳的侧部也衬以炭块，以防冰晶石-氧化铝熔融体的侵蚀。

7.3.2.2　上部结构

上部结构指槽体之上的金属结构部分，统称为上部结构。它可分为承重桁架、阳极提升装置、自动打壳下料装置、阳极母线及阳极组、集气和排烟装置。

A　承重桁架

如图 7-38 所示，承重桁架采用钢制的实腹板梁和门形立柱，板梁由角钢及钢板焊接

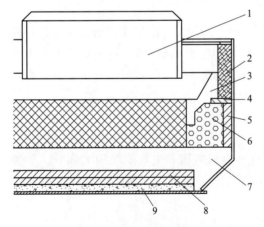

图 7-37　电解槽内衬结构图

1—阳极；2—碳化硅；3—扎糊；4—耐火砖；

5，8—保温砖；6—高强浇铸料；

7—干式防渗料；9—硅酸钙板

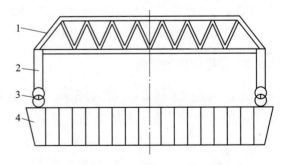

图 7-38　承重桁架示意图

1—桁架；2—门形立柱；3—铰接点；4—槽壳

而成，门形立柱由钢板制成门字形，下部用铰链连接在槽壳上，一方面抵消高温下桁架的受热变形，另一方面又便于大修时拆卸搬运。门形立柱起着支撑上部结构全部质量的作用。

B 阳极提升装置

阳极提升装置有两种方式：一种是采用蜗轮蜗杆螺旋起重器阳极提升机构；另一种是采用滚珠丝杠三角板阳极提升装置。

蜗轮蜗杆螺旋起重器阳极提升装置由螺旋起重机、减速机、传动机构和电动机组成，其工作原理为：整个装置由4个（或8个）螺旋起重机与阳极大母线相连，由传动轴带动起重机，传动轴与减速机齿轮通过联轴节相连，减速机由电动机带动。当电动机转动时，便通过传动机构带动螺旋起重机升降阳极大母线，固定在大母线上的阳极随之升降。变速机构可以安装在阳极端部或中部，如图7-39所示。

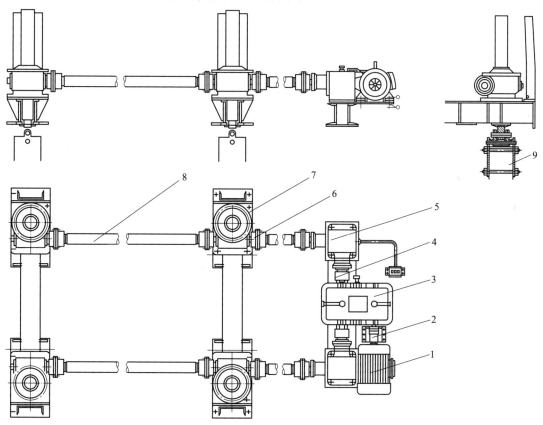

图7-39 蜗轮蜗杆螺旋起重器阳极提升装置示意图

1—电机；2，6—联轴节；3—减速箱；4—齿条联轴节；5—换向箱；
7—螺旋起重机；8—传动轴；9—阳极大母线悬挂架

提升装置安装在上部结构的桁架上，在门式架上装有与电动机转动相关的回转计，可以精确显示阳极母线的行程位置。

C 自动打壳下料装置

该装置由打壳和下料系统组成，如图7-40所示。一般从电解槽烟道端起安置4~6套打壳下料装置，出铝端设 1 个打壳出铝装置，出铝锤头不设下料装置。

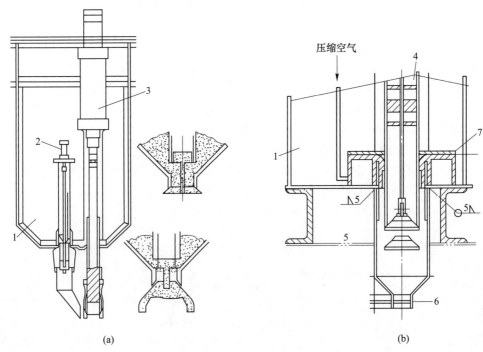

图 7-40　自动打壳下料装置

(a) 正视图；(b) 侧视图

1—氧化铝料箱；2—下料气缸；3—打壳气缸；4—筒式定容下料器；5—罩板下沿；

6—下料筒上沿；7—透气活塞

　　打壳装置是为加料而打开壳面所用的装置，它由打壳气缸和打击头组成。打击头为一长方形钢锤头，通过锤头杆与气缸活塞相连。当气缸充气活塞运动时，便带动锤头上下运动打击熔池表面的结壳。

　　下料装置由槽上料箱和下料器组成。料箱上部与槽上风动溜槽或原料输送管相通；筒式下料器安装在料箱的下侧部。筒式定容下料器由 1 个气缸带动 1 个在钢筒中的透气钢丝活塞和 1 个密封钢筒下端的钟罩组成。钟罩与透气活塞将钢筒的下部隔成一个定容空间，定容空间的上端开有充料口。

　　整个打壳下料系统由槽控箱控制，并按设定好的程序由计算机通过电磁阀控制完成自动打壳下料作业。

　　D　阳极组及阳极母线

　　炭素阳极组示意图如图 7-41 所示。炭素阳极组由焙烧好的炭素阳极块 1、钢爪 3、铝-钢爆炸焊板 4 和方形或矩形的铝导杆 5 四部分组装而成。铝导杆与铝-钢爆炸焊板连接，钢爪与炭块用磷铁环 2 浇铸连接，为防止此接点处的氧化而导致钢爪与炭块间接触电压增高，许多工厂采用炭素制造的具有两半轴瓦形态的炭环，炭环与钢爪间的缝隙用阳极糊填满。

　　阳极大母线既承担导电作用，又承担负载阳极重量的作用。电解槽有两条阳极大母

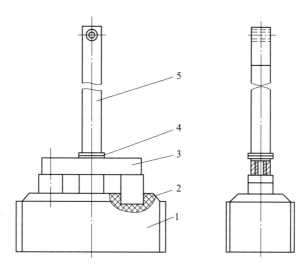

图 7-41　炭素阳极组示意图

1—炭素阳极块；2—磷铁环；3—钢爪；4—铝-钢爆炸焊板；5—铝导杆

线，其两端和中间进电点用铝板重叠焊接在一起，形成一个母线框，悬挂在阳极升降机构的丝杆（吊杆）上。阳极母线依靠卡具吊起阳极组，并通过卡具使阳极导杆与阴极母线通过摩擦力与卡具接触在一起。进线端立柱母线与一侧阳极大母线通过软铝带焊接在一起。

阳极炭块有单块组和双块组之分。阳极炭块组常有单组三爪头、四爪头。

E　集气和排烟装置

电解槽上部结构的顶板和槽周边若干铝合金槽盖板构成集气烟罩，且侧部全密封槽罩上部焊接有挂板，电解槽顶部设置有顶部挡烟板，且挂板与顶部挡烟板的外侧连接，槽顶板与铝导杆之间用石棉布密封，电解槽产生的烟气由上部结构下方的集气箱汇集到支烟管，再进入墙外主烟管送到净化系统，如图 7-42 所示。

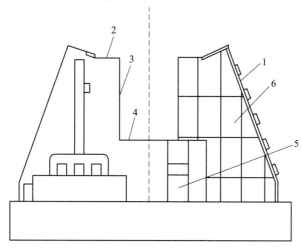

图 7-42　集气烟罩的结构

1—侧部全密封槽罩；2—顶部挡烟板；3—内侧通过侧板；4—上部挡烟板；5—端头烟罩；6—端头密封板

7.3.2.3　母线结构和配置

A　母线种类

整流后的直流电通过铝母线引到电解槽上，槽与槽之间通过铝母线串联而成，所以电解槽有阳极母线、阴极母线、立柱母线和软带母线；槽与槽之间、厂房与厂房之间还有连接母线。阳极母线属于上部结构中的一部分，阴极母线是指从阴极钢棒头到下一台立柱母线间的一段，它排布在槽壳周围或底部。阳极母线与阴极母线之间通过连接母线、立柱母线和软带母线连接，这样将电解槽一个一个地串联起来，构成一个系列。

铝母线有压延母线和铸造母线两种。为了降低母线电流密度、减少母线电压降、降低造价，大容量电解槽均采用大截面的铸造铝母线，只在软带和少数异型连接处才采用压延铝板焊接。

B　母线配置

在大型电解槽中，母线不仅承担导电，还承担阳极重量。其产生的磁场是影响槽内铝液稳定的重要因素，并直接影响工艺条件和生产指标的好坏。电解槽四周母线的电流产生强大的磁场，磁场产生电磁力，导致熔体的流动、铝液隆起以及铝液-电解质界面波动，严重时冲刷炉帮，危及侧部炭块。

为了降低磁场的影响，已出现了各种进电方式和母线配置方案。随着电解技术的发展，现在大型预焙槽多采用大面四点或六点进电。利用相邻立柱母线产生的磁场相反、叠加相抵消的原理，阴极母线采用非对称性母线配置以抵消相邻电解槽磁场的影响，使槽中大部分区域铝液的磁场强度减小。立柱母线配置如图 7-43 所示。

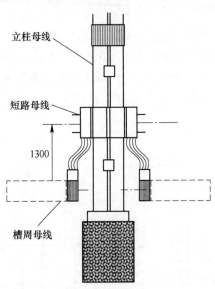

图 7-43　立柱母线配置示意图

7.3.2.4　电气绝缘

电解槽正常工作时，直流电依次经过阳极母线→阳极炭块→电解质→铝液→阴极炭块→阴极母线→下一槽阳极母线。在电解槽系列上，系列电压达数百伏甚至上千伏，一旦发生短路接地，易出现人身和设备的安全事故，而且电解采用直流电，槽上电气设备采用交流电，若直流窜入交流系统，会引起设备事故。因此在电解槽上多个部位设置绝缘物是保证设备和人身安全的重要措施，也是防止直流电旁路电解反应的方法。

7.3.3 铝电解槽的作业

铝电解槽作为炼铝的主要设备，运行过程中需要人工结合专用设备进行操作。电解槽的主要操作有定时加料、槽电压调整、阳极更换、效应熄灭、出铝、抬升母线、铝水平及电解质水平测量、边部加料、捞炭渣和停槽等作业。其中有些操作是维持生产连续进行所必须有的，并在随后的一段时间内对整个电解槽的热平衡、电流分布以及磁场分布产生一定的影响；而有些操作，如槽电压调整、效应熄灭、边部加料作业等，是为了消除系统内产生的不平衡和外界干扰导致的不平衡而进行的作业；有些是正常大修或处理突发事件时而进行的操作，如停槽作业。计算机控制大型预焙槽的定时加料、槽电压调整和出铝作业时下降电压都由计算机自动完成；效应熄灭也可由计算机实现，但成功率有限，仍需人工监视和辅助来完成；换阳极、出铝、抬母线、铝水平和电解质水平的测量及停槽等作业则必须依赖于人工配合多功能天车来完成。

以下主要叙述更换阳极、出铝、效应熄灭和抬升母线作业。

7.3.3.1 阳极更换作业

每块阳极使用一定天数后就需进行更换，重新装上新阳极，此过程称为阳极更换，更换下的残阳极称为残极。阳极更换周期是由阳极高度与阳极消耗速度决定。阳极消耗速度与阳极电流密度、电流效率和阳极假密度有关。阳极消耗速度的计算式为

$$h_c = \frac{8.054 d_{阳} \eta W_e}{d_c} \times 10^{-3} \tag{7-5}$$

式中，h_c 为阳极消耗速度，cm/d；$d_{阳}$ 为阳极电流密度，A/cm^2；η 为电流效率，%；W_e 为阳极净消耗量，kg/t；d_c 为阳极假密度，g/cm^3。

阳极更换必须交叉进行。残极提出后，必须把掉入槽内的电解质结壳块快速地捞出，再将新阳极吊入，定位、卡紧。

残极量应越小越好。残极运至阳极处理工段，经破碎后送到炭素厂并回收磷生铁，阳极导杆经钢刷打光或喷砂处理后，返回阳极浇铸车间重新利用。

7.3.3.2 出铝作业

电解产出的铝液积存于炉膛底部，需定期抽取出来，送往铸造车间生产成产品。大型电解槽每天出一次铝。大多使用高压喷射式真空抬包（见图7-44）进行出铝操作。由于真空抬包中的一部分空气被抽出而变为负压，在槽内铝液面上大气压力的作用下，把铝液压入真空抬包中，随后用专用运输车送往铸造车间。

7.3.3.3 阳极效应熄灭作业

大型中心下料预焙槽人工熄灭效应采用插入木棒的方法。在效应加工完成后，电解质

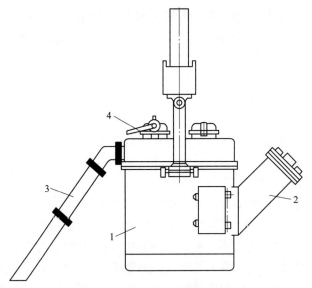

图 7-44　高压喷射式真空抬包
1—抬包体；2—铝渣倒出口；3—铝液进出口；4—压缩空气进口

中的氧化铝浓度达到正常范围内，电解质对阳极表面的湿润性变好，再用木棒插入高温电解质中燃烧，使产生的气泡挤走阳极底面上的滞气层，使阳极重新净化，恢复正常工作。

7.3.3.4　抬升母线作业

阳极导杆固定在电解槽阳极大母线上，随着阳极的不断消耗，母线位置不断下移。当母线接近上部结构中的密封盖板时，必须进行抬升母线作业。两次抬升母线作业之间的时间称为抬升母线周期，周期长短与阳极消耗速度和母线有效行程有关。抬升母线周期的计算式为

$$T = \frac{S_{效}}{h_c} \tag{7-6}$$

式中，T 为抬升母线周期，d；$S_{效}$ 为母线有效行程，mm。

大型预焙槽抬升母线周期一般为 15~20 d。

抬升母线作业使用专门的母线提升机，由多功能天车配合作业。母线提升机为一框架结构，上面装有与电解槽阳极数目相对应的夹具，按槽上阳极位置排成两行，每边安装一个滑动扳手。操作时，用天车卷扬机吊起母线提升机，支撑在槽上部横梁上，夹具锁紧阳极导杆并固定位置；操纵提升机上的滑动扳手，松开阳极卡具，借助母线与导杆之间的摩擦导电；按下槽控箱的阳极提升按钮，母线上升，阳极不动；当母线上升到要求位置时停止，将阳极卡具拧紧，松开提升机夹具，由天车吊出框架，由此完成一台槽的抬升母线作业。

 ## 习　题

查看习题解析

7-1　单选题

（1）铝电解槽的基本组成包括（　　　）。

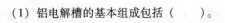

　　A. 阳极装置、阴极装置、槽罩与绝缘物四部分

　　B. 打壳装置、阴极、槽罩与绝缘物四部分

　　C. 提升框架、阴极、槽罩与绝缘物四部分

　　D. 氧化铝浓相输送、阴极、槽罩与绝缘物

（2）关于铝电解槽的绝缘，叙述正确的是（　　　）。

　　A. 绝缘物的部位就是阴极母线、阴极母线接触处

　　B. 阻止直流窜入交流回路

　　C. 保护设备，避免引起设备事故

　　D. 保证设备和人身安全的需要，也是防止直流电旁路电解反应的需要

（3）铝电解用多功能天车的主要功能是（　　　）。

　　A. 出铝、抬阳极横梁、打壳、换阳极

　　B. 出铝、阳极升降、打壳、换阴极

　　C. 出铝、抬阳极横梁、打壳、灭阳极效应

　　D. 出铝、阳极升降、打壳并下料、捞碳渣

（4）铜常规电解精炼的主要操作包括（　　　）。

　　A. 阳极加工、始极片的生产和制作、装槽、灌液、通电电解、出槽并对其进行处理

　　B. 整形、吊耳的供给、导电棒的供给、导电棒的穿入、吊耳与种板的铆接装配及排列

　　C. 进行洗涤、导电棒抽出、电铜堆垛、捆扎及称量等处理

　　D. 极板洗涤、堆垛、称量、输送等

（5）在铜电解精炼工序中，需要制备种板的精炼方法是（　　　）。

　　A. 艾萨法　　　　　　　　　　　　　B. 常规电解精炼法

　　C. KIDD 法　　　　　　　　　　　　D. 永久不锈钢阴极电解 OK 法

（6）铜电解槽底部通常做成倾斜度约为 3°的斜面，是为了（　　　）。

　　A. 提高电解槽内的容量　　　　　　　B. 便于阴极板出槽

　　C. 便于残极出槽　　　　　　　　　　D. 便于阳极泥出槽

（7）锌片剥离装置的类型通常有（　　　）。

　　A. 机械铲刀式单片一步锌片剥离机组

　　B. 机械铲刀式多板两步剥离机组

　　C. 锤击单板两步剥离机组

　　D. 锤击式多板两步剥离机组

（8）铅电解精炼与铜电解精炼相似，近年来最大改进在于（　　　）。

　　A. 铅电解精炼用瓦楞压制机组打捆

　　B. 铅电解精炼用永久不锈钢阴极电解

　　C. 铅电解精炼用圆盘浇铸机浇铸阳极

　　D. 铅电解精炼用立式模板浇铸阳极

（9）熔盐电解主要不是用于（　　　）的生产。

　　A. Na　　　　　　　　B. Mg　　　　　　　　C. Al　　　　　　　　D. Pb

（10）关于在硫酸锌溶液电解沉积生产金属锌过程中不溶阳极的阐述正确的是（　　　）。

　　A. 在硫酸溶液中采用铝或银基合金作阳极

　　B. 铅银阳极上的二氧化铅导电性差

　　C. 铅阳极的稳定性较差，含银量（摩尔分数）为 0.019 的铅银合金比较稳定

　　D. 氧在覆盖着二氧化铅的铅阳极上的超电位很大

7-2　思考题

（1）金属能否从水溶液中析出受到哪些因素的影响，如何通过水溶液的 φ-pH 图进行判断？

（2）说明电解沉积与电解精炼的异同点。

（3）金属的电结晶与水溶液中溶质的结晶有哪些异同？

（4）电解过程中槽电压受哪些因素影响，哪些措施可以降低槽电压？

（5）铜、铅、锌电解或电积的阳极板和阴极板是怎样制成的？

（6）简述铜、铅、锌电解或电积的作业。

（7）熔盐电解槽的结构有什么形式，它们各自有什么特征？

（8）简述现代铝电解的结构。

（9）简述阳极炭块组的制作过程。

（10）简述现代铝电解的作业。

（11）简述现代铝电解的特点。

（12）以铝电解为例说明实现理想铝电解需要解决的技术难题有哪些？

（13）简述电解、电积和熔盐电解的特点和实用性。

8 干燥与焙烧设备

岗位情境

冶金过程中的原料、中间产品和产品基本都需要干燥。有些干燥操作不是一个单独的作业过程，而是在焙烧、煅烧或熔炼过程中伴随进行。例如铁精矿烧结、氢氧化铝煅烧制取氧化铝、七水硫酸锌制取硫酸锌等。

焙烧在冶炼过程中常常是一个炉料准备工序，但有时也可作为一个富集、脱杂、金属粉末制备或精炼过程。焙烧和烧结焙烧设备是实现这些冶金过程的重要保证。图 8-1 为某厂焙烧炉应用实景。

图 8-1　焙烧炉应用实景

岗位类型

（1）冶金回转窑炉长岗位；
（2）冶金熔炼炉窑加料岗位；
（3）冶金熔炼炉窑熔体排放岗位。

职业能力

（1）具有操作干燥、焙烧、烧结等主要设备并进行智能控制与维护的能力；
（2）具有处理工艺设备故障，清晰完整记录生产数据的能力；
（3）具有较强的有色金属智能冶金技术领域相关数字技术和信息技术的应用能力。

　　在人类的生产和生活中，经常遇到需要把某一种湿物料除去湿分的情况。借助热能使固体物料中水分汽化，随之被气流带走而脱除水分的过程称为干燥。固体含水物料即为被干燥物料，气体称为干燥介质。干燥过程的本质是被除去的湿分从固相转移到气相中，这种方法能够较彻底地除去物料中的湿分，但能耗较大。

　　干燥的目的是物料经过干燥后，不仅易于包装、运输，更重要的是产品在干燥情况下性质更稳定，不易破坏，便于储存；物料经过干燥后达到下一道工序对固体含水量的要求。

　　在干燥过程中，不产生化学反应，物料呈散状固体，水分要从固体内部扩散到表面，从表面借热能汽化而至气相中，因此干燥既是传热过程，又是传质过程。

　　干燥是冶金过程的重要环节。焙烧是在低于物料熔化温度下完成某种化学反应的过程。焙烧过程绝大部分物料始终以固体状态存在，因此焙烧的温度以保证物料不明显熔化为上限。

　　冶金中的许多干燥设备与焙烧设备相同，焙烧过程也都包含干燥过程，本章学习干燥与焙烧设备。

8.1　干燥工程基础

8.1.1　湿空气的状态参数

8.1.1.1　湿空气的湿度

　　湿空气是由干空气和水蒸气组成的混合物，不饱和的热空气被用做干燥介质。在干燥过程中，湿空气中水蒸气的质量是不断变化的，而其中干空气仅作为水分和热量的载体，其质量是不变的，因此以干空气的质量作为空气湿度的计算基准。

　　A　空气的湿度 H

　　空气的湿度是指单位质量干空气所含水蒸气的质量，单位为 kg/kg，其计算式为

$$H = \frac{水蒸气质量}{干空气质量} = \frac{n_v M_v}{n_G M_G} = \frac{M_v p_v}{M_G (p - p_v)} \tag{8-1a}$$

式中，H 为空气的湿度，$kg_水/kg_{干空气}$；n_v 为水蒸气的物质的量，mol；n_G 为干空气的物质的量，mol；M_v 为水蒸气摩尔质量，kg/mol；M_G 为干空气的摩尔质量，kg/mol；p 为湿空气总压，kPa；p_v 为水蒸气分压，kPa。

　　因为 $M_v = 18 \ kg/mol$，$M_G = 29 \ kg/mol$，所以式（8-1a）可写为

$$H = \frac{18}{29} \frac{p_v}{p - p_v} = 0.622 \frac{p_v}{p - p_v} \tag{8-1b}$$

　　B　饱和湿度 H_s

　　当湿空气和水处于平衡状态时，水蒸气的分压等于同温度下饱和空气中水蒸气的分压 p_s，这时空气的湿度称为饱和湿度 H_s，其计算式为

$$H_s = \frac{n_v}{n_G} \frac{M_v}{M_G} = 0.622 \frac{p_s}{p - p_s} \tag{8-2}$$

　　由式（8-2）可知，系统的饱和湿度是总压和温度的函数，当总压一定时，仅是空气温度的函数，故 H_s 作为温度函数可表示在湿度图上。当 $p_s = p$，即在液体沸点时，H_s 变为

无限大。

C 湿度百分数 H_p

它是在相同温度和总压下，空气的湿度与饱和湿度的比值，即

$$H_p = \frac{H}{H_s} \times 100\% = \frac{p_v}{p_s} \frac{p - p_s}{p - p_v} \times 100\% \tag{8-3}$$

D 相对湿度 H_R

它通常又称为相对湿度百分数，它为水蒸气的分压与同温度下水的饱和蒸气压之比，即

$$H_R = \frac{p_v}{p_s} \times 100\% \tag{8-4}$$

当温度达到液体沸点时，$p_v = p_s$，则 $H_R = 1$，这说明此时空气已被水蒸气饱和，当温度低时，也就是 $p_s \ll p$，相对湿度 H_R 接近于湿度百分数 H_p。H_R 可以确定空气能不能继续容纳水分，H_R 越小，空气中的湿含量距离饱和状态越远。

8.1.1.2 湿空气的比热焓及湿比热容

A 湿空气的比焓 h

它是单位质量干空气的比热焓和带有的水蒸气的比热焓之和。湿空气的比热焓的计算式为

$$h = c_G t + H(c_v t + r_0) \tag{8-5a}$$

式中，h 为湿空气的比焓，kJ/kg；c_G 为干空气的比热容，其值为 1.00 kJ/(kg·℃)；c_v 为水蒸气的比热容，其值为 1.93 kJ/(kg·℃)；r_0 为水蒸气在 0 ℃时的潜热，为 2492 kJ/kg；t 为温度，℃。

湿空气的比焓 h 的计算式为

$$h = (1.00 + 1.93H)t + 2492H \tag{8-5b}$$

由式（8-5b）可知，温度越高，湿空气的湿度越大，则比热焓越大。

B 湿比热容 c_H

它是在等压下将单位质量的干空气及其所含的水蒸气提高单位温度差所需的热量，其计算式为

$$c_H = c_G + c_v H = 1.00 + 1.93H \tag{8-5c}$$

式中，c_H 为湿比热容，kJ/(kg·℃)。

8.1.1.3 湿空气的温度

（1）干球温度 t。用一般温度计测得湿空气的温度称为干球温度，干球温度为空气的真实温度，一般所说的空气温度就是指干球温度。

（2）露点温度 t_D。保持湿空气的湿度不变使其冷却，达到饱和状态凝结出露水时的温度即为露点温度。

（3）绝热饱和温度 t_s。在绝热的情况下，若气体和液体长时间接触，使两相传热、传质趋于平衡，最终气体被饱和，气液两相所达到的同一温度即为绝热饱和温度。

（4）湿球温度 t_w。使测温仪器的感温部分处于润湿状态时所测的温度称为湿球温度。对于某一定干球温度的湿空气，其相对湿度越低，湿球温度值也越低；饱和湿空气的

湿球温度与干球温度相等。应该指出，只在空气-水系统中绝热饱和温度 t_s 和湿球温度 t_w 在数值上近似相等，而对其他系统，湿球温度远高于绝热饱和温度。

8.1.1.4　湿空气的绝热饱和比热焓 h_s

湿空气的比热焓 h 近似地等于湿空气在对应的绝热饱和情况下的比热焓 h_s。

8.1.1.5　湿空气的比体积 v

湿空气的比体积 v 是指 1 kg 干空气和其所带有的水蒸气占有的容积，单位为 m^3/kg。

8.1.1.6　湿空气的 H-h 图和 H-t 图

干燥过程的计算，可采用湿空气的温度-湿度图（见图 8-2）和比热焓-湿度图（见图 8-3）查值计算法。每个图都是在特定的压强下（100 kPa）作出的，以干球温度 t 为横坐标，湿度 H 为纵坐标作图，图中有 9 种曲线。各种曲线的意义如下。

（1）等干球温度（t）线。在图 8-2 和图 8-3 中，与纵坐标平行的直线，其读数标在图底边的横坐标上。

（2）等湿度（H）线。在图 8-2 和图 8-3 中，与横坐标平行的直线，其读数标在图右边的纵坐标上。

（3）等比热焓（h）线，即等绝热饱和比热焓（h_s）线。在图 8-3 中，倾斜虚线的读数标在斜轴上，从式（8-5a）可知，h 是湿空气的 t 与其 H 的函数，$h = f(t, H)$。

（4）等相对湿度（H_R）线。即图 8-2 和图 8-3 中标有百分数的凸线或凹线，图中 H_R = 100% 的曲线称为饱和湿气线，此时空气完全被水蒸气所饱和；$H_R > 100\%$ 的区域为过饱和区，此时湿空气成雾状；$H_R < 100\%$ 的区域为不饱和区域，该区域有利于干燥过程。

（5）等湿球温度（t_w）线。对空气-水系统来说，此线称为绝热冷却线，在图 8-2 中表示为倾斜的细线，与等比热焓（h）线靠近。

（6）湿比热容（c_H）线。在图 8-2 中，它的读数在图上方的横坐标上。湿比热容仅随温度而变，而湿比热容-湿度线为一直线。

（7）蒸发潜热线。在图 8-2 中为一近似直线，其读数在图左方的纵坐标上。

（8）干空气比体积（v）线。此线在图 8-2 中为一直线，其读数在图左方的纵坐标上。

（9）饱和比容（v_s）线。对于饱和空气，当其湿度 $H = H_s$ 时，则饱和空气的比体积为

$$v_s = (0.773 + 1.224H_s)\left(1 + \frac{t}{273}\right) \tag{8-6}$$

在一定的温度和湿度下，湿空气的比体积 v 可在干空气的比体积线及饱和比体积线之间用内插法求得。在图 8-3 中有湿空气的等比体积线。

利用湿度图可以确定湿空气的性质，如温度、湿度、相对湿度和比热焓等。为了确定湿空气的性质，必须先知道其中任意两个独立参数，其他参数便可以从图 8-2 和图 8-3 中查得。

8.1.2　湿物料的性质

在干燥过程中，水分从固体物料内部向表面移动，再从物料表面向干燥介质中汽化。用空气作为干燥介质时，干燥速率不仅取决于空气的性质，也取决于物料中所含水分的状态。

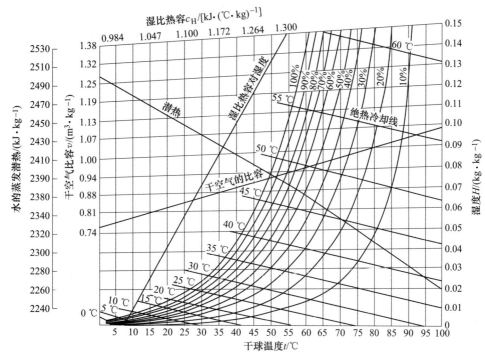

图 8-2　湿空气的温度-湿度图

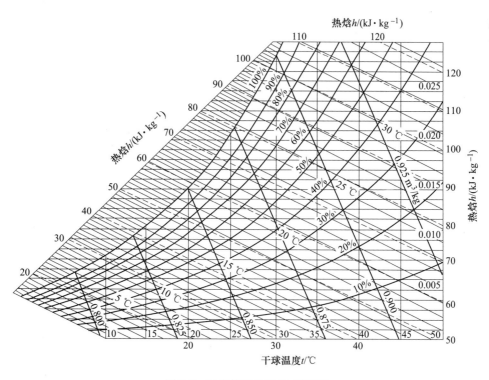

图 8-3　湿空气的比热焓-湿度图

8.1.2.1　水分与物料的结合方式

水分与物料的结合方式为：（1）化学结合水分是指与离子或结晶体的分子化合的水分，这种水分用干燥的方法不能除去；（2）吸附水分是指附着在物料表面的水分，其性质与纯水相同，在任何温度下，其蒸气压等于同温度下纯水的饱和蒸气压，是极易用干燥方法除去的水分；（3）毛细管水分是指多孔性物料孔隙中所含有的水分，干燥时这种水分受毛细管的吸收作用而移到物料表面，因此干燥速率取决于物料中孔隙的大小，大孔隙中的水分跟吸附水分一样，极易干燥除去；（4）溶胀水分是指渗入到物料细胞壁内的水分，它是物料组成的一部分，因此物料的体积相应增大，例如使用过程中或废的离子交换树脂所含水分。

8.1.2.2　平衡水分和自由水分

根据物料在一定的干燥条件下所含水分能否用干燥方法除去来划分，可分为平衡水分和自由水分。

当某一物料与具有一定温度及湿度的空气接触时，物料将排除水分（或吸收水分）而保持其湿度为一定值，若空气的情况不改变，则物料中所含水分永远维持此定值，并不因与空气接触时间的延长而再有变化，此值称为该情况下物料的平衡水分或平衡湿度。平衡水分随着物料的种类而异。对于同一物料，又因所接触的空气性质不同而不同。图 8-4 为某些物料在 20 ℃时平衡水分与空气相对湿度的关系。

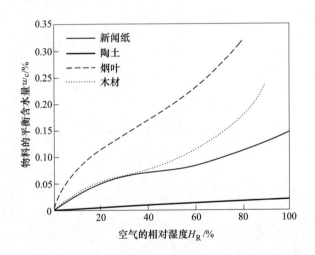

图 8-4　某些物料在 20 ℃时的平衡水分与空气相对湿度

平衡水分是物料在一定的干燥条件下，能够用干燥方法除去所含水分的极限值。而在干燥操作中所能除去的水分，是物料中所含的多于平衡水分的水分，称这部分水分为自由水分。物料所含的总水分为自由水分与平衡水分之和，在干燥过程中可以除去的水分仅为自由水分。

8.1.2.3 结合水分与非结合水分

固体中存留的水分依据固、液间相互作用的强弱，简单地分为结合水分和非结合水分。结合水分包括湿物料中存在于细胞壁内和毛细管内的水分，固、液间结合力较强；非结合水分包括湿物料表面上的附着水分和大孔隙中的水分，结合力较弱。

综上所述，平衡水分和自由水分、结合水分和非结合水分是两种概念不同的区分方法。非结合水分是干燥中容易除去的水分，而结合水分较难除去。是结合水分还是非结合水分仅取决于固体物料本身的性质，与空气状态无关。自由水分是在干燥中可以除去的水分，而平衡水分是不能除去的。自由水分和平衡水分的划分除与物料有关外，还取决于空气的状态。几种水分的关系如下。

$$物料中的水 \begin{cases} 自由水分 \begin{cases} 非结合水分（首先除去的水分）\\ 能除去的结合水分 \end{cases} \\ 平衡水分（不能除去的结合水分） \end{cases}$$

8.1.2.4 湿物料中水分含量

（1）湿基含水量（w）。它是以湿物料为基准计算的水的质量分数（$kg_水/kg_{湿物料}$）或百分数。

$$w = \frac{湿物料水分的质量}{湿物料的质量} \times 100\% \tag{8-7}$$

（2）干基含水量（X）。它是以绝干物料为基准计算湿物料中水的质量分数（$kg_水/kg_{绝干料}$）。

$$X = \frac{湿物料水分的质量}{湿物料中的绝干物料质量} \tag{8-8}$$

二者的关系为

$$w = \frac{X}{1 + X} \times 100\% \tag{8-9}$$

8.1.3 干燥特性

从本质上看，干燥过程是一个传热、传质的过程。对流、传导和辐射三种传热方式在干燥中相互伴随、同时存在。干燥过程得以进行的条件是湿物料表面的水蒸气分压超过热气体（以下或称干燥介质）中的水蒸气分压；湿物料表面的水蒸气基于压差向干燥介质中扩散；湿物料内部的水再继续向表面扩散而被汽化。

8.1.3.1 干燥特性曲线

如前所述，在干燥过程中，水分在湿物料表面的汽化与物体内部水分的迁移是同时进行的，因此干燥速率的大小取决于这两个步骤。在大多情况下，干燥速率由试验测得。

干燥特性曲线如图8-5所示。整个干燥过程分为预热、恒速、降速和平衡四个阶段。

A　预热阶段

温度很低的湿物料与热气体开始接触后，物料中水分温度升到水分汽化温度的阶段。

预热阶段的时间很短，继而进入恒（等）速阶段。

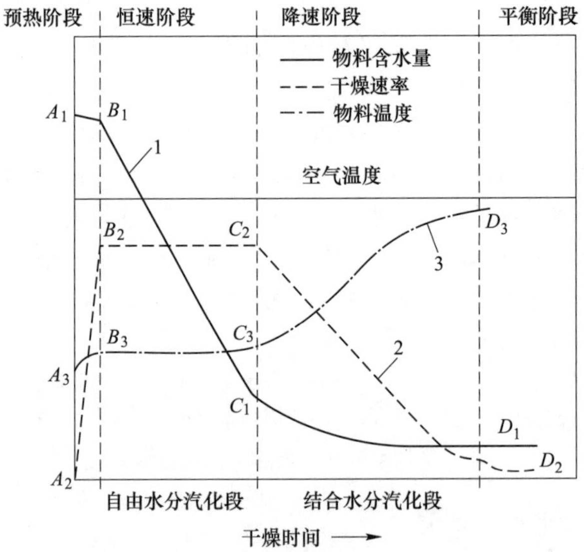

图 8-5　干燥特性曲线

1—物料含水量曲线；2—干燥速率曲线；3—物料温度曲线

B　恒速阶段

只要热气体的性质（温度、湿度、水蒸气分压等）不变，它传给湿物料的热量等于物料表面水分汽化所需要的热量，则物料表面温度将恒定（B_3C_3 线段）；只要物料表面有充足的水分，汽化速度就恒定，只要物料内部有足够的水分向外扩散，干燥速率也必定恒定（B_2C_2 线段），物料含水量则迅速等速下降（B_1C_1 线段）。

物料表面的传热速率表示为

$$R_c = \frac{dQ}{Ad\tau} = \frac{C_W dW}{Ad\tau} = \alpha(t - t') \tag{8-10}$$

式中，R_c 为物料表面的传热速率，J/（$m^2 \cdot h$）；Q 为热气体传给物料的热量，J；C_W 为温度为 t ℃时水的汽化潜热（质量能），J；α 为热气体和物料表面的传热系数，J/（$m^2 \cdot h \cdot$ ℃）；t、t' 分别为热气体和湿物料表面的温度，℃；W 为水分汽化量，kg；τ 为干燥时间，h；A 为传热面积，m^2。

当 t 和 t' 为定值，α 也为定值时，传热速率 R_c 为恒值，干燥速率也恒定。

提高热气体的温度和传热能力以及降低其中的水蒸气含量均有助于提高恒速阶段的干燥速率和缩短干燥时间。

C　降速阶段

随着干燥的进行，当物料内部的水分不足以补充物料表面的汽化水分后，干燥速率逐渐降低，物料表面将有一部分呈干燥状态，物料温度逐渐升高（C_3D_3 线段），热量向内部传递，很可能使蒸发面移向内部，水汽由内部向外流动，流动阻力越来越大，故干燥速率降低很快。潮湿物料表面逐渐减少，当物料表面刚出现干燥状态时，称此时物料的含水量为第一临界含水量 w_{k1}，当外表面全部呈干燥状态时，称此时物料的含水量为第二临界含

水量 w_{k2}，实际上当恒速阶段一结束，即达到第一临界含水量（通常称为临界含水），此含水量与物料性质密切相关。

D 平衡阶段

当物料含水量达到在该干燥条件下的平衡水分 w_p 时，物料的含水量和干燥速率都不再变化，干燥过程终了。

8.1.3.2 干燥速率

湿物料中水分向表面的扩散速率和表面水分的汽化速率决定了该物料的干燥速率，可以用单位干燥面积在单位时间内汽化湿物料中水分的质量表示为

$$u = \frac{dm}{Fd\tau} = \frac{dG_g X}{Fd\tau} \tag{8-11}$$

式中，u 为干燥速率，$kg/(m^2 \cdot h)$；m 为汽化水分质量，kg；F 为干燥面积，m^2；τ 为干燥时间，h；X 为湿物料的干基含水量，kg；G_g 为湿物料质量，kg。

干燥速率取决于干燥介质的性质、干燥条件下操作和物料的含水特性。当湿物料与有一定温度和湿度的干燥介质接触时，必放出或析出水分。当干燥介质的状态（温度、湿度等）不变时，物料中水分便会维持一定值，此值为该物料在一定干燥介质状态下的平衡水分，也是在该状态下该物料可以干燥的限度。在该干燥介质状态下，只有物料中超出平衡水分的那部分水分才能脱除。由于四周环境的空气均有一定的温度和湿度，所以物料都只能干燥到和周围空气相应的平衡水分值。

影响干燥速率的因素有物料的自身性质、物料的含水特性、干燥条件、干燥的操作水平和临界湿度。

（1）物料的性质与形状。湿物料的物理结构、化学组成、形状和大小，物料层的厚薄、温度、含水率、水分的结合方式等都影响干燥速率。

（2）干燥介质的温度与湿度。介质的温度越高，湿度越低，干燥速率越大。温度与相对湿度相比，温度是主导因素。

（3）干燥介质的流速和流向。在干燥开始阶段提高气流速度，可加速物料表面的水分汽化蒸发，干燥速度也随之增大；而当干燥进入内部水分汽化阶段，则影响不大。

（4）干燥器的结构。以上各因素都和干燥器的结构有关，许多新型的干燥器就是针对某些因素而设计的。

8.1.4 干燥设备的评价指标

8.1.4.1 干燥程度

干燥程度用湿物料的初始湿度与干燥至终水分来衡量。湿物料的初始湿度越高，干燥的负荷就越重；干燥至终水分越低，干燥就越难达到。

很多干燥设备进行一段干燥都能将初始湿度为 10%～15% 的湿物料干燥至终水分确保0.5% 以下。但冶金物料的初始湿度波动大，有时超过 15%，许多干燥设备进行一段干燥不能确保 0.5% 以下，需要多段干燥。

8.1.4.2　干燥设备的生产能力

冶金的干燥往往是连续过程，湿物料连续进入与流出干燥设备，衡量干燥设备的生产能力既可以用单位时间处理湿物料的量来表达，也可以用设备单位时间除去水分的蒸发量来表达，后者称为产强度 U。

干燥器的生产强度是指单位传热面积上单位时间内蒸发的水量，其单位为 $kg/(m^2 \cdot h)$，即

$$U = \frac{Q}{Ar'}\eta_{热} = \frac{K\Delta t}{r'}\eta_{热} \tag{8-12}$$

式中，U 为蒸发量，kg/h；r' 为操作压强下二次蒸汽的汽化热，kJ/kg。

8.1.4.3　干燥设备的热效率

干燥过程中热量的有效利用率是决定过程经济性的重要方面。为了确定干燥过程中热量的有效利用率，通过以下分析，将干燥过程消耗的总热量分解为四个方面。

（1）水分 q_{mw} 由入口温度 $t_入$ 加热并汽化，至气态温度 t_2 后随气流离开干燥系统所需的热量，即

$$Q_1 = q_{mw}(2490 + 1.28t_2 + 4.187t_入)　kJ \tag{8-13}$$

（2）干燥的产品（质量为 q_{mp}）从温度 t_{p1} 加热至离开加热器的温度 t_{p2} 所需的热量，即

$$Q_2 = q_{mp}c_{mp}(t_{p2} - t_{p1})　kJ \tag{8-14}$$

式中，c_{mp} 为产品的比热容，$kJ/(kg \cdot ℃)$。

（3）将湿度为 H_0 的新鲜空气（质量为 q_{ml}）温度由 t_0 加热至 t_2 所需热量，即

$$Q_3 = q_{ml}(1.01 + 1.88H_0)(t_2 - t_0)　kJ \tag{8-15}$$

（4）干燥系统损失的热量 Q_L。干燥系统中加入的总热量消耗于上面所述的三个方面，其中 Q_1 是直接用于干燥的，Q_2 是达到规定含水量所不可避免的，因此干燥过程的热效率（$\eta_{热}$）定义为

$$\eta_{热} = \frac{Q_1 + Q_2}{Q_1 + Q_2 + Q_3 + Q_L} \tag{8-16}$$

提高热效率可以从提高预入口空气热温度、降低废气出口温度、做好保温减少热损失这三方面着手。

8.2　焙烧与烧结工程基础

焙烧泛指固体物料在高温不发生熔融的条件下进行的反应过程。冶金中把广义的焙烧又分为焙烧、煅烧和烧结，其含义如下。

（1）焙烧：矿石、精矿在低于熔点的高温下与空气、氯气、氢气等气体或添加剂起反应，改变其化学组成与物理性质的过程。

（2）煅烧：将固体物料在低于熔点的温度下加热分解，除去二氧化碳、水分或三氧化硫等挥发性物质的过程。

（3）烧结：固体矿物粉配加助熔剂、燃料和其他必要反应剂，并添加适当水分，在炉

料熔点温度（或炉料软化点温度）发生化学反应，生成一定量的液相，冷却后使颗粒产生黏结成块的过程。

通常矿石焙烧之后接湿法冶金过程，煅烧产出冶金产品或中间产品；矿石烧结之后接火法冶金过程。在冶金中，煅烧的设备主体与焙烧的相同。

8.2.1 焙烧与烧结技术

8.2.1.1 焙烧技术

焙烧技术有固定床、移动床、流态化和飘悬焙烧技术。

固定床焙烧的炉料平铺在炉膛上，炉气仅与炉料表面接触，故气-固界面接触有限，质传递和热传递很不理想，因而生产率低、劳动强度大、烟气浓度低，不便回收利用；但烟尘率低。多膛炉焙烧基本属于固定床焙烧。固定床焙烧只在特殊情况下使用，如氧化锌尘脱氯、氟，高砷铜精矿脱砷焙烧等。

移动床焙烧因炉料靠重力或机械作用，在焙烧时缓慢移动，而炉气则与炉料逆（顺）流或做垂直的相对运动，所以气-固间接触较好。常用的设备有烧结机、竖炉和回转窑等。

流态化焙烧又称为假液化床焙烧或沸腾焙烧。固体粉（粒）料在自料层底部鼓入的空气或其他气体均匀向上的作用下，料层变成流态化状，所以气-固间相对运动很剧烈，热传递和质传递迅速，整个流化床层内温度和浓度梯度很小。有时为了强化过程，又不致过分地增加烟尘率，精矿粉料常先经制粒后再加入炉内，所以称为制粒流态化焙烧。

飘悬焙烧因炉料飘悬在炉中，气-固间相对运动虽不及流态化焙烧剧烈，但气-固间热传递和质传递仍然很迅速，并且固体粒子间几乎不直接接触，所以允许采用更高的焙烧温度，以及允许在飘悬炉内存在一定的温度梯度和炉料的浓度梯度。

实现焙烧的设备统称焙烧炉，主要有多膛焙烧炉、回转窑、流态化焙烧炉、飘悬焙烧炉、烧结机、竖式焙烧炉等。

8.2.1.2 烧结技术

烧结技术起初是为了处理矿山、冶金、化工厂的废弃物（如富矿粉、高炉炉尘、轧钢皮、均热炉渣、硫酸渣等）以便回收利用。矿粉的生成量随着矿石的开采量增大而大量增加。开采出来的粉矿（0~8 mm）和精矿粉都必须经过造块后方可用于冶炼。目前最大的烧结机为 600 m² （俄罗斯），机冷带式烧结机为 700 m² （巴西）。我国已建成并投产 400 m² 以上的特大型烧结机。

铁矿粉烧结是最重要的造块技术之一。由于开采时产生大量铁矿粉，特别是贫铁矿富选，促进了铁精矿粉的生产发展，铁矿粉烧结成为块的造块作业。其物料的处理量约占钢铁联合企业的第二位（仅次于炼铁生产），能耗仅次于炼铁及轧钢而居第三位，成为现代钢铁工业中重要的生产工序。

烧结具有的重要意义为：通过烧结可为高炉提供化学成分稳定、粒度均匀、还原性好、冶金性能高的优质烧结矿，为高炉优质、高产、低耗、长寿创造了良好的条件；可去除有害杂质，如硫、锌等；可利用工业生产的废弃物，如高炉炉尘、轧钢皮、硫酸渣、钢渣等；可回收有色金属和稀有、稀土金属。

按使用的烧结设备和供风方式的不同，烧结技术可分为图 8-6 中的各种技术。

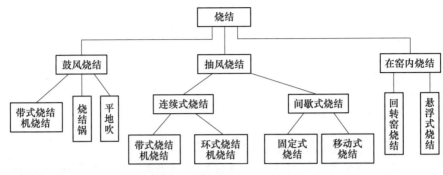

图 8-6　烧结技术分类的关系

铁矿烧结广泛采用带式抽风烧结机。其生产率高、原料适应性强、机械化程度高、劳动条件好，便于大型化、自动化，世界上 90% 以上的烧结（铁）矿由它产出。铅锌烧结广泛采用带式鼓风烧结机。

铁矿烧结主要包括配料、一次混合、二次混合、布料、烧结、热破碎、热筛分、冷却、多级筛分、成品和返矿处理工序。

无混匀料场时，烧结技术一般包括原燃料接收、储存及熔剂、燃料的准备、配料、混合、布料、点火烧结、热矿破碎、热矿筛分及冷却、冷矿筛分及冷矿破碎、铺底料、成品烧结矿的储存及运出、返矿储存等工艺环节；有混匀料场时，原燃料的接受、储存放在料场，有时筛分熔剂、燃料的准备也放在料场。是否设置热矿筛，应根据具体情况或试验结果，经技术经济比较后确定。机上冷却工艺不包括热矿破碎和热矿筛分。

8.2.1.3　球团烧结技术

球团烧结焙烧有竖炉焙烧、带式焙烧机焙烧和链箅机-回转窑法焙烧三种技术。带式焙烧机从外形上看和烧结机十分相似，但在设备结构上存在很大的区别。

球团烧结焙烧一般包括原料准备、配料、混合、造球、干燥和焙烧、冷却、成品和返矿处理等工序。球团矿的生产流程中配料、混合与成球的方法一致，将混合好的原料经造球机制成 10~25 mm 的球状（生球）。造球有圆筒造球机工艺和圆盘造球机工艺，如图 8-7 所示。

由图 8-7（a）可见，圆盘造球机工艺没有筛分过程，因为圆盘造球机内生成的球和未成球的料一同由圆盘从下往上抄起、下落，成球才能从盘面下端溢流出来，即成球与分离粉矿在一个设备中完成。由图 8-7（b）可见，圆筒造球机则需要筛分机把成球与碎粉分离，筛分出来的碎粉料经过捣碎器粉碎后返回混合调湿机。筛分有振动筛分和辊筛分，现在通常用辊筛分。

造球机产出的生球经过一条集料皮带机输送至烧结机料仓，由辊式布料器均匀供给台车或由皮带布料器均匀供给竖炉。

8.2.2　流态化技术基础

现代冶金中大量使用颗粒或粉末状的固体物料为原料。这些散状固体物料在加工、储

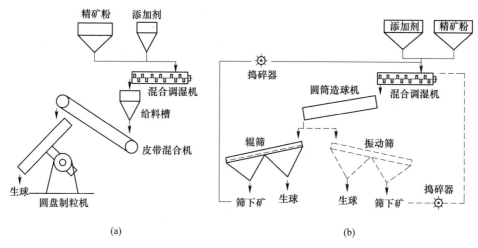

图 8-7　造球工艺流程
（a）圆盘造球机工艺；（b）圆筒造球机工艺

存、输送过程中与气体和液体物料相比有诸多不便之处。流态化是使散料层具有某种流体的特性的技术。

8.2.2.1　临界流化速度

固体散料的流态化技术是把固体散料悬浮于运动的流体之中，使颗粒与颗粒之间脱离接触，从而消除颗粒间的内摩擦现象，以达到固体流态化。随着作用于颗粒群的流体流速的逐步增加，流态化将从散式流态化，历经鼓泡流态化、湍动流态化（以上三者可统称为传统流态化）、快速流态化最终进入流化稀相输送状态。

固定床中流体流速和压差关系可用经典的 Ergun 公式来表达，即

$$\frac{\Delta p}{H} = 150 \frac{(1-\varepsilon)^2}{\varepsilon^3} \frac{\mu u}{d_v^2} + 1.75 \frac{1-\varepsilon}{\varepsilon^3} \frac{\rho_f u^2}{d_v} \tag{8-17}$$

式中，Δp 为具有 H 高度的床层上下两端的压降，Pa；ε 为床层孔隙率；d_v 为单一粒径颗粒等体积当量直径，对非均匀粒径颗粒可用等比表面积平均当量直径 d_p 来代替；u 为流体的表观速度，由总流量除以床层的截面积得到，m/s；μ 为流体黏度，Pa·s；ρ_f 为流体密度，kg/m^3。

根据式（8-17）可知，随着流体速度的不断增大，当 u 达到某一临界值以后，压降 Δp 与流速 u 之间不再遵从 Ergun 公式，而是在达到最大值 Δp_{max} 之后略有降低，然后趋于某一定值，即床层静压。此时床层处于由固定床向流化床转变的临界状态，相应的流体速度为临界流化速度 u_{mf}。此后床层压降几乎保持不变，并不随流体速度的进一步提高而显著变化。如果缓慢降低流体速度，可使床层逐步回复到固定床，如图 8-8 中实线所示。

不是任何尺寸的固体颗粒均能被流化。一般适合流化的颗粒尺寸为 30 μm～3 mm。对于 30 μm 以下的超细颗粒，要在比较精确控制气流速度的条件下才可以被流化，离开流化床后的气固分离成本高。总之，形成固体流态化需具备以下四个基本条件：第一个是有一个合适的容器作为床体，底部有一个流体的分布器；第二个是有大小适中的足够量的颗粒

来形成床层；第三个是有连续供应的流体（气体或液体）充当流化介质；第四个是流体的流速大于起始流化速度，但不超过颗粒的带出速度。

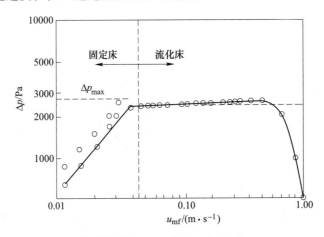

图 8-8   均匀粒度沙粒床层的压降与气速的关系

8.2.2.2   流化床的基本特征

传统固体流态化有两个基本特征。

（1）流化床层具有许多液体的性质。流化颗粒的流动性，使得随时或连续地从流化床中卸出和向流化床内加入颗粒物料成为可能，并可以在两个流化床之间大量循环。

（2）通过流化床层的流体压降等于单位截面积上所含有的颗粒和流体的总质量，即

$$\Delta p = [\rho_p(1 - \varepsilon) + \rho_f \varepsilon] gh \tag{8-18}$$

式中，ρ_p、ρ_f 分别为颗粒与流体的密度，kg/m^3；h 为床层高度，m。

（3）由于可采用细粉颗粒，并在悬浮状态下与流体接触，流固相界面积大（可高达 $3280 \sim 16400 \ m^2/m^3$），有利于非均相反应的进行，因此单位体积设备的生产强度要低于流化床、高于固定床。

（4）由于颗粒在床内混合激烈，颗粒在全床内的温度和浓度均匀一致，床层与内浸换热表面间的传热系数为 $200 \sim 400 \ W/(m^2 \cdot K)$，如图 8-9 所示。全床热容量大，热稳定性高，这些都有利于强放热反应的等温操作。

（5）流态化技术连续作业，操作弹性范围宽，单位设备生产能力大，符合现代化大生产的需要。

8.2.2.3   流化床的形式

流化床有很多形式，图 8-10 所示为一典型的流化床反应器。一个典型的气固密相流化床由床体（容器与固体颗粒层）、气体分布器及风机、换热器和床内构件等若干部分组成。图 8-10 中其他元件是否出现取决于具体的应用需要。例如当固体颗粒分布较宽或操作气速较高时，就需要使用旋风分离器收集被流体带出床层的颗粒。旋风分离器可以放在床内（内旋风），也可以放在床外（外旋风）。经旋风分离器或其他气固分离器回收的颗粒，常常通过返料管返回流化床。当反应具有较大的反应热或生成热时，可采用换热管或

夹套换热器对床层进行加热或冷却。如果用流化床进行造粒或干燥操作，必然要有螺旋加料器或液体喷嘴。

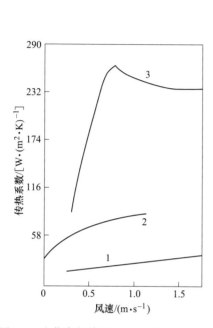

图 8-9　流化床与其他过程的传热系数比较
1—间壁传热；2—固定床；3—流化床

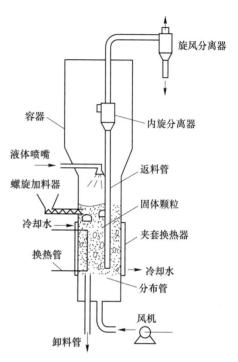

图 8-10　典型流化床反应器示意图

按气固流化形态，流化床有气固稀相流化床、密相流化床两种基本形式；按多个流化床室的组合，流化床有卧式多室床、竖式多层床与循环流化床三种形式。实际生产中，一个床内往往有多种流化形态，循环流化床中有气固稀相流化流动和密相流化流动。

A　循环流化床

根据工艺要求，工业应用的循环流化床具有不同的形式。总体而言，循环流化床由提升管、气固分离器、伴床及颗粒循环控制设备等部分构成。气、固两相在提升管内可以并流向上、并流向下或逆流运动。

图 8-11 所示为两种常见的循环流化床系统。流化气体从提升管底部引入后，携带由伴床而来的颗粒向上流动。在提升管顶部，通常装有气固分离装置（如旋风分离器），颗粒在这里被分离后，返回伴床并向下流动，通过颗粒循环控制装置后重新进入提升管。在实际工业应用中，提升管主要用作化学反应器，而伴床通常可用作调节颗粒流率的储藏设备、热交换器或催化剂再生器，如图 8-11 所示。操作中还需从底部向伴床中充入少量气体，以保持颗粒在伴床中的流动性。

有效地控制和调节颗粒循环速率是实现循环流化床稳定操作的关键。常见的颗粒循环控制方式有机械式（如滑阀、蝶阀、螺旋加料器等），以及非机械式（如 L 阀、J 阀、V 阀、双气源阀等）。颗粒循环控制设备的另一个重要作用是防止气体从提升管向伴床倒窜。

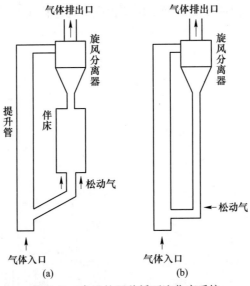

图 8-11　常见的两种循环流化床系统

（a）有伴床的循环流化床；（b）立管式循环流化床

B　卧式多室流化床

卧式多室流化床就是把两个或多个流化床水平叠加而成。硫化锌精矿在 600 ℃以上温度焙烧时，矿中的 ZnO 与 Fe_2O_3 反应形成铁酸锌。为避免铁酸锌在焙烧中生成，采用双室卧式流化床焙烧，如图 8-12 所示。

C　竖式多室流化床

竖式多室流化床就是把两个或多个流化床垂直叠加而成，如图 8-13 所示。国外采用竖式多层流态化煅烧炉，直接喷入燃料油煅烧。在多层流化床中，将空气与燃料油由底部加入，与从床顶加入的物料呈逆流接触，将煅烧炉自上而下分为物料预热段、煅烧室与空气预热段。这种安排有利于热量的综合利用。

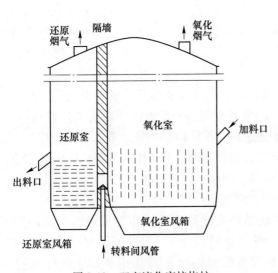

图 8-12　双室流化床焙烧炉

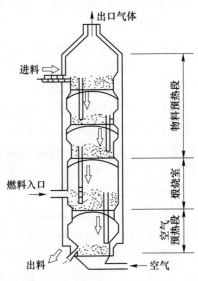

图 8-13　竖式多室流化床焙烧炉

8.2.2.4 稀相流化床

冶金中一个典型的气固稀相流态化床就是气态悬浮焙烧（GSC），如图 8-14 所示。

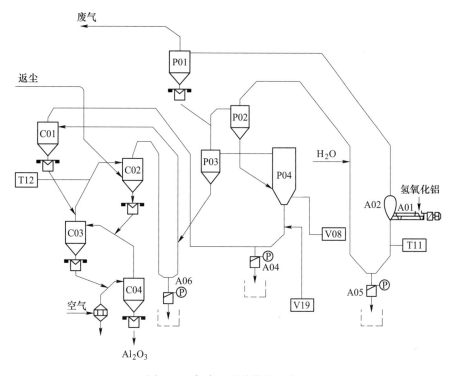

图 8-14　气态悬浮焙烧炉示意图

A01—给料螺旋；A02—文丘里干燥器；P01，P02—干燥、预热旋风筒；

A04~A06—放料筒；P03，P04—气态悬浮焙烧主要反应炉；C01~C04—冷却旋风筒；

T11—热发生器；T12，V08—起动燃烧器；V19—主燃烧器

该焙烧炉由丹麦史密斯公司 1984 年建造，用于氢氧化铝焙烧。氢氧化铝经螺旋输送机送到文丘里干燥器中，与旋风预热器 P02 出来 350~400 ℃的烟气相混合传热，脱去大部分附着水后进入 P01 旋风预热器进行预热、分离。P01 分离出的氢氧化铝和来自热分离旋风筒 P03 的热气体（1000~1200 ℃）充分混合进行载流预热并带入 P02，氢氧化铝物料被加热至 320~360 ℃，脱除大部分结晶水。C01 旋风分离出来的风（600~800 ℃）从焙烧炉 P04 底部的中心管进入，从旋风预热器 P02 出来的氢氧化铝沿着锥部的切线方向进入焙烧炉，以便使物料、燃料与燃烧空气充分混合，在 V08、V19 两个燃烧器的作用下，温度为 1050~1200 ℃，物料通过时间约为 1.4 s，高温下脱除剩余的结晶水，完成晶型转变。焙烧后的氧化铝在热气流的带动下进入热分离旋风筒 P03 中风离，由 P03 底部出来的物料被一次冷却系统 C02 旋风分离出来的风带入 C01 中冷却，C03 旋风分离出来的风把 C01 出来的料带入 C02 中冷却；同样 C04 旋风分离出来的风把 C02 出来的料带入 C03 冷却，而由 C03 分离出的料则被 A03 进风口的风带入 C04 中，氧化铝经 C01、C02、C03、C04 四级旋风的冷却后，温度变为 180 ℃左右，在 C02 入口处装有燃烧器 T12，用于初次冷态烘炉。

气态悬浮焙烧炉的特点是：主反应炉结构简单，焙烧炉与旋风收尘器直接相连，炉内无气体分布板，物料在悬浮状态于数秒内完成焙烧，旋风筒内收下成品立即进入冷却系统；系统阻力降较小，焙烧温度略高，通常为1150~1200 ℃；除流态化冷却机外，干燥、脱水预热、焙烧和四级旋风冷却各段全为稀相载流换热；开停车简单，清理工作量少；干燥段中的热发生器（T11）可及时补充因水分波动引起的干燥热量不足，维持整个系统的热平衡。

8.2.3　焙烧与焙烧设备的评价指标

8.2.3.1　脱硫率

焙烧的脱硫率是指焙烧过程中脱除的硫占原料中硫的百分率，等于原料中含硫量减去产物焙烧料中的含硫量，再与原料中含硫量的比值百分率，即

$$脱硫率 = \frac{原料中含硫量 - 焙烧料中含硫量}{原料中含硫量} \times 100\% \tag{8-19}$$

锌精矿流态化焙烧脱硫率一般均在90%以上，铁矿石焙烧脱硫率一般均在80%~90%。

8.2.3.2　焙烧的生产能力

设备的性能用设备的生产能力与生产率来表示。焙烧的生产能力有单位面积上的生产能力与单台设备的生产能力。

单台设备的生产能力指单位时间（如1 h、一昼夜）内出产的合格焙烧料的数量。

单位面积上的生产能力称为该设备的单位生产率。例如流化床的单位生产能力为624 t/d，生产率为2.98 t/(m² · d)。

设备的能源生产率：以投入能源量作为总投入计算的生产率，如多少 t/(kW · h)（电）。

8.2.3.3　焙烧设备的利用系数与设备作业率

每台焙烧设备（如烧结机）每平方米有效抽风面积（m²）每小时（h）的生产量（t）称为烧结机利用系数，单位为 t/(m² · h)，即

$$利用系数 = \frac{台时产量}{有效抽风面积} \tag{8-20}$$

利用系数是衡量烧结机生产效率的指标，它与烧结机有效面积的大小无关。

作业率是设备工作状况的一种表示方法，以运转时间占设备日历台时的百分数表示，即

$$设备作业率 = \frac{运转台时}{日历台时} \times 100\% \tag{8-21}$$

日历台时是个常数，每台烧结机一天的日历台时即为24台时。设备完好，设备运转台时越接近日历台时，设备作业率是衡量设备良好状况的指标。

8.2.3.4　烧结块的强度

烧结块的强度用转鼓指数与抗磨指数来衡量。国际标准（ISO）规定：测定方法

是把试样放在一专门的设备内进行滚动撞击，经过一定时间的试验后，对试样进行筛分，以某粒级的筛上物量和筛下物量来衡量它们的抗冲击和摩擦的能力。以大于 6.3 mm 粒级的质量分数作为转鼓指数，以小于 0.5 mm 粒级的质量分数作为抗磨指数，其计算式分别为

$$转鼓指数 = \frac{检测粒度(\geqslant 63 \text{ mm})的质量}{试样的质量} \times 100\% \tag{8-22}$$

$$抗磨指数 = \frac{检测粒度(< 0.5 \text{ mm})的质量}{试样的质量} \times 100\% \tag{8-23}$$

8.2.3.5 热能利用率

焙烧设备的热能利用率与干燥的热能利用率计算相似，焙烧设备的热能利用率（$\eta_{热}$）定义为

$$\eta_{热} = \frac{Q_1 + Q_2}{Q_1 + Q_2 - Q_3 + Q_L} \tag{8-24}$$

式中，Q_1、Q_2 分别是气流与焙烧的产品离开焙烧系统所需热量，kJ/kg；Q_3、Q_L 分别是焙烧反应热与焙烧系统损失的热量，kJ/kg。

焙烧、烧结厂也用原材料消耗定额来考核被烧、烧结过程。通常用焙烧、烧结 1 t 原料所消耗的能量来表示，例如氢氧化铝焙烧的单位产品热耗小于 3.14 MJ/kg。

动画

8.3 干 燥 设 备

由于欲干燥的物料性质迥异，对干燥要求不同，生产规模有小有大，所以使用的干燥设备十分繁杂且不易分类。干燥器（机）的一个分类明细如图 8-15 所示。

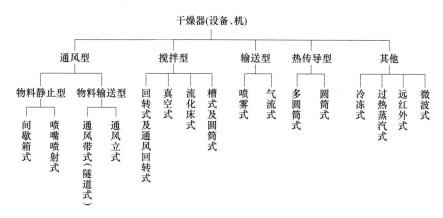

图 8-15 干燥设备分类

物料越细，干燥越困难。除了因其表面积大、表面吸附水多、难以脱干外，还因其自身结块严重，难以碎开，或者是在干燥后板结，更难以粉碎恢复成粉末状，所以干燥设备的发展很大程度上是与粉体的生产和发展有关。

8.3.1　通风型干燥器

图 8-16 为一种连续通风带式干燥器。热干燥介质连续透过多孔输送带（编织网带或孔板链带），对输送带上的湿物料进行干燥。这种干燥器的通道总长可达 50 m，由若干小干燥室组成。采用并流式可适用于不同热敏性物料。最高允许进气温度为 400 ℃。干燥设备在单位时间内 1 m³ 干燥体积所能蒸发的水的质量 kg/(m³·h) 称为汽化强度，输送型通风干燥设备的气化强度约为 50 kg/(m³·h)，热效率为 50%~70%。设备构造简单，操作、维护方便，应用广泛，但不适合冶金中物流量大、有腐蚀性的场合。

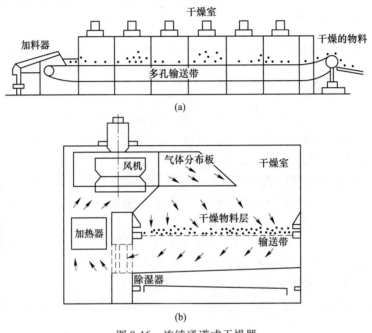

图 8-16　连续通道式干燥器
(a) 正视图示意；(b) 断面图示意

8.3.2　蒸汽干燥机

蒸汽回转干燥机的主体是略带倾斜并能回转的筒体，在筒体内以同心方式排列换热管路，管内通入水蒸气。

蒸汽回转干燥机的工作原理是湿料经螺旋加料器加入筒体，在重力作用下物料由高端进低端出，移动过程中与换热管束进行热交换从而完成干燥；二次蒸汽经排气口、除尘器、引风机排除，夹带粉尘会在除尘器中被捕捉回收。

蒸汽回转干燥机用于矿粉干燥中，具有处理量大、干燥速度快、能耗低等优点。干燥是矿粉生产中的重要工艺过程之一，是一种高能耗的生产操作。在矿粉的干燥中，通常采用回转窑干燥器系统进行干燥，但存在很多缺点，即需要较大的鼓风、引风系统，电能消耗较大、环境污染大；以燃煤的烟道气作为热源，增加了燃煤的费用及烟气后处理的费用；设备运行费用较高。蒸汽回转干燥机能降低生产成本，是一种能适应矿粉大流量干燥、降低能耗并且环保的干燥设备。

8.3.3　真空式干燥机

大多数常压密闭干燥器都可能在真空下运行。采用中空轴可增加传热面积。这种干燥器能在较低温度下得到较高的干燥速度，所以热量利用率高，也可加入惰性气体。设备除适用于泥糊状、膏状物料的干燥外，尤其适用于维生素、抗生素等热敏性物料，以及在空气中易氧化、燃烧、爆炸的物料的干燥。常用的真空干燥设备有真空箱式干燥器、带式真空干燥器、耙式真空干燥器。

真空耙式干燥器的结构如图 8-17 所示，也称圆筒搅拌型真空干燥器。它由筒体和双层夹套构成，筒内有回转搅拌耙齿，回转于空轴上，转速为 3~8 r/min。其主要部件有壳体、耙齿、出料装置、加料装置、粉碎棒、密封装置、搅拌轴和传动装置。欲干燥的膏状物料由加料口加入后，向筒体夹套内通入低压蒸汽。物料一方面被蒸汽间接加热一方面被耙齿搅动、拌匀，蒸发出的水蒸气由蒸汽口用真空泵抽出，其中经过捕集器、冷凝器等。

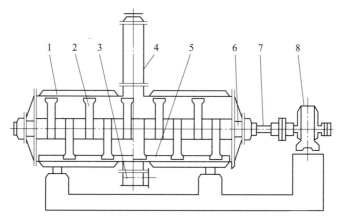

图 8-17　真空耙式干燥器

1—壳体；2—耙齿；3—出料装置；4—加料装置；5—粉碎棒；
6—密封装置；7—搅拌轴；8—传动装置

其工作原理是：被干燥物料从壳体上方正中间加入，在不断正反转动的耙齿的搅拌下，物料轴向来回走动，与壳体内壁接触的表面不断更新，受到蒸汽的间接加热，耙齿的均匀搅拌，粉碎棒的粉碎，使物料表面水分更有利于排出，汽化的水分经干式除尘器、湿式除尘器、冷凝器，从真空泵出口处放空。

真空耙式干燥器结构简单，操作方便，使用周期长，性能稳定可靠，蒸汽耗量小，适用性能强，产品质量好，特别适用于不耐高温、易燃、调温下易氧化的膏状物料的干燥。该设备经用户长期使用证明是一种良好的干燥设备。

间歇式真空干燥设备一般由密闭干燥室、冷凝器和真空泵三部分组成。间歇操作的箱式真空干燥器如图 8-18 所示。

8.3.4　输送型干燥机

输送型干燥机最典型的是载流干燥和喷雾干燥。图 8-19 为一种典型的载流干燥（输送型干燥）系统——气流式干燥机，其干燥主体是一根直立圆筒（也有为数根圆筒的）。

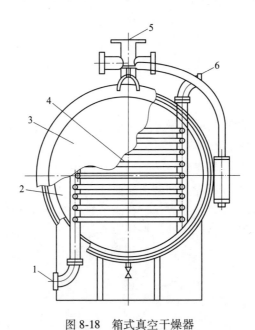

图 8-18 箱式真空干燥器

1—冷凝水出口；2—外壳；3—箱盖；4—空心加热板；5—真空接口；6—蒸汽进口

由图 8-19 可见，由燃烧炉出来的热介质（热烟道气）高速（通常为 20~40 m/s）进入筒底的粉碎设备，将由给料设备送到粉碎设备中的湿物料全部悬浮，湿物料在圆筒中被干燥，而后被输送到气固分离及卸料设施内。这种干燥设备构造简单，造价低，易于建造和维修，干燥效果也很好，设备的汽化强度大；但能耗较大，要求干燥筒长度长。

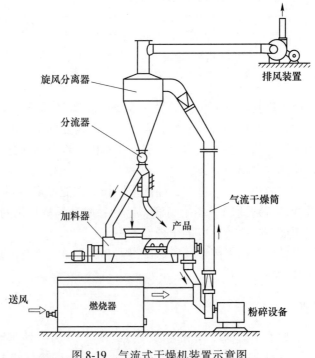

图 8-19 气流式干燥机装置示意图

为克服这些缺点，发展出采用交替缩小和放大直径的脉冲管代替直筒管。倒锥式气流干燥机，采用直径上大下小的倒锥式干燥筒，使气流速度自下而上逐渐减小，将被干燥物料按粒度大小悬浮于筒的不同高度；多级式气流干燥机，将 2~3 级气流干燥筒串联，可降低干燥筒总高度；旋流式气流干燥机，利用旋风分离器作为干燥器，气流夹带着物料以切线方向进入旋风干燥器，颗粒在惯性离心力的作用下悬浮于旋转气流中被迅速干燥。

图 8-20 为另一种典型的载流干燥（输送型干燥）系统，即喷雾干燥机。原料液以一定压力由喷嘴喷出，形成雾化液，液滴直径一般为 100~200 μm；其表面积非常大，遇到热气流时，可在 20~40 s 完成干燥过程。液滴水分高的阶段即恒速干燥阶段，液滴温度仅接近于热气流的湿球温度，所以适用于干燥热敏性物料。喷雾干燥可处理含水率为 40%~90% 的溶液或悬浮液，对某些料液可不经浓缩、过滤，虽然可能不太经济，但为了形成雾化条件，即使对高浓度原料还需加水稀释。这种干燥器应用广泛，可以处理多种物料的悬浮液、溶液、乳浊液及含水的糊状料。

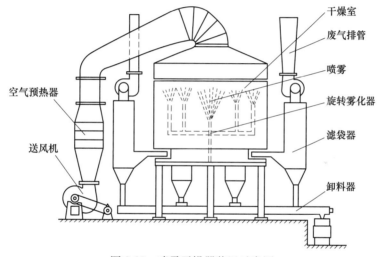

图 8-20　喷雾干燥器装置示意图

喷雾干燥机的主要部件是雾化器，有气流式、旋转式、压力式三种类型，如图 8-21

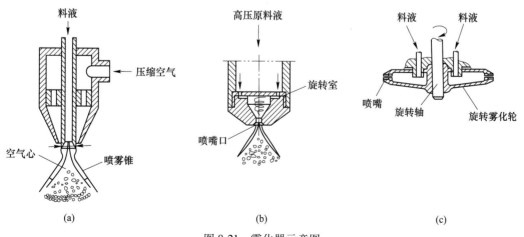

图 8-21　雾化器示意图
（a）气流式雾化器；（b）压力式雾化器；（c）旋转式雾化器

所示。以气流型最常用,压力型最省动力,旋转型的普适性最大。

按干燥机内液滴和气流的混合方式,可将这种干燥机分为并流、逆流和混合流三种类型。用不同的雾化器和不同的混合方式可组成多种形式的喷雾干燥机。这种组合干燥机的产品有良好的分散性,大多数不需要再粉碎和筛选。因为喷雾干燥机是密闭操作,所以不易污染环境,并适合大规模生产。

8.3.5　热传导型干燥机

图 8-22 为一种常见的传导型双圆筒干燥机。两圆筒向相反方向旋转,其上部设有原料液储槽。热介质通过位于圆筒中心部位的旋转接管加入和排出。圆筒上面附着的原料液膜厚度由调节两圆筒间的间隙来控制,一般为 0.1 ~ 0.4 mm。加入加料器的原料液在圆筒上部直接蒸发浓缩,以薄片状黏附在圆筒下部的表面上。干燥在圆筒旋转一周过程内完成,总计时间为 10~15 s;传热效率非常高,可达 80% ~ 90%。顶罩用于吸走干燥时产生的热蒸汽。

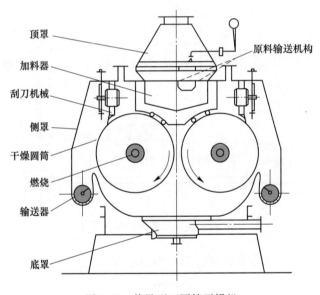

图 8-22　传导型双圆筒干燥机

这种干燥机适合处理重金属溶液、有机（或无机）盐溶液、泥浆状物料以及活性污泥等,可连续地直接将这些料浆干燥成粉末状或片状干燥物,也适用于食品、药品的干燥处理。

基于这种干燥机的结构及产品特点,也称它们为薄膜干燥机（器）。

8.3.6　微波干燥器与红外线干燥器

8.3.6.1　微波干燥器

将需要干燥的物料置于高频电场内,借助于高频电场的交变作用而使物料加热,以达到干燥物料的目的,这种干燥器称为高频干燥器。电场的频率在 300 MHz 的称为高频加热，在 300 MHz~300GHz 的称为超高频加热，也称为微波加热。微波通常指频率为 3×10^8~3×10^{11} Hz 的电磁波。在微波波段中，又划分为四个分波段，见表 8-1。

表 8-1　微波的分波段划分

波段名称	波长范围	频率范围
分米波	1 m~100 cm	300 MHz~3 GHz
厘米波	10~1 cm	3~30 GHz
毫米波	1 cm~10 mm	30~300 GHz
亚毫米波	1~0.01 mm	300~3000 GHz

根据电磁波在真空中的传播速度 c 与频率 f、波长 λ 之间的关系：$c = f\lambda$，相对于 3×10^8~3×10^{11} Hz 的微波频率范围的微波波长范围为 1 m~1 mm。由此可见，微波的频率很高，波长很短。考虑到微波器件和设备的标准化，以及避免使用频率太高造成对雷达和微波通信的干扰，目前微波加热所采用的常用频率为 0.915 GHz 和 2.45 GHz，对应的波长分别为 0.330 m 和 0.122 m。

微波加热的简要原理如图 8-23 所示。电池通过一个换向开关与电容器的极板连接，极板之间放一杯水。当开关合上时，两极间产生的电场作用使杯中的水分子带正电的氢端趋向电容器的负极，并使带负电的氧端趋向正极，这就使水分子按电场方向规则地排列。如转向开关打向相反方向，水分子的排列也跟着转向。如不断地快速转换开关方向，则外加电场方向也迅速变换，导致水分子的方向也不断变化摆动，又因分子本身的热运动和相邻分子之间的相互作用，使水分子随电场变化而摆动的规则受到了阻碍和破坏，分子处于杂乱运动的条件下，产出了类似于摩擦的效应，加剧了热能的产生，使水的温度迅速升高。

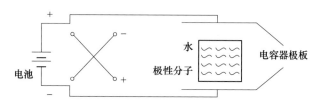

图 8-23　微波加热原理示意图

外加电场的频率越高，极性分子摆动越快，产生的热量就越多；外加电场越强，分子摆动振幅也越大，产生的热量也越多。

在电容器的极板间，放的不是水，而是湿物料，在相同条件下湿物料也产生热量，使湿物料中的水汽化。微波加热就是通过微波发生器使极性分子摆动，在物料内部产生热。

微波加热设备主要由微波发生器、波导、微波能应用器、物料输送系统、控制系统等几个部分组成。微波发生器是微波加热设备的关键部分，由磁控管和微波电源组成，其主要作用是产生设备所需要的微波能量。波导通常是一段具有特定尺寸的矩形或圆形截面的微波传输线，保证将微波发生器产生的微波能量送到微波能应用器中。微波能应用器是实现物料与微波场相互作用的空间，微波能量在此转化成热能、化学能等，来实现对物料的各种处理。控制系统是用来调节微波加热设备的各种运行参数的装置，保证设备的输出功率、输送速度。可以根据规定的最佳工艺规范方便、灵活地调整控制。

综上所述，微波发生器、微波传输和波导系统、微波能应用器是微波加热设备中的重要组成部分。

8.3.6.2　红外线干燥器

红外线加热干燥利用红外线辐射源发出的红外线（0.72~1000 μm）投射到被干燥物料，使温度升高，溶剂汽化。红外线介于可见光和微波之间，红外线是波长为 0.4 ~ 1000 μm 的波，一般把 5.6~1000 μm 的红外线称为远红外线，而把 0.4~5.6 μm 的称为近红外线。红外线被物体吸收后能生热，这是因为物质分子能吸收一定波长的红外线能量，产生共振现象，引起分子、原子的振动和转动而使物质变热。物体吸收红外线越多，就越容易变热，达到加热干燥的目的。

红外线发射器分电能、热能两种。红外线干燥用的辐射源中有红外线干燥灯泡、红外线石英管型灯泡、非金属发热体、煤气燃烧器等，如图 8-24 所示。

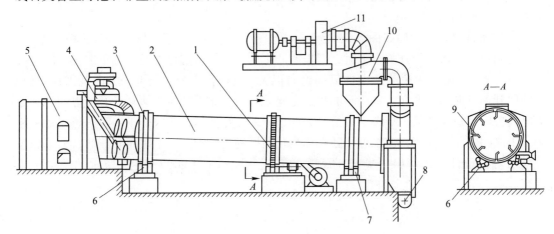

图 8-24　直接传热并流式搅拌型回转圆筒干燥机
1—齿轮；2—转筒；3—滚圈；4—加料器；5—炉子；6—托轮；7—挡轮；8—闸门；
9—抄板；10—旋风收尘器；11—排气

这些辐射器的辐射能在波长方面各有不同的特点。用电能的如灯泡和发射板，用热能的如金属发射板或陶瓷发射板。

红外线加热干燥的特点为热辐射率高，热损失小，节约能源；设备尺寸小，容易进行操作控制；建设费用低，制造简便；加热速度快，传热效率高；有一定的穿透能力；产品质量好。

8.4　兼具干燥与焙烧功能的设备

动画

8.4.1　回转窑

回转窑既可以用于干燥，也用于焙烧与烧结，或者可以在回转窑内同时进行干燥与焙烧。回转窑为稍微倾斜的卧式圆筒形炉。

用于干燥的回转窑称为回转圆筒干燥机。图 8-24 为一个直接传热并流式搅拌型回转圆筒干燥机。回转圆筒的长径比（L/D）约为 5，转速为 2~6 r/min，筒体倾斜安装倾角为 1°~5°。筒内设有翻动和抬升散物料的搅拌抄板，抄板的形式很多，对黏性和较湿的物料适于用升举式抄板，如图 8-25 所示；颗粒细而易引起粉末飞扬的物料适宜用分格式抄板。物料在筒体内的填充率一般小于 0.25。焙烧与烧结的回转窑一般不设置抄板。

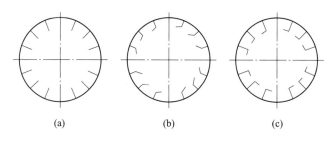

图 8-25　升举式抄板形式示意图
（a）180°升举式；（b）135°升举式；（c）90°升举式

回转圆筒式干燥机的结构一般由筒体、滚圈、支撑装置、传动装置、头、尾罩、燃烧器、热交换器及喂料装置等组成，分述如下。

（1）筒体与窑衬。筒体由钢板卷成，内砌筑耐火材料，称为窑衬，用以保护筒体和减少热损失。

（2）滚圈。筒体、衬砖和物料等所有回转部分的质量通过滚圈传递到支撑装置上，滚圈重达几十吨，是回转窑最重的部件。

（3）支撑装置。由一对手轮轴承组和一个大底座组成。一对托轮支撑着滚圈，容许筒体自由滚动。支撑装置的套数称为窑的挡数，一般有 2~7 挡，其中一挡或几挡支撑装置上带有挡轮，称为带挡轮的支撑装置。挡轮的作用是限制或控制窑回转部分的轴向位置，如图 8-26 所示。

（4）传动装置。筒体的回转是通过传动装置实现的。传动末级齿圈用弹簧板安装在筒体上。为了安全和检修的需要，较大型的回转窑还设有使窑以低转速转动的辅助传动装置，如图 8-27 所示。

（5）窑头罩与窑尾罩。窑头罩是连接窑热端与流程中下道工序（如冷却机）的中间体。燃烧器及燃烧所需空气经过窑头罩入窑。窑头罩内砌有耐火材料，在固定的窑头罩与回转的筒体之间有密封装置，称为窑头密封。窑尾罩是连接窑冷端与物料预处理设备及烟气处理设备的中间体，其内砌有耐火材料。在固定的窑尾罩与回转的筒体间有窑尾密封装置。

（6）燃烧器。回转窑的燃烧器多数从筒体热端插入，通过火焰辐射与对流传热将物料加热到足够高的温度，使其完成物理和化学变化，燃烧器有喷煤管、油喷嘴、煤气喷嘴等，因燃料种类而异。外加热窑是在筒体外砌燃烧室，通过筒体对物料间接加热。

（7）热交换器。为增强对物料的传热效果，筒体内设有各种换热器，如链条、格板式热交换器等。

（8）喂料设备。根据物料入窑形态的不同选用喂料设备。干的散物料或块料，由螺旋给料器喂入或经溜管流入窑内；含水率 40% 左右的生料浆用喂料机挤进溜槽，流入窑内或用喷枪喷入窑内；呈滤饼形态的含水稠密料浆 [如 Al(OH)₃] 可用板式饲料机喂入窑内。

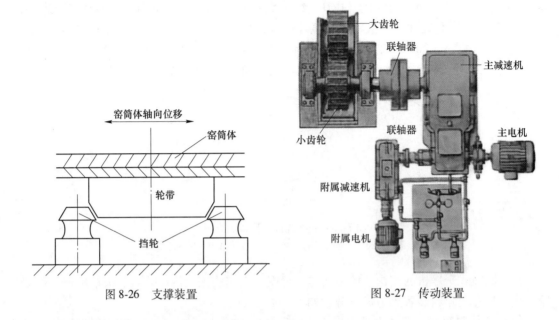

图 8-26 支撑装置   图 8-27 传动装置

回转圆筒式干燥机的主要操作参数如下。

（1）转速。窑体转动起到翻动和输送物料的作用，提高转速有助于强化窑内气流对物料的传热。回转窑的转速（窑体每分钟转动的周数）与窑内物料活性表面、物料停留时间、物料轴向移动速度、物料混合程度、窑内换热器结构和窑内的填充系数等都有密切的关系。

各类回转窑的常用转速见表 8-2。

表 8-2 回转窑常用转速

回转窑名称	转速/(r·min⁻¹)	回转窑名称	转速/(r·min⁻¹)
铅锌挥发窑	0.60~0.92	氧化铝焙烧窑	1.71~2.74
氧化焙烧窑	0.7~1.00	炭素窑	1.10~2.10
镍锍焙烧窑	0.50~1.30	黄镁矿渣球团焙烧窑	0.50~1.30
氧化铝熟料窑	1.83~3.00	耐火材料煅烧窑	0.30~1.70

（2）窑内物料轴向移动速度和停留时间。物料在窑内移动的基本规律是随窑转动的回转物料被带起到一定高度，然后滑落下来。由于窑是倾斜的，滑落的物料同时就沿轴向向前移动，形成沿轴线移动速度。窑内物料的轴向移动速度与很多因素有关，特别是与物料的状态有关。

物料在窑内各带运动速度和停留时间不同导致物料在窑内各带的物理化学变化不同。

回转圆筒式干燥机的热干燥介质也可以和物料逆流流动，因为干燥的推动力较均匀，所以适合干燥需求较严格的物料。由于热干燥介质所带粉尘经过湿料区被滤清，因此排气中含尘量低。

回转圆筒式干燥机机械化程度高，生产能力大，易于实现自动控制，产品质量好，应用范围广。为减少气流带出的粉尘量，气流出口速度一般应小于 3 m/s(不低于 2 m/s)，对微细物料，应小于 1 m/s（不低于 0.5 m/s）。

8.4.2 流化床

流化床既可以用于干燥，也可用于焙烧。用于干燥的叫作流化床式干燥机，用作焙烧的称为流化床焙烧炉。

8.4.2.1 流化床式干燥机

流化床式干燥机（器）工作原理是将粉粒状、膏状（乃至悬浮液和溶液）等流动性物料放在多孔板等气流分布板上，由其下部送入有相当速度的干燥介质。当介质流速较低时，气体由物料颗粒间流过，整个物料层不动；逐渐增大气流速度，料层开始膨胀，颗粒间间隙增大，再增大气流速度，相当部分物料呈悬浮状，形成气固混合床，即流化床（因流化床中悬浮的物料很像沸腾的液体，所以又称沸腾床），物料与干燥介质充分接触，实现快速干燥。

流化床干燥器的干燥速度很快，流化床内温度均匀且易控制调节，时间也较易选定，故可得到水分极低的干燥物料。

流化床干燥设备发展迅速，种类繁多，按生产控制有连续、半连续、间断生产三大类；按结构有单层、多层、卧式多室脉冲、锥形，以及喷动、振动和惰性载体等多种形式。单层圆筒流化床干燥机如图 8-28 所示，是一种最简单的流化床干燥机。

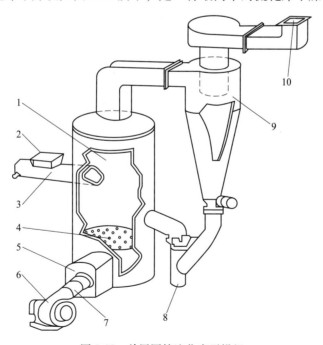

图 8-28 单层圆筒流化床干燥机

1—料室；2—湿物料；3—进料器；4—分布板；5—加热器；6—鼓风机；
7—空气入口；8—干物料；9—旋风分离器；10—空气出口

　　冶金工厂常用振动流化床干燥机。图 8-29 为一种振动流化床干燥机的简图。通过振动可使物料更充分均匀地分散于气流中。其结果是减少了传热、传质的阻力，减少了滞留带和颗粒的聚积，提高了干燥速度，大大缩短了干燥时间。例如将振动流化床干燥器用于湿分较大的精矿，湿精矿在流化段仅停留 12 s，总的停留时间仅 70 ~ 80 s，可将含水 14% ~ 26% 的湿精矿干燥成含水 0.2% ~ 0.4% 的干精矿，宽 1 m、长 13 m 的这种干燥器的处理量可达 7.6 t/h。

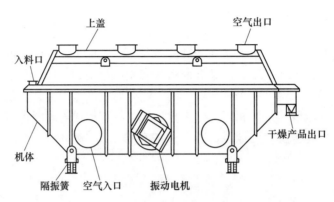

图 8-29　ZLG 系列振动流化床干燥机示意图

　　黏性大、含水量高的泥糊状物料难以在干燥介质流中分散和流态化。在干燥器底部放入一些惰性载体（如石英砂、氧化铝、氧化锆的小球、颗粒盐等），当它们在一定流速的气流作用下流化时，就会将湿物料黏附在其表面，继而使之成为一层干燥的外壳。由于惰性载体互相碰撞摩擦，又会使干外壳脱落，被介质流带走，而载体自身又与新的湿物料接触，再形成干外壳，如此循环，细的湿黏物料也可在流化床干燥机中得到充分的干燥。

8.4.2.2　流化床焙烧炉

　　流化床焙烧炉是流态化焙烧的主体设备。目前锌精矿的焙烧都用流化床焙烧炉。各地的锌精矿粒度基本一致，水分含量差异大，因此锌精矿进炉前必须经配料，控制入炉水分小于 9%。水分较高时应预先干燥。

　　流化床焙烧炉按床断面形状可分为圆形（或椭圆形）、矩形。圆形断面的炉子，炉体结构强度较大，材料较省，散热较小，空气分布较均匀，因此得到广泛应用。当炉床面积较小而又要求物料进出口间有较大距离的时候，可采用矩形或椭圆形断面。流态化焙烧炉按炉膛形状又可分为扩大型（鲁奇型）和直筒型（道尔型）两种。为提高操作气流速度，减小烟尘率和延长烟尘在炉膛内的停留时间，目前新建焙烧炉多采用扩大型（鲁奇型）炉，如图 8-30 所示。图 8-31 为前室加料直筒型流态化焙烧炉。

8.4.2.3　流化床的主要部件与功能

　　流化床（干燥与焙烧）的主要组成部分为壳体与炉墙、气体分布装置、加料口（包括前室）、内部构件、换热装置、烟气出口（气固分离装置）和固体颗粒的装卸装置（排料口）等。

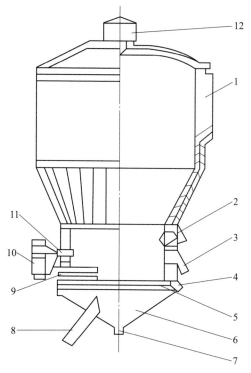

图 8-30 扩大型（鲁奇型）流态化焙烧炉结构

1—排气道；2—烧油嘴；3—焙砂溢流口；4—底卸料口；5—空气分布板；6—风箱；
7—风箱排放口；8—进风管；9—冷却管；10—高速皮带；11—加料孔；12—安全罩

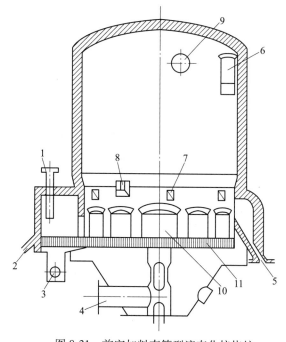

图 8-31 前室加料直筒型流态化焙烧炉

1—加料孔；2—事故排出口；3—前室进风口；4—炉底进风口；5—焙砂溢流口；6—排烟口；7—点火孔；
8—操作门；9—开炉用排烟口；10—汽化冷却水套安装口；11—空气分布板

A　流化床的壳体与炉墙

最常见的流化床的壳体（整个外壳）是一圆柱形容器，下部有一圆锥形底，体身上部为一气固分离扩大空间，其直径比床身大许多。在圆筒形容器与圆锥形底之间有一气体分布板（多孔板）。

炉墙包括自由空域和扩大段。炉内气固浓相界面以上的区域称为自由空域或自由空间。由于气泡逸出床面时的弹射作用和夹带作用，一些颗粒会离开浓相床层进入自由空域。一部分自由空域内的颗粒在重力作用下返回浓相床，而另一部分较细小的颗粒则最终被气流带出流化床。扩大段位于流化床上部，其直径大于流化床主体的直径，并通过一锥形段与主体相联。扩大段可以显著降低气流的速度，从而有助于自由空域内的颗粒通过沉降作用返回浓相，减少颗粒带出及降低自由空域内的颗粒浓度。对于流化床化学反应器来说，较低的自由空域颗粒浓度对于减少不利的副反应往往是至关重要的。流态化焙烧炉扩大部分炉腹角一般为4°~15°，当灰尘有黏性时最好小于10°。

炉内气固浓相界面以下、炉底以上的区域称为流化床。流化床内的温度分布可分为三个区域：第一区域距下料口1000 mm左右，为预热带，其温度为1050 ℃，由于是投料的区域，矿料湿，水分大量蒸发吸收热量；第二区域在炉内中央较大一片反应带，该区域温度较为均匀，约1150 ℃；第三区域离出料口1000 mm左右的降温带，该区域温度较中心区略低。

B　气体分布装置

气体分布器也叫炉底或炉床，常见的分布板结构为多孔板。由钢制多孔底板、风帽和耐火材料组成。为了使气体分布均匀和不使床内颗粒下落至锥形体部分，多孔板的自由截面积小于空塔截面积的50%，即开孔率为50%。开孔率大，压降小，气体分布差；开孔率小，气体分布好，但阻力大，动力消耗大。分布器压降大于整个床层压降的10%~30%。该区域习惯上被称为分布器控制区或分布板区。

风帽和气体分布板为焙烧炉重要的组成部分。气体分布板一般由风帽、花板和耐火材料衬垫构成。风帽周围由耐火混凝土固定；空气能否均匀进入沸腾层主要取决于风帽的排列及风帽本身的结构。对于圆形炉子来说，以采用同心圆的排列较为合适［见图8-32（a）］，它可以保证靠边墙的一圈风帽也能得到均匀的排列。如用正方形排列或等边三角形排列，则靠边墙部分有些空出的地方不便于安排风帽。对于长方形炉子，则采用正方形排列较为适当，如图8-32（c）所示。

风帽大致可分为直流式、侧流式、密孔式和填充式四种。锌精矿流态化焙烧广泛应用侧流式的风帽，如图8-33所示。从风帽的侧孔喷出的空气紧贴分布板进入床层，对床层搅动作用较好，孔眼不易被堵塞，不易漏料。风帽下面是风箱，让鼓风机送来的风均匀分配到风帽。

C　内部构件

内部构件的重要作用是破碎大气泡和减少近混。内部构件的主要形式有挡网、挡板、填充物、分散板等。

D　换热装置

为了维持流化床内的温度分布，需要把冶金反应释放出来的多余热量排出。流化床的

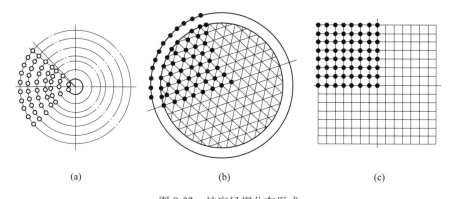

图 8-32 炉底风帽分布形式

（a）同心圆排列；（b）等边三角形排列；（c）正方形排列

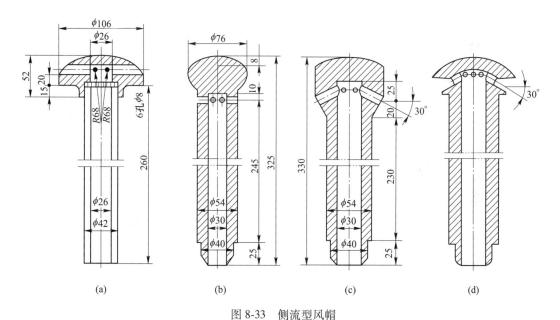

图 8-33 侧流型风帽

（a）内设阻力板风帽；（b）平孔风帽；（c）斜孔风帽 1；（d）斜孔风帽 2

换热可通过外夹套或床内换热器进行。当用床内换热器时，除应考虑一般换热器要求外，还必须考虑到对床内物料流动的影响，即换热器的形式和安装方式应当尽量有利于流体的正常流动。干燥时用列管换热，放在距设备中心 2/5 半径处换热效果较好。焙烧炉的排热方法有直接喷水法和间壁换热法。多数厂家用间壁换热法，在流化床的侧墙上布置水套。水套的作用是带走流态化层的余热，增加处理能力。水套有箱式水套和管式水套两种。箱式水套埋在侧墙内，管式水套插入流化层中。箱式冷却水套的结构如图 8-34 所示。

E 流化床焙烧炉的加料装置

流化床焙烧炉有干式加料和浆式加料两种。浆式加料要求加料装置耐磨、耐腐蚀，烟气的收尘与制酸系统较为庞大，已很少采用。现普遍采用干式加料。干式加料又有抛料机散式加料和前室管点式加料两种。早期设计的沸腾炉很多都有前室。前室易堵塞，风帽

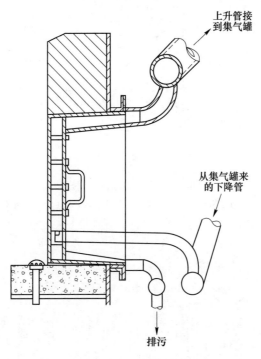

图 8-34 箱式冷却水套

"戴帽"，严重时造成停炉，因此目前已很少采用。国外大的沸腾炉多用抛料机进料，而国内则常用皮带式抛料机或圆盘加料机。在水分达标的情况下，首推皮带抛料机进料，它具有进料均匀、易调节的优点；但在水分较高而且不稳定的情况下，则用圆盘较为合适，圆盘的适应性较皮带强，10%左右的水分也能维持正常生产。锌精矿流态化焙烧的抛料机如图 8-35 所示。抛料机就是一台带速 18 m/s 的皮带输送机，还有相应的抛料部件。

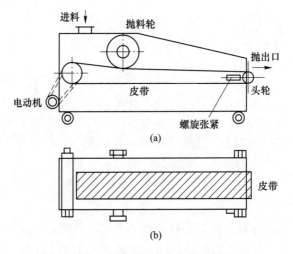

图 8-35 锌精矿流态化焙烧抛料机
（a）正视图；（b）俯视图

F 流化床焙烧炉的排料装置

流化床焙烧炉排料常用的三种形式，第一是重力法，靠颗粒本身的质量使颗粒装入或流出，设备最简单，适于小规模生产；第二是机械法，用螺旋输送机、皮带加料机、斗式提升机等，此法不受物料湿度及粒度等的限制，但需专门的机械；第三是气流输送法，此法输送能力大、设备简单，但对输送的物料有一定要求，也较常用。

排料口设在炉下部，有溢流排料口和底流排料口。焙烧炉产出的焙砂，一部分由溢流放出口排出，一部分随烟气带出，少量大颗粒焙砂由设置于底部的排料口排出。溢流排料口的高度即为流态化层的高度，焙烧矿由此排出。底流排料装置虽然排出量少，但它防止了大颗粒的沉积，通过连续和间断地排出块状物，有效地延长了炉期。底流排料装置如图8-36所示。抽板排料装置的结构复杂、操作烦琐，物料积累在底排料区，易形成黏结。目前抽板排料装置取消了底排料区和抽板阀，改为从底部侧墙设置倾斜排料管排料，或用钟罩阀排料装置。

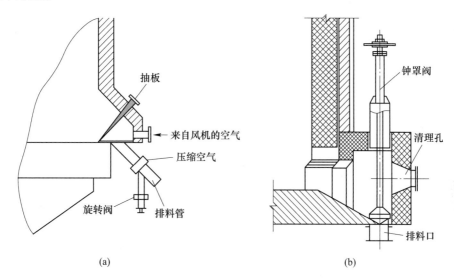

图 8-36 锌精矿流态化焙烧炉的底流排料装置
(a) 抽板排料装置；(b) 钟罩阀排料装置

G 流化床炉的炉顶排烟装置

由于炉上部直径较大，采用架顶斜面砖砌筑的拱顶结构是不宜的。按鲁奇炉的生产实践，拱顶采用较大块的砖环砌，砖的断面为阶梯状，环与环咬合在一起。拱顶中央有锥形砖锁口，防止膨胀或收缩造成的松动。拱顶砖和墙砖材质相同，均采用高质黏土耐火砖。拱顶砖如图8-37所示。顶部排烟口在侧部。

H 流化床焙烧炉的旋风分离器和料腿装置

该装置实现气与固分离。常用的有自由沉降式、旋风分离式、过滤器式三种形式。在这三种形式中最常用的是旋风分离器，通常将几个旋风分离器串联使用，两级和三级旋风在工业上比较常见。外旋风分离器的料腿是位于流化床床体之外的一根管道，料腿底部可以与床体相连以返回所分离的颗粒；内旋风分离器的料腿直接向下伸入床中，其末端既可以浸入浓相床中，也可以悬置在自由空域中。旋风分离器成功操作的一个重要因素是料腿

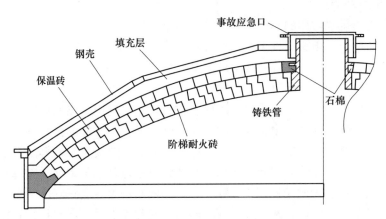

图 8-37　拱顶砖和事故应急口

中不能有向上"倒窜"的气流，只能有向下流动的固体颗粒，因此在料腿的末端一般设有特殊的反窜气装置。比如出口在自由空域内的料腿底部常装有翼阀，浸入浓相的料腿底部也往往设有锥形堵头一类的装置。

I　流化床焙烧炉的炉气冷却装置

炉气出口设在炉顶或侧面，烟气从此进入冷却器或余热锅炉。烟气冷却通常有夹套水冷和余热锅炉两种。夹套水冷的设备简单，热能利用率低，少用。余热锅炉于 1980 年后用于锌精矿焙烧系统。锌烟尘黏度大、易黏结，所以用水平单通道锅炉，大空腔、水冷壁、先辐射后对流的结构。对流室由过热管束和蒸发管束组成。对流室与辐射段间设有扫渣管以防止大量的高温尘进入过热段和对流段，清灰方式为机械振打。为便于清灰和受热膨胀，锅炉采用悬吊式支撑。余热锅炉的投资为水冷夹套的 3~4 倍，使用寿命则为 5 倍以上。

J　焙烧炉的焙砂冷却装置

焙砂冷却主要有三种方式，一是外淋式或浸没式冷却圆筒；二是沸腾冷却；三是高效冷却转筒。通常用高效冷却转筒。其效率高、冷却效果好，当进料温度为 1100 ℃时，排料温度可以到常温，而且热水可以利用。尤其是带余热锅炉的沸腾炉，软水可先经该设备加热至 70 ℃，再上除氧器除氧，既冷却了焙砂，又回收了热量，是目前首选的冷却设备。

8.5　焙烧与烧结设备

动画

焙烧设备统称为焙烧炉，除了前述回转窑和流化床外，还有多膛焙烧炉、飘悬焙烧炉等。

烧结的设备有烧结机、竖式焙烧炉和链箅机-回转窑等，以焙烧机为主。现用的烧结机多为步进式烧结机和带式烧结机。竖式焙烧（烧结）炉是用来焙烧球团的最早设备。竖炉的规格以炉口的面积来表示。目前，最大竖炉断面积为 2.5×6.5 m^2（约 16 m^2）。链箅机-回转窑焙烧（烧结）由链箅机、回转窑和冷却机组合而成。

8.5.1 多膛焙烧炉

多膛焙烧炉通常为间隔多层炉膛、多层炉床结构。炉内壁衬以耐火砖。在中心轴上连接着旋转的耙臂随轴转动，转动耙臂采用空气冷却。物料由顶部加入，并依次耙向每层炉盘外缘或内缘相间的开孔，由上一层降落至下一层，经干燥、焙烧后从最底层排出。炉气在炉内向着与物料相反的方向流动，直到干燥预热最上层的物料后逸出。与其他焙烧炉相比，多膛焙烧炉出炉烟气温度低、散热能力强；缺点是温度难以控制、焙烧时间长、生产能力小。对于依次进行不同焙烧反应的焙烧，此种炉子倒是很方便。

多膛焙烧炉如图8-38所示，一般设有8~12层炉床。

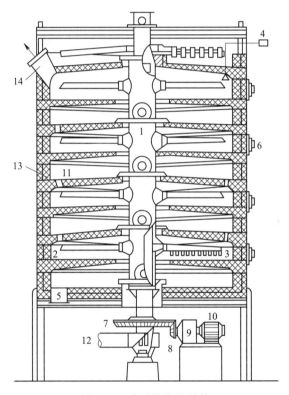

图8-38　多膛焙烧炉结构

1—中央主轴；2—耙臂；3—耙齿；4—给料口；5—排料口；6—操作门；7—大齿轮；8—齿轮；
9—减速机；10—马达；11—炉床；12—冷风入口；13—炉壁；14—炉气出口

8.5.2 烧结机

带式烧结机是钢铁工业的主要烧结设备，它的产量占世界烧结矿的99%，具有机械化程度高、工作连续、生产率高和劳动条件好等优点。冶金用的带式烧结机有抽风带式烧结机与鼓风烧结机，其系统如图8-39与图8-40所示。

抽风烧结布料至出料的工作过程为铺底料装置→混合料布料系统→煤气点火系统→烧结主机。鼓风烧结布料至出料的工作过程为台车经一次布料后进入高温点火器，经过点火器后一次所布的料全部燃烧达到点火目的；二次布料器给台车自动布料，台车继续运行进

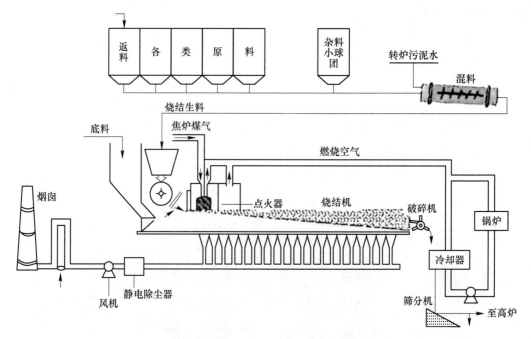

图 8-39　抽风带式烧结机系统示意图

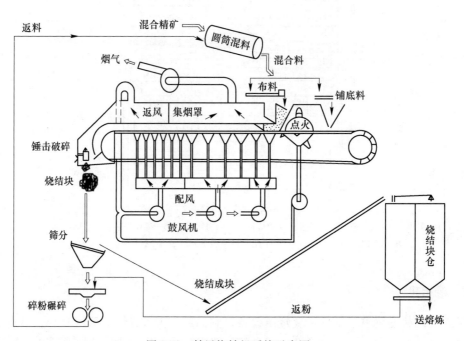

图 8-40　鼓风烧结机系统示意图

入鼓风段，由风的作用使已点燃的料层向上燃烧而引燃二次布的料层，当台车将达到尾部时，台车所布料全部燃烧完；在整个燃烧过程中，矿粉经过高温（1200 ℃左右）产生化学反应并局部熔化，在温度变化过程中凝结，形成块状，达到烧结目的。

抽风带式烧结机的燃烧从上往下进行，从料层中抽出的废气经台车下的风箱至集气总管和除尘装置，由抽风机排向烟囱。鼓风烧结机的燃烧从下往上进行，从料层中抽出的废气经台车上的集气罩汇集，至总管和除尘装置，由抽风机排向制酸系统。

由图8-39和图8-40可见，鼓风带式烧结机共由供料系统、布料系统、点火系统、主机系统、抽风系统、鼓风系统、防尘除尘系统、出料系统组成。抽风烧结机是由铺设在钢结构上的封闭轨道和在轨道上连续运动的一系列烧结台车组成，抽风带式烧结机主要包括传动装置（头轮与尾轮）、台车、点火器、预热炉、布料器、给料机、吸风装置、密封装置、干油集中润滑和机尾摆架等。

8.5.2.1 传动装置

烧结机的传动装置主要靠机头链轮（驱动轮）将台车由下部轨道经机头弯道运到上部水平轨道，并推动前面台车向机尾方向移动，同时完成台车卸料。如图8-41所示，头尾的异型弯道主要是将台车从上部或下部平稳地过渡到反向的水平轨道上，链轮与台车的内侧滚轮相啮合，一方面台车能上升或下降，另一方面台车能沿轨道回转。台车车轮间距a、相邻两台车的轮距b和链轮的节距c之间的关系是$a=c$，$a>b$。从链轮与滚轮开始啮合时起，相邻的台车之间便开始产生一个间隙，在上升及下降过程中，保持相当于$a-b$的间隙，从而避免台车之间摩擦和冲击造成的损失和变形。从链轮与滚轮开始分离时起，间隙开始缩小，由于台车车轮沿着与链轮回转半径无关的轨道回转，相邻台车运动到上下平行位置时，间隙消失，台车就一个紧挨着一个运动。烧结机头部的驱动装置主要由电动机、减速器、齿轮传动和链轮部分组成。机尾链轮为从动轮，与机头大小形状都相同，安装在可沿烧结机长度方向运动的并可以自动调节的移动架上。

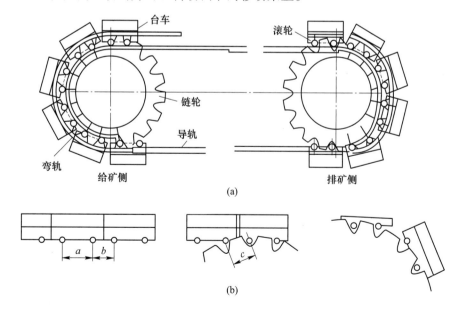

图8-41 机头链轮带动台车运动简图

（a）台车运动状态；（b）台车尾部链轮运动状态

8.5.2.2　台车

带式烧结机是由许多台车组成的一个封闭式的烧结带，因此台车是烧结机的重要组成部分。它直接承受装料、点火、抽风、烧结直至机尾卸料，完成烧结作业。烧结机的长宽比为 12~20。

台车由车架、拦板、滚轮、算条和活动滑板（上滑板）五部分组成。图 8-42 为国产 105 m² 烧结机台车。台车铸成两半，由螺栓连接。台车滚轮内装有滚柱轴承，台车两侧装有拦板，车架上铺有 3 排单体算条，算条间隙为 6 mm 左右，算条的有效抽风面积一般为 12%~15%。

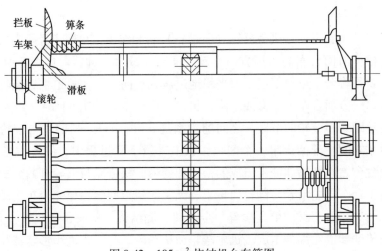

图 8-42　105 m² 烧结机台车简图

8.5.2.3　吸风装置

吸风装置（也称为真空箱）装在烧结机工作部分的台车下面，风箱用导气管（支管）同总管连接，其间设有调节废气流的蝶阀。真空箱的个数和尺寸取决于烧结机的尺寸和构造。日本在台车宽度大于 3.5 m 的烧结机上，将风箱分布在烧结机的两侧，风箱角度大于 36°。400 m² 以上的大型烧结机多采用双烟道，用两台风机同时工作。

风箱的形式为双侧吸入式，共设 18 个风箱，分为 2 m、3 m、3.5 m、4 m 四种规格。所有风箱均用型钢及钢板焊接而成，在尾部的 17、18 风箱内焊有角钢以形成料衬。连接风箱的框架由纵梁、横梁、中间梁组合装配而成。风箱结构如图 8-43 所示。

8.5.2.4　密封装置

台车与真空箱之间的密封装置是烧结机的重要组成部分。运行台车与固定真空箱之间密封程度的好坏影响烧结机的生产率及能耗。风箱与台车之间的漏风大多发生在头尾部分，而中间部分较少。新设计的烧结机多采用弹簧密封装置，它是借助弹簧的作用来实现密封的。根据安装方式的不同，弹簧密封分为上动式和下动式两种。

（1）上动式密封［见图 8-44（a）］就是把弹簧滑板装在台车上，而风箱上的滑板是

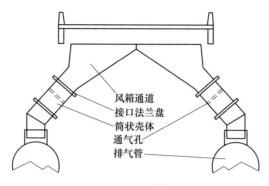

图 8-43 风箱结构简图

固定的。在滑板与台车之间放有弹簧，靠弹簧的弹力使台车上的滑板与风箱上的滑板紧密接触，保证风箱与大气隔绝。当某一台弹性滑板失去密封作用时，可以及时更换台车，因此使用该种密封装置可以提高烧结机的密封性和作业率。目前，这是一种较好的密封装置。

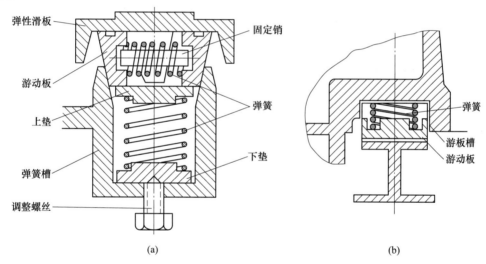

图 8-44 弹簧封闭装置结构简图
（a）上动式弹簧密封；（b）下动式弹簧密封

（2）下动式密封如图 8-44（b）所示，就是把弹簧装在真空箱上，利用金属弹簧产生的弹力使滑道与台车滑板之间压紧。这种装置主要用于旧结构烧结机的改造上。

新型烧结机采用重锤式端部密封装置，其适用于 18~450 m² 烧结机（台车宽度分别为 2~5 m）的配套或更新换代。它的特点为浮动密封板，焊接结构，球铁衬板，表面平整光洁，台车运行阻力小；采用不锈薄钢板作浮动板与风箱衔接的密封件，比通常使用的柔韧性石棉板密封件使用寿命高 3~5 倍，且备件方便、价廉；重锤装在头、尾部灰斗以外，便于安装及增减重块，保持浮动密封板与台车的接触压力适当。

8.5.2.5 机架和干油集中润滑系统

主机架分为头、中、尾三部分，采用分体式现场组装后焊接。尾部调节架由尾部星轮装置、重锤平衡装置、移动灰箱、固定灰箱、支撑轮等组成。干油集中润滑系统其主要润滑部位有台车密封滑道、头尾星轮轴承、尾部摆架支撑轮、单辊破碎机轴承等，润滑系统能够自动向各润滑点周期性供油，可保证设备的正常运转，通过调整给油器的微调控制各点给油量的大小。

8.5.2.6　布料与点火装置

我国采用的布料方式有两种：第一种是圆辊给料机反射板布料，这种布料方法的优点是工艺流程简单，设备运转可靠；缺点是反射板经常粘料，引起布料偏析、不均匀。目前，新建厂都采用圆辊给料机与多辊布料器的工艺流程，用多辊布料器代替反射板，可消除粘料问题。使用精矿粉烧结时要求较大的水分，反射板的黏结问题更为突出。生产实践证明，多辊布料效果较好。第二种是梭式布料器与圆辊给料机联合布料。这种方法布料均匀，有利于强化烧结过程，提高烧结矿质量。对台车上混合料粒度的分布及碳素的分布检查表明，当梭式布料器运转时，沿烧结机台车宽度方向上混合料粒度的分布比较均匀，效果较好；当梭式布料器固定时，混合料粒度有较大的偏析，大矿槽布料效果最差。

按所用燃料的不同，点火装置有气体、液体和固体的点火器。气体点火器为烧结厂普遍采用，如图 8-45 所示。气体燃料点火器外壳为钢结构，设有水冷装置，内砌耐火砖，在耐火砖与外壳之间充填绝热材料。点火器顶部装有两排喷嘴，喷嘴设置个数根据烧结机大小而定，以保证混合料点火温度均匀。国内有延长点火或二次点火的措施，有利于提高烧结矿的质量。

8.5.3　竖式焙烧炉

球团竖炉为矩形立式炉，其基本构造如图 8-46 所示。中间是焙烧室，两侧是燃烧室，下部是卸料辊和密封装置。炉口上部是生球布料装置和废气排出口。为有利于生球和焙烧气流的均匀分布，焙烧室的宽度多数不超过 2.2 m。国外还有中等炉身型外冷式竖炉，如图 8-47 所示。

在图 8-46 所示的竖炉中，冷却和焙烧在同一个室内完成。生球自竖炉上部炉口装入，在自身重力作用下，通过各加热带及冷却带到达排料端。在炉身中部两侧设有燃烧室，产生高温气体喷入炉膛内，对球团进行干燥、预热和焙烧，两侧燃烧室喷出的火焰容易将炉料中心烧透。在炉内初步冷却球团矿后的一部分热风上升，通过导风墙和干燥床，以干燥生球。

燃烧室的形状有卧式圆柱形（高炉煤气用）和立式圆柱形（重油和天然气用）两种。国外竖炉多用立式燃烧室，其底部有一个烧嘴供热，自动控制方便。中国竖炉烧嘴安装在卧式燃烧室的侧面，每侧数量为 2~5 个。

排矿设备由齿辊卸料机及排料机组成。齿辊卸料机的作用主要是控制料面、活动料柱及破碎大块。国外竖炉的齿辊卸料机组通常分上下两层，交叉布置。中国竖炉则由一排齿辊组成，齿辊通水冷却，相邻齿辊的间隙为 80~100 mm。齿辊工作时转矩大、转速低，宜采用液压传动。齿辊两端宜采用迷宫式密封。由于齿辊间存在着间隙，需要在漏斗下部安设控制排料的装置。欧美一些国家竖炉采用"空气炮"排料装置，即用压缩空气吹动斜溜槽上的球团矿进行排料。中国竖炉通常采用电振给料机排料。

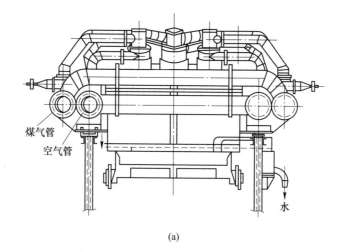

(a)

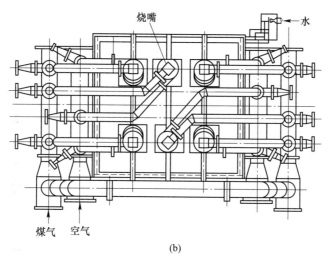

(b)

图 8-45 气体点火器的结构简图

（a）主视图；（b）俯视图

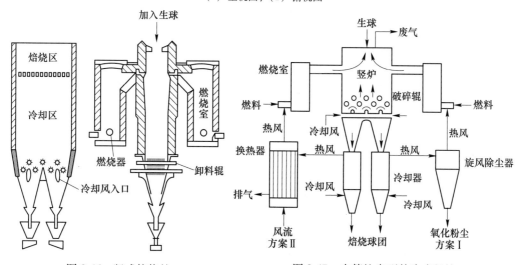

图 8-46 竖式焙烧炉　　　　　　图 8-47 中等炉身型外冷式竖炉

8.5.4　链箅机-回转窑

链箅机-回转窑焙烧（烧结）由链箅机、回转窑和冷却机组合而成，如图8-48所示。链箅机的机构与烧结机的大体相似，由链箅机本体、内衬耐火料的炉罩、风箱及传动装置组成。链箅机本体由牵引链条、箅板、栏板、链板轴和星轮组装而成，装料台车逆风走向运转。整个链箅机由炉罩密封，引导热气流走向。

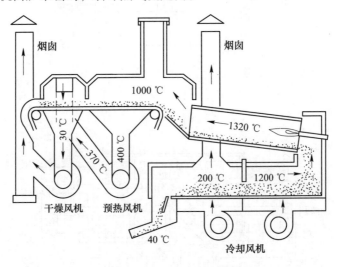

图 8-48　链箅机-回转窑示意图

生球的干燥、脱水和预热过程在链箅机上完成，高温焙烧在回转窑内进行，而冷却则在冷却机上完成。链箅机装在衬有耐火砖的室内，分为干燥和预热两部分，箅条下面设风箱，生球经辊式布料器装入链箅机，随同箅条向前移动，不需铺底、边料。生球在干燥室内被从预热室抽来的 250~450 ℃的废气干燥，干燥后废气温度降低到 120~180 ℃。然后干球进入预热室，被从回转窑出来的 1000~1100 ℃的氧化性废气加热，生球进行部分氧化和再结晶，具有一定强度，再进入回转窑焙烧。

 # 习　题

查看习题解析

8-1　单选题

（1）空气的湿含量一定时，其温度越高，则它的相对湿度就（　　）。

　　A. 越低　　　　　　B. 越高　　　　　　C. 不变　　　　　　D. 越影响传热和传质速率

（2）在恒速干燥阶段，物料的表面温度维持在空气的（　　）。

　　A. 干球温度　　　　　　　　　　　B. 湿球温度

　　C. 露点温度　　　　　　　　　　　D. 水的正常沸点

（3）将不饱和的空气在总压和湿度不变下进行冷却而达到饱和时的温度，称为（　　）。

　　A. 湿球温度　　　　　　　　　　　B. 绝热饱和温度

　　C. 露点温度　　　　　　　　　　　D. 干球温度

（4）湿空气在预热过程中不发生变化的状态参数是（　　）。

　　A. 焓　　　　　　　　　　　　　　B. 相对湿度

　　　C. 露点温度　　　　　　　　　　D. 湿球温度

（5）干燥操作的经济性主要取决于（　　　）。

　　　A. 能耗和干燥速率　　　　　　　B. 能耗和热量的利用率

　　　C. 干燥速率　　　　　　　　　　D. 干燥介质

（6）下面叙述是硫化锌精矿采用流态化焙烧的理由，除了（　　　）。

　　　A. 硫化锌精矿的化学成分稳定，硫的含量变化不大

　　　B. 硫化锌精矿的粒度细小、比表面大、活性高以及硫化物本身也是一种"燃料"

　　　C. 200 目的锌精矿颗粒的着火温度 710 ℃

　　　D. 硫化锌精矿的熔点 1650 ℃

（7）某班生产 4000 t 烧结矿，烧结机烧结面积 100 m²，生产时间 25 h，其利用系数为（　　　）。

　　　A. 1. 0　　　　B. 1. 6　　　　C. 1. 8　　　　D. 2. 0

（8）铺底料粒度标准为（　　　）。

　　　A. 7. 4 mm 以下　　B. 10~20 mm

　　　C. 大于 50 mm　　D. 50 mm 以下

（9）在条件相同情况下，增加给矿量，筛分效率（　　　）。

　　　A. 下降　　　　B. 增加　　　　C. 大于 70%　　　D. 小于 70%

（10）铁矿石用链箅机-回转窑烧结的理由，除了（　　　）。

　　　A. 在链箅机内，热铁矿石（1000~1100 ℃）被从回转窑出来的热得以利用

　　　B. 可以调整加料量、窑转速、负压、燃料、助燃空气量等参数来达到控制烧结状态

　　　C. 气体的流速影响传热速率、窑的产量、热耗及成品率

　　　D. 生料呈悬浮状态，能与气流充分接触，传热速度快、效率高

8-2　思考题

（1）现有 10 t 铜精矿，其含水量 20%（湿基），将其干燥至含水量 0.5%（干基）后还有多少吨？

（2）简述干燥曲线的规律。

（3）简述抽风带式烧结机的主要结构和功能。

（4）简述回转圆筒式干燥机的主要结构与功能。

（5）分析影响干燥的因素，试述干燥过程如何节能？

（6）简述锌精矿流态化焙烧设备的主要结构和功能。

（7）简述铁矿烧结、球团竖炉焙烧与链箅机-回转窑焙烧的优缺点。

9 熔炼设备

岗位情境

把金属矿物与熔剂熔化，完成冶金化学反应，实现矿石中金属与脉石成分分离的冶金过程称为熔炼。大多数金属主要是通过熔炼获得的，根据熔炼原理的不同，熔炼设备也不同；根据冶金目的的不同，熔炼设备还有粗炼设备和精炼设备之分。

熔炼设备种类多、结构复杂，正在运行的设备看不见内部高温物料的运动情况，这给学习熔炼设备带来困难。本章从熔炼设备的结构、工作原理、性能和特点等方面进行介绍，对冶金工艺管控具有重要意义。图 9-1 为某厂转炉生产现场。

图 9-1 转炉生产现场

岗位类型

（1）冶金熔炼炉窑炉长岗位；
（2）冶金熔炼炉窑控制室岗位；
（3）冶金熔炼炉窑加料岗位；
（4）冶金熔炼炉窑熔体排放岗位。

职业能力

（1）具有操作冶金熔炼炉窑主要设备并进行智能控制与维护的能力；
（2）具有处理冶金熔炼炉窑设备故障，清晰完整记录生产数据的能力。

9.1　熔炼工程基础

　　金属熔炼的目的就是将溶剂与金属按不同比例配比好并投入炼炉中，经加热和熔化得到熔体，再经一定的液体处理，得到符合要求质量的熔体。在这种金属热加工过程中，金属本身或与其环境之间将发生许多物理化学的变化和反应。所有这些都会影响到熔体的质量，只有对一系列的变化和反应有比较清楚的认识，才能更好地控制在熔炼过程。

9.1.1　金属的加热和熔化

　　在室温条件下，金属大多呈固态，将之加热超过其熔点后则转变为液态即金属熔体。固态金属是晶体，其中的原子呈有规则的排布，而脱离原子的电子则弥散于整个晶体之中，形成所谓"电子云"。失去电子的原子带正电荷，即正离子，它与电子云之间存在库仑引力；同时，正离子之间和电子云之间还存在库仑斥力。两种作用力达到平衡，使晶体点阵上粒子之间的距离保持相对的稳定，此即金属键的特征。

　　当温度升高时，原子的热振动加强，动能增加，振幅加大，原子之间的平稳距离也相应增大，此即金属发生热膨胀的微观机理，金属晶体中的原子之间均系三维联系，其热振动也是三维的。金属之热传导则通过热振动将热量从高温区传递到低温区，进一步，由于热振动的加剧和能量的起伏作用，使某些偶尔能获得较高动能的原子冲出势阱，跃过势垒，而在晶体内部运动。温度越高，则能跃过势垒的原子数目越多，这就是金属中发生扩散作用的基础。当实际的金属晶体内部存在空位、位错等缺陷时，更能加速扩散作用。

　　固态金属受热升温，则体积膨胀；在不断升温达到和超过金属熔点时，金属吸收熔化潜热，由固态熔化转变成液态。而从微观来看，熔化就是金属原子的振幅急剧增大，大量的原子跃过势垒，脱离邻近原子的束缚在晶粒内部跳跃转移到邻近晶粒上去，如此，晶粒即逐渐失去了原先的形状和尺寸；继续发展下去，最终使金属的晶体状态发生完全破坏，并形成大量空穴。金属的熔化总是首先由原子排布紊乱、能量较高的晶粒边界开始的。其消耗的熔化潜热，就是给金属内足够的原子提供跃过势垒的能量，从而破坏了晶体状态。

　　固态金属的高温和热膨胀是量变过程，而其熔化成液态则是质变。熔化前后两种状态的金属具有明显不同的性质，自然它们的结构也是不同的。

9.1.2　液态金属的结构

　　液态金属具有明显的流动性质，但它与作为流体的气体大不相同。在接近熔点时，液态金属的结构与固态相似，它的原子并不像固态金属中的原子排布得那么整齐有序构成晶体，而是以原子集团的形式存在。这种原子集团，只是在其核心部位很近的路程上还维持着类似晶体的特点，而在离核心渐远时，原子的整齐有序排布的特点是即行消失。通常晶体的形式称为远程有序结构，而原子集团的形式称近程有序结构。

　　由于急剧的热运动和能量起伏强烈作用，这种原子集团系处于游动和变换之中。与固体中的晶粒不同，液体中的每个原子集团的位置与大小都在不停地变动，这主要是因为原子集团中那些能量较大的原子。随时都能脱离原属集团，而跳跃加入到邻近的原子集团中去的缘故。在任一时刻，原子集团均是有大有小但其平均尺寸都是温度的函数，温度越高则原子集团的平均尺寸就越小，变动也越快。在金属凝固时，这些原子集团就是固态金属的结晶核心。

一种实际的液体金属（如钢液或铝液），其情况则比上面描述的要复杂得多。当然，如果某种实际的钢液在熔化温度附近，总是远离其沸点的，所以它也是符合原子集团式的结构。但是它熔解有多种合金元素，同时也包含许多杂质，这些元素和杂质的基体元素的铁之间有相互作用，故使钢液的结构复杂化。

例如高温的钢液中含有碳、硅、锰、铬和镍等合金元素，刚刚熔化的钢液还保留着固体钢的痕迹，即钢液中各原子集团的组成也不完全相同。恰似固体钢具有多相组织。液体金属中这种化学成分的不均匀，称为浓度起伏。在升高温度时，才能使钢液逐渐均匀，但浓度起伏仍然是存在的。钢液中还含有杂质元素磷和硫，也溶解一定量的气体（氢、氮和氧），并包含一些非金属夹杂物（如氧化物和硅酸盐等）。夹杂物多以小质点悬浮状态存在，个别的能够溶解于钢液中。一般来说，夹杂物对钢的性能是不利的，但有时某些夹杂物质点可使钢铸件获得细晶粒，改善性能。

金属合金液的结构取决于它的组成和熔炼温度，它影响到熔炼和浇铸过程中金属的性质和行为，以及最终铸件的组织和性能，因此要对熔炼中金属的组成和温度加以控制。

9.2　竖　　炉

竖炉有别于火焰炉，在它的炉膛空间内充满着被加热的散状物料，炽热的炉气自下而上地在整个炉膛空间内和散料表面间进行着复杂的热交换过程。与火焰炉相比，它是一种热效率较高的热工设备。

从原料和气体间的运动特性来看，竖炉炉料层属于散料致密料层或滤过料层，即如同气体从散料孔隙滤过那样。相对于气体流动来说，散料的运动是很缓慢的。

在冶金炉范围内，应用致密料层工作原理的热工装置比较多，例如炼铁高炉、化铁炉、炼铜、炼铅、炼铅锌、炼镍和炼锑鼓风炉，炼镁工业的竖式氯化炉等。这些装置中的热工过程对工艺过程有直接的影响，从而影响到它们的产量、产品质量和燃料消耗量，因此从流体流动、燃烧，尤其是从传热和传质诸方面来分析竖炉内的热工过程，掌握其基本规律，无疑是进行竖炉正确设计和最佳操作的基础。

9.2.1　竖炉内的物料运行和热交换

竖炉的全部热工过程和工艺过程都是在气流通过被处理物料的料层时实现的。炉料和燃料从炉子上部加入，空气从炉壁下部的风口鼓入。通常单位时间里在竖炉内燃烧的燃料量越多，则被加热或熔化的炉料量越多，也就是从炉内排出的产品数量越多。同时，料层下降越快，炉子的生产率就越高。而燃料燃烧量是单位时间内鼓入炉内空气量的直线函数，因此炉子的生产率首先取决于鼓风量，并随其增大而呈直线关系增长。但在增大鼓风量的同时，必须保证料层均匀下降而不发生悬料（停滞）和崩料，保证鼓风均匀上升，而不产生跑风和死角，才能使生产得以强化。

竖炉热交换过程，是上升的气流与下降的固体物料两相在逆向流动时进行的。在高炉正常运行时，高炉从上至下分为块状带、软熔带、滴落带、风口带和渣铁储存带五个区；各个区进行的热交换不完全相同。

（1）块状带：明显保持装料时的矿焦分层状态，呈活塞流均匀下降，层面状趋于水平、厚度减薄，对流传热系数高。

（2）软熔带：下降炉料不断受到热煤气的加热，矿石开始软化，矿料熔结成为软熔层。两个软熔层之间夹有焦炭层，多个软熔层和焦炭层构成完整的软熔带。软熔带内的气体流动不像块状带那样均匀，热交换也受软熔带纵剖面形状的影响。

（3）滴落带：渣、铁全部熔化滴落，穿过焦炭层进入炉缸区；气体、固体和液滴发生热交换，还伴随着化学反应换热，换热强度高。

（4）风口带：在此发生燃烧反应。鼓风使焦炭燃烧，在风口区产生的空洞称为回旋区，是高炉热能和气体还原剂的发源地。

（5）渣铁储存带：形成最终渣、铁混合体，液体靠对流传热。

总体上高炉内的热交换的特点为：只有能引起炉料或煤气水当量变化的因素，才能改变炉内的温度分布；增大燃料消耗量时，煤气水当量变大，出炉气体温度将提高；预热鼓风时，提高了风口区温度，降低了炉内的直接燃料消耗而使煤气水当量变小，炉顶气体温度反而有所降低；富氧鼓风提高了燃烧温度，减少了煤气数量，煤气水当量变小，出炉煤气温度降低，从而大大提高了炉内热量的利用率。

9.2.2 炼铁高炉

在钢铁冶炼中，用来熔炼铁矿石的竖炉一般称为高炉，目前高炉炼铁是生铁生产的主要手段，其产量占全世界生铁产量的95%。

9.2.2.1 高炉结构

高炉炼铁生产所用主体设备如图9-2所示。高炉炼铁实现正常生产除了要有高炉本体系统外，还需配有辅助系统，相关系统介绍如下。

（1）高炉本体系统。高炉本体是冶炼生铁的主体设备，包括炉基、炉衬、冷却设备、

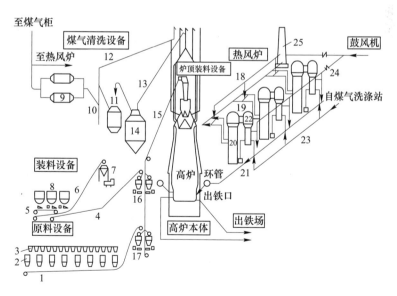

图 9-2 高炉炼铁生产设备连接简图

1—矿石输送皮带机；2—称量漏斗；3—储矿槽；4—焦炭输送皮带机；5—给料机；6—焦粉输送皮带机；

7—焦粉仓；8—储焦槽；9—电除尘器；10—顶压调节阀；11—文氏管除尘器；12—净煤气放散管；

13—煤气下降管；14—重力除尘器；15—上料皮带机；16—焦炭称量漏斗；17—矿石称量漏斗；

18—冷风管；19—烟道；20—蓄热室；21—热风主管；22—燃烧室；23—煤气主管；24—混风管；25—烟囱

炉壳、支柱及炉顶框架等。其中炉基为钢筋混凝土和耐热混凝土结构，炉衬用耐火材料砌筑，其余设备均为金属构件。在高炉的下部设置有风口、铁口及渣口，上部设置有炉料装入口和煤气导出口。

（2）装料系统。它的主要任务是将炉料装入高炉并使之分布合理，该设备主要包括装料、布料、探料和均压几部分。装料系统的类型主要有钟式炉顶、钟阀式炉顶和无料钟炉顶。

（3）上料系统。把按品种、数量称好的炉料运送到炉顶的机械称为上料设备。上料系统的任务是保证连续、均衡地供应高炉冶炼所需原料。应满足的要求是有足够的上料速度，满足工艺操作的需要；运行可靠、耐用，保证连续生产；有可靠的自动控制和安全装置；结构简单、合理，便于维护和检修。

（4）送风系统。它的任务是及时、连续、稳定、可靠地供给高炉冶炼所需热风，主要设备包括高炉鼓风机、脱湿装置、富氧装置、热风炉、废气余热回收装置、热风管道、冷风管道及冷热风管道上的控制阀门等。

（5）煤气除尘系统。它的任务是对高炉煤气进行除尘降温处理，以满足用户对煤气质量的要求，设备主要包括煤气上升管、煤气下降管、重力除尘器、洗涤塔、文氏管除尘器、静电除尘器、捕泥器、脱水器、调压阀组、净煤气管道与阀门等。

（6）铁渣处理系统。它的任务是及时处理高炉排出的渣、铁，保证生产的正常进行；主要设备包括开铁口机、堵铁口泥炮、铁水罐车、堵渣口机、炉渣粒化装置、水渣池、水渣过滤装置等。

（7）喷吹系统。它的主要任务是均匀稳定地向高炉喷吹煤粉，促进高炉生产的节能降耗，主要设备包括磨煤机、主排风机、收尘设备、煤粉仓、中间罐、喷吹罐、混合器、输送气源装置、控制阀门与管道、喷煤枪等。

9.2.2.2　高炉本体结构

现代高炉的本体主要由炉缸、炉腹、炉腰、炉身、炉喉五部分组成。

（1）炉缸。炉缸呈圆筒形，位于高炉炉体下部。炉缸下部空间盛装液态的渣铁，上部空间为风口的燃烧带。炉缸的上、中、下部分别设有风口、出渣口和出铁口，但现代大型高炉大多不设渣口。

炉缸的容积不仅应保证足够数量的燃料燃烧，而且应能容纳一定数量的铁和渣。炉缸的高度应能保证里面容纳两次出铁间隔时间内所生成的铁水量和一定数量的炉渣，并应考虑因故不能按时放渣出铁的因素和留有足够安装风口所需的高度。

（2）炉腹。炉腹在炉缸上部，呈倒圆锥台形。这适应了炉料熔化后体积收缩的特点，并使风口前高温区产生的煤气流远离炉墙，既不烧坏炉墙，又利于渣皮的稳定，同时也有利于煤气流的均匀分布。炉腹高度一般为 2.8~3.6 m，炉腹角 α 一般为 79°~82°。

（3）炉腰。炉腰呈圆筒形，是炉腹与炉身的过渡段，也是炉形尺寸中直径最大的部分。炉料在此处由固体向熔体过渡，软熔带透气性差，较大的炉腰直径能减少煤气流的阻力。炉腰直径与炉缸直径之比，大型高炉为 1.1~1.15，中型高炉为 1.15~1.25。炉腰高度对高炉冶炼过程的影响不明显，设计时常用炉腰高度来调整炉容。一般大型高炉炉腰高 2.0~3.0 m，中型高炉炉腰高 1.0~2.0 m。

（4）炉身。炉身呈上小下大的圆锥台形，以适应炉料受热后的体积膨胀和煤气流冷却后的体积收缩，有利于炉料下降，避免形成悬料。其容积几乎占高炉有效容积的1/2以上，在此空间内，炉料经历了在固体状态下的整个加热过程。炉身角小，有利于炉料下降，但易发展边缘煤气流，使焦比升高；炉身角大，有利于抑制边缘煤气流，但不利于炉料下降。炉身角 β 一般取值为 $80° \sim 85.5°$，炉身高度为高炉有效高度的 $50\% \sim 60\%$。

（5）炉喉。炉喉呈圆筒形，炉料和煤气由此处进出，它的主要作用是进行炉顶布料和收集煤气。炉喉高度应以能起到控制炉料和煤气流分布为目的，一般在 2.0 m 左右。

9.2.2.3　高炉基础及钢结构

A　高炉基础

高炉基础由两部分组成，埋入地下的部分称为基座，地面上与炉底相连的部分称为基墩，如图9-3所示。高炉基础承受高炉本体和支柱所传递的质量，要求能够承受较大压力，还要受到炉底高温产生的热应力作用，所以要求高炉基础能把全部载荷均匀地传递给地基，而不发生过分沉陷（不大于 30 mm，且不小于 20 mm）和偏斜（不大于 0.5%，且不小于 0.2%）。这就要求炉基建在坚硬的岩层上，如果地层耐压不足，必须做地基处理，如加垫层、钢管柱、打桩或沉箱等。此外，高炉基础应有足够的耐热性能，如采用耐热混凝土基墩、风冷（水冷）炉底。

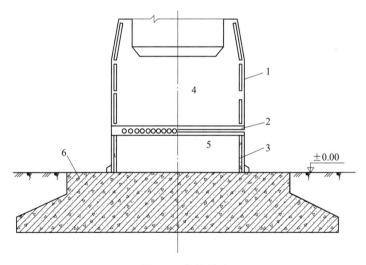

图 9-3　高炉基础

1—冷却壁；2—风冷管；3—耐火砖；4—炉底砖；5—耐热混凝土基墩；6—钢筋混凝土基座

B　高炉钢结构

炉壳、支柱、托圈、框架平台及炉顶框架等都属于高炉钢结构。高炉支撑结构有四种基本形式，如图9-4所示。

炉壳一般由碳素钢板焊接而成，其主要作用是承受载荷、固定冷却设备、防止炉内煤气外逸，且便于喷水冷却，延长高炉寿命。炉壳外形尺寸应与炉体各部内衬、冷却形式、载荷传递方式等同时考虑，转折点要少。对于高压操作的高炉，炉壳钢板要加厚，壳内应喷涂耐火材料，以防止热应力和晶间腐蚀引起的开裂和变形。

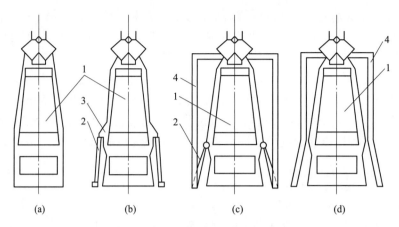

图 9-4　高炉钢结构的基本形式
（a）自力式；（b）炉缸支柱式；（c）框架支柱式；（d）框架自立式
1—高炉；2—支柱；3—托圈；4—框架

　　炉缸支柱承受炉腹或炉腰以上经托圈传递过来的全部载荷，它的上端与炉腰托圈连接，下端则伸到高炉基础上面。支柱数目一般是风口数的 1/3～1/2，为了风口区的操作方便，应减少或不用炉缸支柱。炉体支柱，即炉体框架，一般均与高炉中心对称布置，炉顶载荷经炉体框架直接传递给高炉基础。

　　在炉顶法兰水平面设有炉顶平台，炉顶平台上设有炉顶框架，用它支撑装料设备。炉顶框架是由两个门形架组成的体系，它的 4 个柱脚应与高炉中心相对称。

9.2.3　鼓风炉

　　鼓风炉是竖炉的一种，是将含有金属组分的炉料（矿石、烧结块或团矿）在鼓入空气或富氧空气的情况下进行熔炼，以获得锍或粗金属的竖式炉。鼓风炉具有热效率高、单位生产率（炉床能力）大、金属回收率高、成本低、占地面积小等特点，是火法冶金的重要熔炼设备之一。它曾经在铜、锡、镍等金属的冶炼中有广泛的应用。但由于能耗较高，需采用昂贵的焦炭。虽然其使用范围在逐渐缩小，但至今仍在铅、锑冶炼中占有重要地位，如铅及铅锑的还原熔炼、铅锌密闭鼓风炉熔炼（ISP 法）、锑的挥发熔炼等都广泛使用鼓风炉。还有少数工厂在铜的造锍熔炼时仍在采用鼓风炉。

　　按熔炼过程的性质不同，鼓风炉熔炼可分为还原熔炼、氧化挥发熔炼及造锍熔炼等。按炉顶结构特点不同，可分为敞开式和密闭式两类；按炉壁水套布置方式不同，可分为全水套式、半水套式和喷淋式；按风口区横截面的形状不同，可分为圆形、椭圆形和矩形炉；按炉子竖截面的形状不同，可分为上扩形、直筒形、下扩形和双排风口形炉。

　　炼铅的鼓风炉结构较为简单，通过改进炉料质量、提高鼓风强度和风压、采用富氧热风和从风口喷吹焦粉或煤气等技术，鼓风炉炉床能力有所增加，能耗下降也较明显。但由于氧气底吹炼铅（QSL）法或其他一步炼铅法的崛起，在炼铅方面，它终究有被取代的趋势。铅锌密闭鼓风炉以及锑挥发熔炼鼓风炉，由于它们的特殊地位，在今后相当长的时期内还将会继续存在。下面以炼锌密闭鼓风炉为例来说明鼓风炉的结构、主要部件及相关设备。

炼锌密闭鼓风炉由炉基、炉底、炉缸、炉身、炉顶（包括加料装置）、支架、鼓风系统、水冷或汽化冷却系统、放出熔体装置和前床等部分组成，如图9-5所示。

炉基用混凝土或钢筋混凝土筑成，其上竖立钢支座或千斤顶，用于支撑炉底。炼铅的炉子则直接放在炉基上。炉底结构最下面是铸钢或铸铁板，板上依次为石棉板、黏土砖、镁砖。用水套壁（或砌镁砖）组成炉缸（或称本床）。

炉身用若干块水套拼成，每块水套宽0.8~1.2 m，高1.6~5 m，用锅炉钢板焊接而成，固定在专门的支架上，风管与水管也布置在支架上。放出熔体装置只有一个熔体放出孔称为咽喉口。无炉缸的炼铅鼓风炉也只有一个熔体放出孔，铅和渣一道连续地从鼓风炉内排出来，进入前床进行沉淀分离。而有炉缸的炼铅鼓风炉则有两个熔体放出孔，一个位置偏上，用于连续放渣；一个位于炉缸底部，与虹吸道相连，

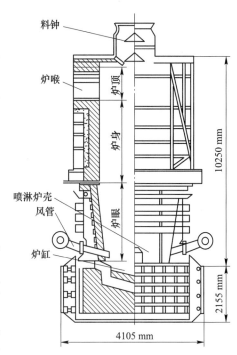

图9-5　炼锌密封鼓风炉的结构

用于放铅。现代大中型铅厂基本上采用无炉缸炼铅鼓风炉。炉缸还设有放空口，停炉时使用。

为了加强熔融产物的澄清分离，多数鼓风炉都附设保温前床或电热前床。炼铅锌鼓风炉（ISP炉）的结构特别之处是：炉温最高区域的炉腹除由水套构成外，其内部还砌有铝镁砖；风嘴采用水冷活动式；炉身上部除设有清扫孔外，炉身还靠矿石熔化形成的软熔体保护炉衬，在其一侧或两侧设有排风孔与冷凝器相通；设数个炉顶风口，以便鼓入热风使炉气中CO燃烧，提高炉顶温度；在炉顶上设有双料钟加料器或环形塞料钟，还附设有转子冷凝器等。

炉身下部两侧各有向炉内鼓风的风口若干个。

炉顶设有加料口和排烟口。铅锌密闭鼓风炉则用料钟从上方加料及密封，排烟口横向平走，向下弯向冷凝器。

9.3　熔池熔炼炉

动画

熔池熔炼工艺是重有色金属火法冶金中正在研究和发展的、很有前途和应用范围很广的一种熔炼工艺。该工艺与其他工艺相比，具有流程短、备料工序简单、冶炼强度大、炉床能力高、节约能耗、控制污染、炉渣易于得到贫化和机械烟尘低等一系列优点，从而获得了普遍重视。

熔池熔炼泛指化学反应主要发生在熔池内的熔炼过程。用于熔池熔炼的设备有白银法熔炼炉、诺兰达炉、瓦纽柯夫炉和三菱法熔炼炉等。目前，把吹炼方式移到熔池熔炼，向熔体中鼓入富氧，强化了气液反应，使之能够自热进行，炉子的生产率、冰铜品位和烟气

中 SO_2 含量都得到极大提高。

熔池熔炼炉的结构各异,但按鼓风吹入熔池的方式不同可分为侧吹、顶吹及底吹。只要是还保持以熔池熔炼为主的设备,就归类为熔池熔炼炉,因此在此要介绍的是反射炉、白银法熔炼炉、诺兰达炉、QSL 炉、瓦纽柯夫炉、奥斯麦特炉与艾萨炉。

9.3.1 反射炉

反射炉是主要的传统火法冶炼设备。按作业性质不同可分为周期性作业反射炉和连续性作业反射炉;按工艺用途不同可分为熔炼、熔化、精炼和焙烧反射炉。反射炉具有结构简单、操作方便、控制容易、对原料及燃料的适应性较强、耗水量较少等优点,因此反射炉广泛地应用于锡、锑、铋的还原熔炼,粗铜精炼,铅浮渣处理及金属熔化等。反射炉的主要缺点是燃料消耗大、热效率低(一般只有 15%~30%),造锍熔炼反射炉还存在脱硫率及烟气中二氧化硫浓度低、烟气难以处理、污染环境、占地面积大、消耗大量耐火材料等缺点。为了进一步强化铜熔炼反射炉的熔炼过程,提高原料中化学热及硫的利用率,以及减少对环境的污染,现在许多国外工厂对现存的反射炉进行技术改造。例如大型反射炉采用止推式吊挂炉顶、虹吸式放铜锍及镁铁式整体烧结炉底、加料系统自动控制以及逐步推广余热锅炉等,已取得了多项技术成果。

作为一个经典的冶金炉,反射炉在粗铜精炼,锡、锑、铋的还原熔炼等工艺中仍然在应用。为了更好地掌握现代冶炼炉,首先应学习反射炉。

A 反射炉的基本结构

反射炉由炉基、炉底、炉墙、炉顶、加料口、产品放出口、烟道等部分构成。其附属设备有加料装置、鼓风装置、排烟装置和余热利用装置等。炼锡反射炉的基本结构如图 9-6 所示。

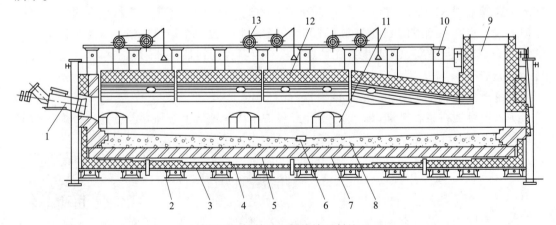

图 9-6 锡精矿还原熔炼反射炉

1—燃烧器;2—炉底工字钢;3—炉底钢板;4—黏土砖层;5—黏土捣鼓层;6—放锡口;7—镁铝砖层;
8—烧结层;9—上升烟道;10—钢梁立柱;11—操作门;12—加料口;13—炉门提升机构

(1)炉基。炉基是整个炉子的基础,承受炉子巨大的负荷,因此要求基础坚实。炉基可做成混凝土的、炉渣的或石块的,其外围为混凝土或钢筋混凝土侧墙。炉基底部留有孔道,以便安放加固炉子用的底部拉杆。

（2）炉底。炉底是反射炉的重要组成部分，由于长期处于高温作用下，承受熔体的巨大压力，不断受到熔体冲刷和化学侵蚀，因此必须选择适当的耐火材料砌筑或采用捣打烧结炉底，以延长炉子的使用寿命。对炉底的要求是坚实、耐腐蚀并在加热时能自由膨胀。

（3）炉墙。炉墙直接砌在炉基上。炉墙经受高温熔体及高温炉气的物理化学作用，因此熔炼反射炉炉墙的内层多用镁砖、镁铝砖砌筑，外层用黏土砖砌筑，有些重要部位用铬镁砖砌筑。熔点较低的金属熔化炉，如熔铝反射炉的内外墙均可用黏土砖砌筑。

（4）炉顶。反射炉炉顶从结构形式上分为砖砌拱顶和吊挂炉顶。周期作业的反射炉及炉子宽度较小的反射炉，通常采用砖砌拱顶。大型铜熔炼反射炉多采用吊挂炉顶。

（5）产品放出口。反射炉的放出口有洞眼式、扒口式和虹吸式三种形式。铜精炼反射炉采用普通洞眼式放铜口。洞眼的尺寸一般为 $\phi 15 \sim 30$ mm，其位置可设在后端墙、侧墙中部或尾部炉底的低处。炼锡反射炉采用水冷的洞眼式放锡口，即在普通砖砌洞眼放出口处的砖墙外嵌砌一冷却水套。虹吸式产品放出口与前两种产品放出口相比，具有操作方便、安全、改善劳动条件、提高产品质量等优点。

B　反射炉的主要特点及应用

（1）投资小，操作灵活，可在循环经济生产中处理一些废杂料，尤其适于处理粒度小于 3~5 mm 的粉状物料。

（2）通常在过剩空气量控制在 10%~15% 以下，燃烧才能有较高的燃料利用率，多用于中性或微氧化性气氛的冶金过程。

（3）炉气只从炉料表面和熔池表面掠过，加上气相中游离氧较少，所以炉气对炉料不发生显著的化学作用，反应主要是在固液相之间进行。

（4）其热效率低，通常只有 25%~30%，炉气从炉内带走 50% 以上的热量。

9.3.2　白银炉

白银炉的主体结构由炉基、炉底、炉墙、炉顶、隔墙和内虹吸池及炉体钢结构等部分组成。炉顶设投料口 3~6 个，炉墙设放锍口、放渣口、返渣口和事故放空口各 1 个。设吹炼风口若干个。炉内设有一道隔墙，根据隔墙的结构不同，白银炉有单室和双室两种炉型。隔墙仅略高于熔池表面，炉子两区的空间相通的炉子为单室炉；隔墙将炉子两区的空间完全分隔开的炉型为双室炉，如图 9-7 所示。

由于白银炉是侧吹式熔池熔炼炉型，风口区是影响炉子寿命的关键部位，通常采用熔铸铬镁砖或再结合铬镁砖砌筑（保证使用寿命在 1 年以上）。在渣线附近及隔墙通道，采用铜水套冷却，其他炉体部位一般用烧结镁砖或铝镁砖砌成。

白银炉的主要特点如下。

（1）熔炼效率高，能耗较低。化学反应热占熔炼热收入的 55%~84%。鼓风中含 O_2 达到 50% 左右时，可实现完全自热熔炼。白银炉可生产高品位铜锍，减少转炉吹炼量，使转炉吹炼的能耗减少。

（2）白银炉熔池中设置了隔墙，将整个炉子分隔成熔炼区和沉降区两个区。隔墙的设置解决了熔炼区和沉降区动静的矛盾，同时强化了熔炼区及沉降区的作用。熔炼区鼓风激烈搅动，强化了炉内动量、热量和质量的传递，提高了熔炼强度。同时，熔体的强烈搅动，使铜锍液滴间的相互碰撞机会大为增加，有利于它们的聚合与长大，加速其沉降速

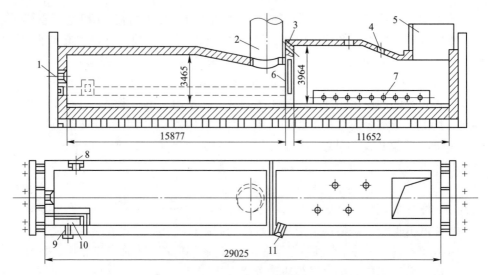

图 9-7　双室白银熔炼炉结构

1—燃烧孔；2—澄清区直升烟道；3—中部燃烧孔；4—加料孔；5—熔炼区直升烟道；6—隔墙；
7—风口；8—放渣口；9—放铜锍口；10—内虹吸池；11—转炉返渣口

度。沉降区熔体相对平静，炉渣中 Fe_3O_4 含量（质量分数）低（为 2%~5%），有利于铜锍与炉渣的分离，减少炉渣中的铜锍夹带。

（3）随气流带走的粉尘量少，熔炼烟尘率相对较低，仅为 3% 左右。

（4）白银炉熔炼对原料的适应性强，对原料的制备要求简单，入炉水分为 6%~8%，混有少量粗粒（粒度小于 30 mm）的炉料可以直接加入炉内处理，免去了庞大的炉料制备和干燥系统。

（5）转炉渣可以返回白银炉进行贫化处理。在一般强化熔炼中没有这样的做法，而白银炉由于结构上的特点，可以这样处理转炉渣。

（6）白银炉可使用粉煤、重油、天然气等多种燃料，适应性较强。

（7）白银炉在富氧熔炼过程中烟气含 SO_2（质量分数）达到 10%~20%，成分和数量比较稳定，所产烟气适用于两转两吸制酸工艺。

白银炉的装备仍比较落后，需进一步完善和提高。

9.3.3　倾动炉

倾动式精炼炉是 20 世纪 60 年代由瑞士麦尔兹公司开发的，它是依照钢铁工业应用的倾动炉，结合有色金属冶炼的特殊工艺要求开发成功的，其冶金过程和原理与固定式反射炉基本相同，均要经历加料、熔化、氧化、还原和浇铸几个阶段。

9.3.3.1　倾动炉主要构成

倾动炉和固定式精炼炉比较，主要不同就是其整台炉子支撑于两端的托滚上，由摇杆推动炉子的倾动，摇杆推动由两个液压油缸完成，如图 9-8 所示。

（1）炉体：炉体由金属构架、耐火材料组成。炉膛截面形状类似固定反射炉，由炉顶、炉墙和炉底组成并分为熔池区和气流区，前墙设有 2 个加料口和 1 个排渣口，后墙设有 1 个浇铸口和 4 组氧化还原插管，端墙设有重油浇嘴，另一端墙设有排烟口，排烟口中

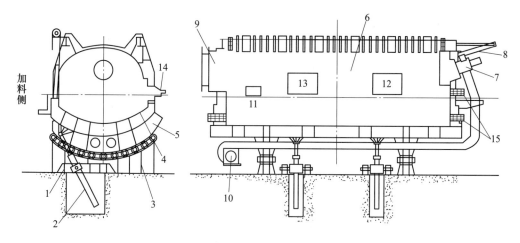

图 9-8 倾动炉结构示意图

1—主油缸支座；2—主油缸；3—下轨；4—辊轮；5—上轨；6—炉体；7—烧嘴；8—烧嘴牵拉设备；9—烟气口；
10—燃烧风机；11—出渣门；12—1 号加料门；13—2 号加料门；14—浇铸口；15—弹簧防振系统

心线处于炉子的倾动中心。

（2）支撑装置：倾动炉的支撑装置有托辊式和鞍座式两种。托辊式支撑结构与一般的回转炉支撑结构相同，在炉子的两端各设一对较大直径的托辊，托辊间距视炉子的长度而定，炉体辊圈支于托辊上并通过倾动装置使炉体倾动。托辊式支撑只适用于小容量的炉子，对于大容量的炉子（200 t 以上）采用鞍座式支撑，弧形鞍座由多个直径较小的滚筒组成，炉体弧形滚圈支于弧形滚筒组上，依靠倾动装置使炉体倾动。

（3）倾动装置：炉子驱动由摇杆构件和两个液压油缸完成，炉体的倾动力分布在摇杆上，由摇杆支配炉体，摇杆构件由两个底部件组成并与基础固定，托辊架和摇杆的上面部件于炉体焊接。油缸安装在基础上，定位炉子的方向。倾转速度有两种，可以在规定的范围内选择，氧化还原和倒渣时使用快速挡，浇铸出铜时使用慢速挡。

9.3.3.2 倾动炉的主要优点

倾动炉的主要优点是：（1）对原料的适应性好，既可处理固态炉料，又可处理液态炉料；（2）加料方便，布料均匀，熔化速度快；（3）由于炉膛结构合理，炉体可倾动摇摆，因此传热效果好，热的利用率高，节省燃料；（4）机械化程度高，氧化用的压缩空气和还原气体是通过同一风管插入炉内，靠阀门进行切换，不需人工持管；（5）氧化期炉子向氧化风管侧倾转 15°左右，即可将风管浸入需要的熔体深度，有利于氧化风在铜液内的扩散，氧化程度高；（6）可使用气体还原剂，还原剂利用率高，基本解决了固定式反射炉使用重油作还原剂产生的黑烟污染问题；（7）出铜作业与浇铸机配套灵活，遇浇铸故障时炉子可迅速回转到安全位置，避免了反射炉可能出现"跑铜"事故；（8）炉子寿命长，维修方便，提高了炉子作业率。

倾动式精炼炉因有上述显著的优点，所以越来越受到人们的重视。它综合了固定式反射炉和回转式精炼炉的优点，是处理废杂铜的理想炉型，迄今国外已有 10 余家工厂采用该炉进行废杂铜的精炼。它的缺点是由于炉子的特殊结构，所用的金属材料消耗较大。

9.3.4　诺兰达炉

诺兰达炉是 1964 年由加拿大诺兰达公司开发的一种熔炼炉。诺兰达炼铜法最初以直接生产粗铜为目的,但因粗铜含有害杂质高,于 1974 年改为生产高品位铜锍。我国大冶有色金属公司冶炼厂,于 1997 年引进消化诺兰达熔炼工艺,建成年生产能力 100 kt 粗铜的诺兰达熔炼生产工艺,经过一段时间的试运行,获得了圆满成功。

9.3.4.1　诺兰达炉的基本结构

如图 9-9 所示,诺兰达炉是圆筒形卧式炉,炉体由炉壳、端盖和砖体组成,通过滚轴支撑在托轮装置上。传动装置可驱动炉体做正反方向旋转。炉体上端有加料口,用抛料机加料,加料端装有一台主燃烧器,燃烧柴油、重油或粉煤,以补充熔炼过程中热量的不足。炉体一侧有风口装置,由此鼓入富氧空气进行熔炼。铜锍放出口设在风口同侧,渣口设在炉尾端墙上,此端墙上还装有一台辅助燃烧器,必要时烧重油以熔化液面上浮料或提高炉渣温度。在炉尾上部有炉口,烟气由此炉口排出并进入密封烟罩。

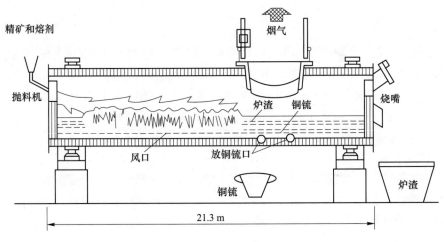

图 9-9　诺兰达炉原理图

9.3.4.2　诺兰达炉的主要特点

诺兰达炉的主要特点是:

(1) 对原料的适应性比较大,既可以处理高硫精矿,也可以处理低硫含铜物料,如杂铜、铜渣、铅锍等,甚至可以处理氧化矿;既可以处理粉矿,又可以处理块料。单台炉子可以日处理 3000 t 原料。

(2) 流程简单,不需复杂的备料过程,含水量(质量分数)不大于 8% 的湿精矿可以直接入炉,烟尘率较低。可生产高品位铜锍,减少了转炉吹炼量。

(3) 辅助燃料适应性大。诺兰达富氧熔炼是一个自热熔炼过程,一般补充燃料量(质量分数)仅为 2%~3%,而且可用煤、焦粉等低价燃料作为辅助燃料。

(4) 熔炼过程热效率高、能耗低、生产能力大。生产时,炉料抛撒在熔池表面,立即被卷入强烈搅动的熔体中与吹入的氧气激烈反应,确保炉料迅速而完全熔化。其单位熔池面积处理精矿能力可达 20~30 t/(m² · d)。产出的铜锍品位高,烟气量相对较少,而且连续、稳定。烟气中 SO_2 浓度高，有利于硫的回收，减少了对环境的污染。

（5）炉衬没有水冷设施，炉体热损失小，但是炉衬寿命不及有水冷设施的砌体长。经过改进，现在修炉一次，可以连续生产 400 d 以上。

（6）由于炉体是可转动的，炉口和烟罩的接口处比较难以密合，从接口处漏入烟道系统的空气较多，导致烟气量较大。在大冶有色金属公司的诺兰达炉设计中，采用了密封烟罩，设计漏风率为 60%~70%。

（7）直收率低，渣含铜量高，炉渣需采用选矿处理或电炉贫化处理。

9.3.5 QSL 炉

氧气底吹炼铅（QSL法）是利用熔池熔炼的原理和浸没底吹氧气的强烈搅拌，使硫化物精矿、含铅二次物料与熔剂等原料在反应器的熔池中充分混合、迅速熔化和氧化，生成粗铅、炉渣和 SO_2 烟气。我国西北铅锌冶炼厂已经引进该工艺技术。QSL 反应器是 QSL 法的核心设备。

9.3.5.1 QSL 炉的基本结构

如图 9-10 所示，QSL 反应器炉形为卧式、圆形，断面沿长轴线是非等径的，氧化区直径大，还原区直径小。从出渣口至粗铅虹吸口向下倾斜 0.5%。反应器设有驱动装置，沿长轴线可旋转近 90°，以便于停止吹炼操作时能将喷枪转至水平位置，便于处理事故或更换喷枪。

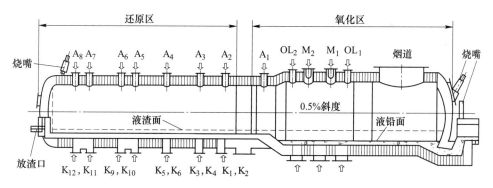

图 9-10 氧气底吹炼铅（QSL）反应器示意图

9.3.5.2 QSL 炉的主要特点

与传统炼铅反应器相比，使用 QSL 反应器的返料量要少得多。在 QSL 法流程中，返料主要是烟尘，其总量仅占新料量的 19% 左右。此外，QSL 反应器用氧气代替空气，使必须处理的烟气量大大减少，烟气用于制酸，污染大气的 SO_2 大为减少。由于其热效率高以及氧气的利用率高，使硫化物的氧化热得以充分利用。QSL 反应器可以使用便宜的燃料和还原煤代替焦炭。

9.3.6 奥斯麦特炉与艾萨炉

奥斯麦特法与艾萨法的熔炼技术被广泛应用于各种提取冶金中，可以熔炼铜精矿产出铜锍、直接熔炼硫化铅精矿生产粗铅、熔炼锡精矿生产锡，也可以处理冶炼厂的各种渣料及再生料等。

9.3.6.1 奥斯麦特炉与艾萨炉的工作原理

奥斯麦特法及艾萨法与其他熔池熔炼一样，都是在熔池内的熔体-炉料-气体之间造成强烈的搅拌与混合，大大强化热量传递、质量传递和化学反应速率，以便在燃料需求和生产能力方面产生较高的经济效益。与浸没侧吹的诺兰达法不同，奥斯麦特法与艾萨法的喷枪竖直浸没在熔渣层内，喷枪结构较为特殊，炉子尺寸比较紧凑，整体设备简单。奥斯麦特炉炉型与艾萨炉炉型如图9-11所示。

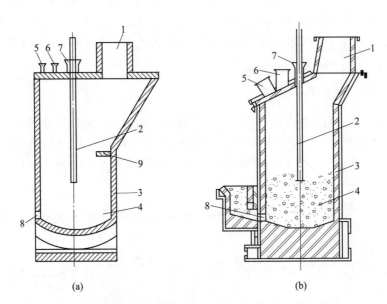

图 9-11 奥斯麦特炉炉型 (a) 与艾萨炉炉型 (b) 示意图

1—上升烟道；2—喷枪；3—炉体；4—熔池；5—备用烧嘴孔；6—加料孔；7—喷枪孔；8—熔体放出口；9—挡板

奥斯麦特技术在原有赛罗熔炼法和艾萨熔炼法的基础上，进行了大量的应用性技术开发，特别是增加了喷枪外层套筒，使炉内所需二次燃烧风可以直接从同一支喷枪喷入炉膛，使熔池上方的 CO、金属蒸气和未完全燃烧的碳质颗粒得以充分燃烧，并由激烈搅动的熔体将其吸收，较大幅度地提高炉内反应的热效率，同时也改善了烟气性质。

9.3.6.2 奥斯麦特炉与艾萨炉的基本结构

艾萨炉和奥斯麦特炉的结构基本上是一样的，由炉壳、炉衬、炉底、炉墙、炉顶、喷枪、喷枪夹持架及升降装置、加料装置、上升烟道以及产品放出口等组成。

（1）炉壳。炉壳是一个直立的圆筒，由钢板焊接而成，上部钢板厚约25 mm，熔池部分钢板厚约40 mm，熔池部分还有一个钢结构加强框架。炉身上部向一边偏出一个角度，以便让开中心喷枪，设置烟气出口。

（2）炉衬。炉衬全部用直接结合镁铬砖砌筑。

（3）炉底。炉底可以是平底，向放出口倾斜约2%；也可以是反拱形炉底，同样也要向放出口倾斜约 2%。炉底总厚度约 1200 mm，一般分为三层。上面的工作层一般厚 460 mm，采用带凹槽的异形砖砌筑；工作层下面是一层约 300 mm 厚的镁铬质捣打料层；最下面是优质黏土砖砌层。黏土砖砌层分为两层，下层是厚为 115 mm 侧砌层，上层是厚为 300 mm 立砌层。

（4）炉墙。炉墙的工作条件非常恶劣，下部受强烈搅动的熔体侵蚀、冲刷，上部受喷溅熔渣的侵蚀和高温烟气的冲刷，其中在液面的波动范围内，即距炉底 1000~2000 mm 的范围内损坏尤其严重。早期的炉衬寿命比较短，只有 0.5 年左右，随着操作技术的改进，目前的炉子寿命已超过 10 年。新设计的炉子都增加了炉墙的冷却设施，炉墙寿命可达到 1.5~2 年。

（5）炉顶。炉顶的形式可以是倾斜的（如奥斯麦特炉），也可以是水平的（如艾萨炉）。斜炉顶的烟气流动比较畅通。在炉盖上要布置喷枪孔、加料孔、烘炉烧嘴孔、烟道孔等，所以结构比较复杂，工作条件恶劣，因此炉盖的结构和寿命一直是一个难以解决的问题。炉盖的结构之一是采用钢板水套，水套下面焊上锚固件，用镁铬质捣打料捣制耐火衬里；另一种结构是铜水套炉盖，内表面靠生产时自然喷溅黏上的一层结渣保护。

（6）喷枪。奥斯麦特炉与艾萨炉熔炼工艺的基础是直立式浸没于熔渣池中的一个垂直喷枪，称为赛洛喷枪。两种炉型的喷枪构造基本相同。喷枪直立于顶部吹炉的上方，在吹炼过程中用升降、固定装置对其进行升降和更换等作业。喷枪头部插入渣层内，是最容易损坏的部位，长度一般为 800~2000 mm，外套管多用不锈钢制造。喷枪头部的寿命为 5~7 d，更换喷枪很容易，把损坏的喷枪用吊车吊出来，把已准备好的换上，大约需 40 min。换下来的损坏喷枪只需切下头部，焊上新的就可以再用。

（7）喷枪升降机。艾萨炉是竖式炉，炉体比较高，所以喷枪比较长，一般为 13~16 m。这样就需要一个行程很大的喷枪升降机。喷枪固定在一个滑架上，与管路连接。滑架的各种管接头分别用金属软管与车间供油、供风管道相接。喷枪头部插入渣层的深度，根据喷吹气体压力变化由计算机自动调节。

（8）上升烟道。上升烟道设计的要点：一是保证烟气通畅；二是尽量防止黏结堵塞，而且确保发生黏结后容易清理。烟道的结构形式有倾斜式和垂直式。烟道内衬耐火材料目的是使进入烟道的熔渣可自流回到炉内。倾斜式烟道黏结严重，而且不易清理。垂直式烟道是余热锅炉受热面的一部分，这种形式的烟道内壁温度低、烟尘易黏结，但黏结层易脱落，好清理。

9.3.6.3 奥斯麦特炉与艾萨炉的主要特点

奥斯麦特炉与艾萨炉熔炼速度快；生产率高；建设投资少，生产费用低；原料适应性强；与已有设备配套灵活、方便；操作简便，自动化程度高；燃料适应范围广；有良好的劳动卫生条件。但是炉寿命较短；喷枪保温要用柴油或天然气，价格较贵。

9.3.7 瓦纽柯夫炉

瓦纽柯夫法是苏联冶金学家 A. V. 瓦纽柯夫等发明的一种熔池熔炼方法，于 1982 年投入工业生产。

9.3.7.1　瓦纽柯夫炉的基本结构

瓦纽柯夫炉内分为熔炼室、铜锍室和渣池三个部分。熔炼室有三种形式：一是无隔墙的；二是用一道隔墙将渣层上部隔开，把熔炼室分为熔炼区和贫化区，炉料加入熔炼区进行反应，生成铜锍和炉渣，铜锍沉积于铜锍层，仍含有少量铜锍的炉渣从隔墙下部进入贫化区，贫化区的风口鼓入适量的天然气或加入其他还原剂（如碎煤等），对炉渣进行还原、贫化；三是为使炉渣充分贫化，有的炉子在贫化区设立了辅助隔墙，即双隔墙的熔池，该辅助隔墙下部沉入铜锍层中，上部在渣面以下，熔炼区的炉渣必须从下部相对静止层沿两隔墙之间上升，再溢过辅助隔墙顶部，才能进入贫化区上层，这样可以保证所有的炉渣得到很好的贫化处理。

瓦纽柯夫炉由炉缸、炉墙、隔墙、炉顶、风口、加料口、上升烟道、铜锍和炉渣放出口等主要部件组成，基本结构如图9-12所示。

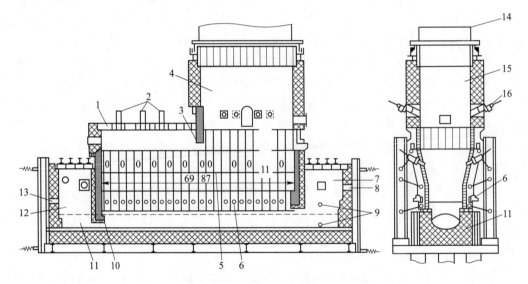

图 9-12　瓦纽柯夫炉的结构图

1—炉顶；2—加料装置；3—隔墙；4—上升烟道；5—水套；6—风口；7—炉渣虹吸临界放出口；
8—炉渣放出口；9—熔体快速放出口；10—水冷区底部端墙；11—炉缸；12—溢流铜锍虹吸池；
13—铜锍虹吸临界放出口；14—余热锅炉；15—二次燃烧室；16—二次燃烧风口

（1）炉顶：炉顶用长条形的不锈钢水冷水套铺设，两头搭在侧墙的耐火砖上，并设有安装加料溜嘴的孔。水套厚度为100~150 mm 铜锍池和炉渣池的炉顶也与此相类似。

（2）炉缸：炉缸深1000~1200 mm，底部为反拱形式，全部用镁铬砖砌成。

（3）侧墙：炉子的侧墙下部是由 3 块排水套组成，上部用镁铬砖砌筑而成。每块水套高1400 mm，宽 600 mm，厚度约为 130 mm。

侧墙水套可用电解铜铸成，其中嵌有蛇形铜管，也可以用轧制铜板钻孔制成。每个水套的 4 个连接面要刨平，接口应光滑。靠近熔体的水套面，在水平方向上每隔约 3 mm 用钢板焊接井字形框架，框架宽度约为 120 mm。水套在制造时预埋螺栓，用此螺栓将水套固定在框架上，框架由外面钢柱支撑。

（4）隔墙：隔墙由两列 $\phi70\sim75$ mm、间距为 100 mm 的厚壁铜管，其间浇铸耐火材料做成。反应区和铜锍虹吸池之间隔墙的下部用耐火材料砌成拱形，形成铜锍通道，距炉底约为 550 mm。

（5）风口：风口是水冷铸铜件，为偏心圆锥台形，风口内径 40 mm，与水平方向呈 $7°\sim8°$ 的下俯角，插入炉墙铜水套内，外端有法兰与三通弹子阀相连。三通弹子阀的结构与一般炼铜转炉的三通弹子阀相同。风口风速为 $250\sim280$ m/s。侧墙有上、下两排风口，主要是使用埋入渣层中的下排风口。渣面以上的上排风口不常用，有时从此风口送入一些天然气，其目的之一是烧掉烟气中的残氧；二是当炉料中自热熔炼的热量不足时，起烧嘴的作用，对炉子进行补热。

（6）加料口：炉顶中心线上设有 3 个直径为 300 mm 的加料管，在分为熔炼区和贫化区的炉子中，熔炼区设有两个加料管，炉料由此加入；贫化区设有一个加料管，贫化区加料管只加入碳质还原剂和硫化剂，由单独的皮带进料。液态转炉渣从铜锍虹吸池上方的熔炼室端墙上，用溜嘴加入炉内熔炼区。

（7）上升烟道：上升烟道是截面为长方形的垂直烟道，上升烟道壁用耐火砖砌筑而成。为了降低炉子的烟尘率，在熔炼区到上升烟道的入口处装有水冷隔墙，隔墙是由水冷铜管制成，高 700 mm，吊装在炉顶上。上升烟道的上部安装有水套式烟尘沉降室，以使被烟气带走的熔体飞溅物和烟尘在此冷却、固化，并被捕收下来。沉降室的水套是可拆换的。烟气出沉降室后，进入总烟道或进入余热锅炉。

（8）铜锍和炉渣放出口：熔炼生成的铜锍和炉渣分别聚积在铜锍虹吸池和炉渣虹吸池。铜锍虹吸池一侧有铜锍放出口，而另一侧相对的放出口装有燃油或燃气烧嘴，对铜锍池保温，铜锍由溜槽流到铜锍保温炉，铜锍保温炉多为转动炉。铜锍定期从保温炉放入铜锍包，送转炉吹炼。炉渣也是从炉渣虹吸池侧墙上的放出口流到储渣炉，储渣炉可以是回转炉，也可以是贫化电炉，在储渣炉内，炉渣得到进一步贫化。

9.3.7.2 瓦纽柯夫炉的主要特点

瓦纽柯夫炉的主要优点有：（1）瓦纽柯夫熔炼炉是一种强化了的熔池熔炼炉，炉床能力大，实际工厂指标为 $45\sim50$ t/(m^2·d)；（2）和其他熔池熔炼一样，瓦纽柯夫炉允许处理各种复杂成分的炉料，包括部分块料，炉料不需要深度干燥，含水 $6\%\sim8\%$ 的炉料可以入炉，因此备料简单；（3）瓦纽柯夫炉采用高浓度富氧鼓风，尽管炉壁热损失较大，在料中补充少量燃料的情况下，可以达到自热熔炼；（4）由于采用铜水套结构，炉子寿命为 $1.5\sim2$ a；（5）烟气含 SO_2 浓度高，有利于烟气制酸，提高硫的实收率，减少环境污染；（6）瓦纽柯夫炉采用高硅渣操作 $[w(SiO_2)=30\%]$，可减少 Fe_3O_4 的生成，一般渣中 Fe_3O_4 含量（质量分数）为 8%；（7）炉渣在风口以下，从上向下运动通过 1 m 的渣层，历时 $1.5\sim3$ h；在风口以上反应生成的大滴铜锍雨连续通过风口以下 1 m 厚的渣层洗涤炉渣，达到炉渣贫化的目的，因此瓦纽柯夫炉的渣中含铜较低，达到 $0.5\%\sim0.6\%$，在苏联，这种炉渣即为弃渣。

瓦纽柯夫炉开发的时间比较短，不足之处主要表现在：（1）当鼓泡熔炼区生成品位为 50% 的铜锍时，体系中硫和铁还没有完全被氧化，没有过剩氧，必然有一部分单体硫进入气相，需要在炉子上空和烟道通入二次风以燃烧单体硫，否则它将和烟尘一起造成废热锅炉的黏结。（2）瓦纽柯夫炉风口以下有 2 m 深的熔池，为了维持这个区域有一定的温度，全部依靠风口以上熔炼区产生的过热熔体携带的显热，因此瓦纽柯夫炉必须采用高浓度富氧鼓风，并保持高的熔炼强度来保证熔炼区域的过热。熔炼区温度一般为 1250～1350 ℃。如果熔体温度过低，有可能在炉缸析出 Fe_3O_4，黏结炉体和虹吸道。一般认为，瓦纽柯夫炉不能停风时间过长，有条件时在风口送入天然气补充，有助于这个问题的解决。（3）瓦纽柯夫炉虽然有含铜低的渣、不必在炉外贫化处理的优点，但弃渣含铜仍偏高。若要求获得更低的含铜渣，可以考虑在炉外增加炉渣贫化设施。（4）炉子的加料口密封不好，自动化程度不高。

9.4　塔式熔炼设备

利用塔形空间进行多相反应的熔炼或精炼设备称为塔式熔炼（精炼）设备，其显著特点是一定有气体参与反应；反应在空间气相中进行；为保证完成反应所需时间，反应空间必须足够高。闪速炉是一种典型的塔式熔炼设备，参与反应的主要是富氧空气和硫化铜（镍）精矿。反应物为气相和固相，而生成物是液相和气相，反应速度很快 1～4 s；但反应物与反应产物自由落体的加速度很大，在空中停留的时间很短，因此为了保证这 1～4 s 的反应时间，反应塔高度需在 7.5 m 以上。

9.4.1　闪速炉

闪速炉是处理粉状硫化物的一种强化冶炼设备。它是 20 世纪 40 年代末由芬兰奥托昆普公司首先应用于工业生产的。由于它具有诸多的优点而迅速应用于铜、镍硫化矿造锍熔炼的工业生产实践中。目前世界上已有近 50 台闪速炉在生产，其产铜量占铜总产量的 30% 以上。闪速炉熔炼具有的优点：（1）充分利用原料中硫化物的反应热，因此热效率高、燃料消耗少；（2）充分利用精矿的反应表面积，强化熔炼过程，生产效率高；（3）可一步脱硫到任意程度，硫的回收率高，烟气质量好，对环境污染少；（4）产出的冰铜品位高，可减少吹炼时间，提高转炉生产率和寿命。其存在的不足：（1）对炉料要求高，备料系统复杂，通常要求炉料粒度在 1 mm 以下，含水率在 0.3% 以下；（2）渣含铜较高，需另行处理；（3）烟尘率较高。

闪速炉有芬兰奥托昆普闪速炉和加拿大国际镍公司 INCO 氧气闪速熔炼炉两种类型。奥托昆普闪速炉由精矿喷嘴、反应塔、沉淀池及上升烟道四个主要部分组成，如图 9-13 所示。

（1）精矿喷嘴：精矿喷嘴的作用是向炉内喷入精矿、富氧和重油，并使气、液、固物料充分混合，均匀下落，以便使精矿在反应塔中能迅速完成燃烧、熔炼等反应。

（2）反应塔：反应塔为竖式圆筒形，由砖砌体（塔上部内衬铬镁砖，下部衬电铸铬镁砖）、铜板水套、外壳及支架构成。为防止外壳因温度升高而变形，在外壳和砖砌体之间可埋设水冷环管，通水冷却。反应塔顶为吊挂式或球形，由铜水套嵌以耐火材料的连接部分与沉淀池相连，塔上设有 1～4 个精矿喷嘴。

（3）沉淀池：设于反应塔与上升烟道之下，其作用是进一步完成造渣反应，使熔体沉淀分离。沉淀池结构类似反射炉，用铬镁砖吊顶（小型炉为拱顶），厚 300～380 mm，并砌

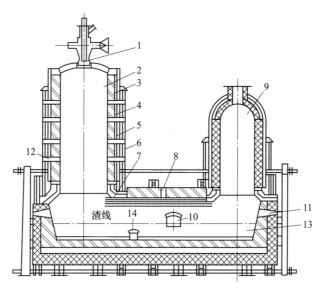

图 9-13 奥托昆普闪速炉总图
1—精矿喷嘴；2—反应塔；3—砖砌体；4—外壳；5—托板；6—支架；7—连接部分；8—加料口；
9—上升烟道；10—放渣口；11—重油喷嘴；12—铜水套环；13—沉淀池；14—冰铜口

隔热砖层 65~115 mm。沉淀池渣线以下部分的侧墙砌以电铸铬镁砖，其他部分砌以铬镁砖；渣线部分的外侧设有冷却水套。沉淀池侧墙上开有 2 个以上的放铜锍口，尾部端墙设放渣口 1~4 个，并装有数个重油喷嘴，以便必要时加热熔体，使炉渣与铜锍更好地分离。沉淀池底部用铬镁砖砌成反拱形，下层则砌以黏土砖。

（4）上升烟道：上升烟道多为矩形结构，用铬镁砖或镁砖和黏土砖砌筑，厚约为 345 mm，外用金属构架加固。上升烟道通常为垂直布置，为减少烟道积灰和结瘤，宜尽量减少水平部分的长度。上升烟道出口处除设有水冷闸门及烟气放空装置外，还装有燃油喷嘴，以便必要时处理结瘤。

9.4.2 基夫赛特炉

基夫赛特法是一种以闪速炉熔炼为主的直接炼铅法。20 世纪 60 年代，由苏联有色金属科学研究院开发，并于 80 年代建设了工业性生产工厂。经多年生产运行，已成为工艺先进、技术成熟的现代化直接炼铅法。基夫赛特法的核心设备为基夫赛特炉（见图 9-14），该炉由带氧焰喷嘴的反应塔、具有焦炭过滤层的熔池、冷却烟气的直升烟道及立式废热锅炉、铅锌氧化物还原挥发的电热区 4 部分组成。

基夫赛特炉的工作原理是：干燥后的炉料通过喷嘴与工业纯氧同时喷入反应塔内，炉料在塔内完成硫化物的氧化反应，并使炉料颗粒熔化，生成金属氧化物、金属铅滴和其他成分所组成的熔体；熔体在通过浮在熔池表面的焦炭过滤层时，其中大部分氧化铅被还原成金属铅而沉降到熔池底部；炉渣进入电热区，渣中氧化锌被还原挥发，然后经冷凝器冷凝成粗锌；同时渣、铅进一步沉降分离，分别放出；由冷凝器出来的含 SO_2 的烟气经直升烟道和废热锅炉送入高温电收尘器，而后送酸厂净化制酸。有的锌蒸气不冷凝成粗锌，夹在烟气中由电炉出来后氧化，经滤袋收尘器捕集氧化锌。

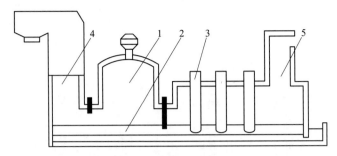

图 9-14　基夫赛特炉结构图
1—反应塔；2—沉淀池；3—电热区；4—直升烟道；5—复燃室

与传统的鼓风炉炼铅相比，基夫赛特法具有的优点：（1）系统排放的有害物质含量低于环境保护允许标准，操作场地具有良好的卫生环境；（2）产出的烟气中二氧化硫浓度高 [$w(SO_2)=20\% \sim 50\%$]、体积少，有利于烟气净化和制酸；（3）炉料不需要烧结，生产在一台设备内进行，生产环节少；（4）焦炭消耗量少，精矿热能利用率高，能耗低；（5）生产成本低。

近期，塔式熔炼的发展趋势之一是设备大型化和操作自动化；采用富氧空气进一步强化熔炼过程；采用双接触法制酸，可使排放尾气中含量在 0.03% 以下，硫的回收率可达 95%；进一步强化脱硫，直接产出粗铜。另一趋势是利用闪速炉的原理，对闪速炉结构及其附属系统进行改造，使之适合直接炼铅熔炼，如基夫赛特炉就是其中之一。

9.5　转　　炉

向熔融物料中喷入空气（或氧气）进行吹炼，且炉体可转动的自热熔炼炉称为转炉。事实上，转炉属于熔池熔炼炉，但它又是一种较古老的炉型。转炉可分为氧气炼钢转炉、卧式转炉、卡尔多转炉。它们均有各自的特点及用途。

9.5.1　氧气顶吹转炉

氧气顶吹转炉炼钢法是 20 世纪 50 年代产生和发展起来的炼钢技术，至今已有 70 多年的历史。1878 年，德国尼·托马斯研究发明的碱性底吹转炉炼钢法，以碱性耐火材料砌筑炉衬，吹炼过程可以加入石灰造渣，能够脱除铁水中的 P、S，解决了高磷铁水冶炼的技术问题。由于转炉炼钢法有生产率高、成本低、设备简单等优点，在欧洲得到迅速的发展，并成为当时主要的炼钢方法。1939 年，罗伯特·杜勒尔在瑞士采用水冷氧枪从转炉炉口伸入，在熔池的上方供氧进行吹炼，得到满意的效果。经过不断地试验改进后，形成了氧气顶吹转炉的雏形。由于氧气顶吹转炉炼钢法具有反应速度快、热效率高、可使用 30% 的废钢为原料以及克服了底吹转炉钢质量差、品种少等缺点，因而一经问世就显示出巨大的优越性和生命力。

炼钢转炉按炉衬耐火材料的性质不同，可分为碱性转炉和酸性转炉；按供入氧化性气体的种类不同，可分为空气转炉和氧气转炉；按供气部位不同，可分为顶吹、底吹、侧吹及复合吹炼转炉；按热量来源不同，可分为自供热转炉和外加燃料转炉。下面以氧气转炉为例，重点讲述它的结构及附属设备。

9.5.1.1 氧气顶吹转炉的炉体结构

氧气顶吹转炉的炉体结构如图9-15所示。

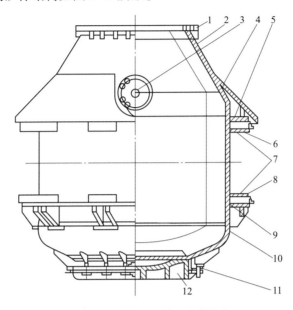

图 9-15 氧气顶吹转炉炉体结构

1—炉口；2—炉帽；3—出钢口；4—护板；5—上卡板；6—上卡板槽；
7—斜块；8—下卡板槽；9—下卡板；10—炉身；11—销钉和斜楔；12—炉底

（1）炉壳：转炉炉壳要承受耐火材料、钢液和渣液的全部质量，并保持转炉的固定形状；倾动时还要承受扭转力矩作用。炉壳是由普通锅炉钢板或低合金钢板焊接而成。为了适应高温、频繁作业的特点，要求炉壳在高温下不变形，在热应力作用下不破裂，必须具有足够的强度和刚度。目前，炉壳钢板的厚度需根据实际数据来确定和选择。

（2）炉帽：炉帽的形状有截头圆锥形和半球形两种。半球形的炉帽刚度好，但加工复杂；而截头圆锥形炉帽制造简单，但刚度稍差，一般用于30 t以下的转炉。炉帽上设有出钢口，出钢口最好设计成可拆卸式，以便于修理更换；小转炉的出钢口还是直接焊在炉帽上为宜。炉帽受高温炉气、喷溅物的直接热作用，燃烧法净化系统的炉帽还受烟罩辐射热的作用，其温度经常高达300~400 ℃。

（3）炉口：为了维护炉口，普遍采用水冷炉口。这样既可以减少炉口变形、提高炉帽寿命，又能减少炉口结渣，即使结渣也较易清理。水冷炉口有水箱式和埋管式两种结构。水箱式水冷炉口用钢板焊成，在水箱内焊有若干块隔水板，使进入的冷却水在水箱中形成一个回路。隔水板既可增强水冷炉口刚度，也可以避免产生冷却死角。埋管式水冷炉口结构是把通冷却水用的蛇形钢管埋铸于灰口铸铁、球墨铸铁或耐热铸铁的炉口中，这种结构比较安全，也比水箱式水冷炉口寿命长。水冷炉口可用销钉-斜楔与炉帽连接，由于喷溅物的黏结，拆卸时不得不用火焰切割，因此我国中、小型转炉采用卡板连接方式将炉口固定在炉帽上。通常炉帽还焊有环形伞状挡渣护板，可避免或减少喷溅黏结物对于炉体及托圈的烧损。

（4）炉身：炉身一般为圆筒形，是整个炉壳受力最大的部位。转炉的整个质量通过炉身钢板支撑在托圈上，并承受倾动力矩，因此用于炉身的钢板要比炉帽和炉底适当厚些。

（5）炉底：炉底有截锥形和球冠形两种。截锥形炉底的制造和砌砖都较为简便，但其强度不如球冠形炉底好，适用于小型转炉。上修炉方式的炉底采用固定式死炉底，适用于大型转炉；下修炉方式的炉底采用可拆卸活动炉底。可拆卸活动炉底又有大炉底和小炉底之分。

9.5.1.2　氧气顶吹转炉系统的主要附属设备

氧气顶吹转炉系统的主要附属设备如图9-16所示。

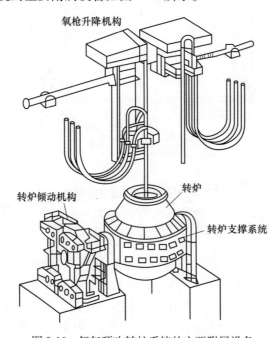

图 9-16　氧气顶吹转炉系统的主要附属设备

（1）托圈与耳轴：它用以支撑炉体和传递倾动力矩的构件，因而它要承受几个方面力的作用：1）要承受炉壳、炉衬、炉液、托圈及冷却水的总质量；2）要承受由于受热不一致，炉体和托圈在轴向所产生的热应力；3）要承受由于兑铁水、加废钢、清理炉口黏钢等不正常操作时所出现的瞬时冲击力。因此对托圈、耳轴的材质，要求冲击韧性要高、焊接性能要好，并具有足够的强度和刚度。

（2）倾动机构：转炉倾动机构是在高温多尘的环境下工作，其特点如下。

1）倾动力矩大，转炉被倾动的质量可达上百吨甚至上千吨，例如，目前最大转炉的公称吨位为350 t，其总质量达1450 t；有的120 t转炉，其总质量为715 t，倾动力矩为2950 t/m；300 t转炉的倾动力矩达6500 t/m。

2）速比大，转炉的倾动速度为0.1~1.5 r/min，因此倾动机构必须具有很高的速比，通常为700~1000。

3）启动、制动频繁，承受较大的动载荷，转炉的冶炼周期最长为40 min左右，需要启动、制动24次之多。如果加上慢速区点动4~5次，则每炼一炉钢，倾动机构启动、制动就要超过30次。

（3）供氧系统：氧气转炉炼钢车间的供氧系统是由制氧机、压氧机、低压储气柜中压储气罐、输氧管、控制闸阀、测量计、氧枪等主要设备组成。

（4）单孔喷嘴：单孔拉瓦尔形喷嘴的结构如图9-17所示。拉瓦尔形喷嘴由收缩段、喉口和扩张段构成。喉口处于收缩段和扩张段的交界，此处的截面积最小，通常把喉口直径称为临界直径，把该处的面积称为临界断面积。单孔拉瓦尔形喷嘴的氧气流股具有较高的动能，对金属熔池的冲击力较大，因而喷溅严重；同时，流股与熔池的相遇面积较小，对化渣不利。单孔喷嘴氧流对熔池的作用力也不均衡，使熔渣和钢液容易发生波动，加剧了熔渣和钢液对炉衬的冲刷和侵蚀。目前，很少采用单孔喷嘴。

（5）多孔喷嘴：多孔喷嘴包括三孔至九孔等多种类型，它们的结构是每个小孔都是拉瓦尔形。现在主要介绍三孔拉瓦尔形喷嘴，结构如图9-18所示。三孔拉瓦尔形喷嘴为三个小拉瓦尔形孔，与中心线呈一夹角 α，称为拉瓦尔形孔的扩张角；三孔以等边三角形分布。氧气分别进入三个拉瓦尔形孔，在出口处获得三股超声速氧气流股。生产实践已充分证明，三孔拉瓦尔形喷嘴有较好的冶金工艺性能。三孔喷嘴的加工制造与单孔喷嘴相比，较为复杂。三孔喷嘴顶面中心部位，即"鼻尖"处，极易黏钢烧毁而形成单孔，所以在喷嘴内三孔之间需开槽通水冷却，做成水内冷三孔喷嘴。为了便于加工，国内外一些厂家把喷嘴分割成几个加工部件，然后焊接组合成内冷喷嘴。这种喷嘴加工方便、使用效果好，适合于大、中型转炉。另外，也应从操作工艺上避免高温钢、化好渣、禁止过低枪位操作等，对减少喷嘴损坏是有益的。

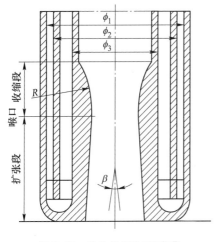

图 9-17　单孔拉瓦尔形喷嘴

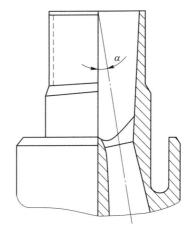

图 9-18　三孔拉瓦尔形喷嘴

（6）多流道氧枪喷嘴：多流道氧枪喷嘴是近年来国内外出现的一种氧枪喷嘴结构，其目的是增加炉气中 CO 燃烧比例，以提高炉温，加大废钢装入比例。多流道氧枪喷嘴又分为单流道和双流道喷嘴。由于普遍采用铁水预处理和顶底复合吹炼工艺，出现入炉铁水温度下降及铁水中放热元素减少等问题，使废钢装入比例减少。尤其是用中、高磷铁水经预处理后冶炼低磷钢种，即使全部使用铁水，也需另外补充热源。此外，使用废钢可以降低炼钢能耗。目前热补偿技术主要有预热废钢、加入发热元素以及炉内 CO 的二次燃烧。显然，CO 的二次燃烧是改善冶炼热平衡、提高废钢装入比例最经济的方法。双流道氧枪喷嘴分主氧流道和副氧流道。主氧流向熔池供氧，用于炉液冶金化学反应，同传统的氧枪喷嘴作用相同。副氧流所供氧气用于炉气的二次燃烧，所产生的热量除快速化渣外，还可加大废钢入炉的比例。

（7）特殊用途的喷嘴：在特殊用途的喷嘴中，以氧-石灰粉喷嘴使用得比较成功，其他特殊用途的喷嘴在氧气转炉中使用极少。

9.5.2　卧式转炉

卧式转炉多用于有色冶金，有卧式侧吹（P-S）转炉和回转式精炼炉两大类。

卧式侧吹（P-S）转炉用于将铜锍吹炼成粗铜、将镍锍吹炼成高冰镍、将贵铅吹炼成金银合金，也可用于铜、镍、铅精矿及铅锌烟尘的直接吹炼。卧式侧吹转炉处理量大、反应速度快、氧利用率高、可自热熔炼，并可处理大量冷料，是铜冶炼中必不可少的关键设备。但卧式侧吹转炉为周期性作业，存在烟气量波动大、SO$_2$ 浓度低、烟气外逸、劳动条件差及耐火材料单耗大等缺点。下面重点介绍卧式侧吹转炉的结构、特点以及今后的发展方向。

回转式精炼炉主要用于液态粗铜的精炼。精炼作业一般有加料、氧化、还原、浇铸四个阶段，产品是为铜电解精炼提供的合格的阳极板，因此回转式精炼炉一般又称回转式阳极炉。

9.5.2.1　卧式侧吹（P-S）转炉的主要结构及特点

目前，铜锍吹炼普遍使用的是卧式侧吹（P-S）转炉，国外有少数工厂采用所谓虹吸式转炉。P-S 转炉除本体外，还包括送风系统、倾转系统、排烟系统、熔剂系统、环集系统、残极加入系统、铸渣机系统、烘烤系统、捅风口装置、炉口清理装置等附属设备。转炉本体包括炉壳、炉衬、炉口、风口、大托轮、大齿圈等部分。图 9-19 为 P-S 转炉的结构图。

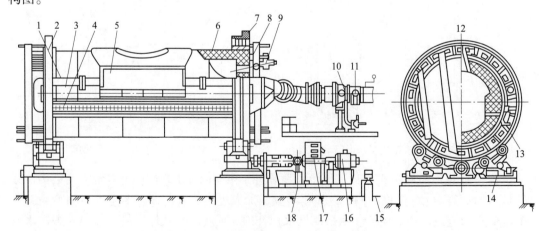

图 9-19　卧式侧吹（P-S）转炉结构图

1—转炉炉壳；2—轮箍；3—U 形配风管；4—集风管；5—挡板；6—衬砖；7—冠状齿轮；8—活动盖；9—石英喷枪；10—填料盒；11—闸；12—炉口；13—风嘴；14—托轮；15—油槽；16—电动机；17—变速箱；18—电磁制动器

A 炉壳及内衬材料

转炉炉壳为卧式圆筒，用 40~50 mm 的钢板卷制焊接而成，上部中间有炉口，两侧焊接弧形端盖、靠近两端盖附近安装有支撑炉体的大托轮（整体铸钢件），驱动侧和自由侧各 1 个。大托轮既能支撑炉体，同时又是加固炉体的结构，用楔子和环形塞子把大托轮安装在炉体上。为适应炉子的热膨胀，预先留有膨胀余量，所以大托轮和炉体始终保持有间隙。大托轮由 4 组托架支撑着，每组托架有 2 个托辊，托架上各个托辊负重均匀。驱动侧的托辊有凸边，自由侧的托辊则没有，炉体的热膨胀大部分由自由侧承担，因而对送风管万向接头的影响减小。托辊轴承的轴套里放有特殊的固态润滑剂，可作为无油轴承使用，并且配有手动润滑油泵，进行集中给油。在驱动侧的托轮旁，用螺栓安装着炉体倾转用的大齿轮。中小型转炉的大齿轮一般是整圈的，可使转炉转动 360°；大型转炉的大齿轮一般只有炉壳周长的 3/4，转炉只能转动 270°。在炉壳内部，多用镁质和镁铬质耐火砖砌成炉衬。炉衬由于受热情况、熔体和气体冲刷的不同，各部位砌筑的材质有所差别。炉衬砌体留有的膨胀砌缝应严实。对于一个外径为 4 m 的转炉，它的炉衬厚度分别为上、下炉口部位 230 mm，炉口两侧 200 mm，圆筒体 400 mm（外衬 50 mm 填料），两端墙 350 mm（外衬 50 mm 填料）。

B 炉口

炉口设于转炉筒体中央或偏向一端，中心向后倾斜，供装料、放渣、放铜、排烟之用。炉口一般为整体铸钢件，采用镶嵌式与炉壳相连接，用螺栓固定在炉口支座上。炉口里面焊有加强筋板。炉口支座为钢板焊接结构，用螺栓安装在炉壳上。炉口上装有钢质护板，使熔体不能接触到安装炉口的螺栓。在炉口的四周安装有钢板制成的裙板，用一个钢板卷成的半圆形罩子将炉口四周的炉体部分罩住，用螺栓固定在炉体及炉口支座上，可以看作是炉口的延伸，作用是保护炉体及送风管路，防止炉内的喷溅物，排渣、排铜时的熔体和进料时的铜锍烧坏炉壳；也可以防止炉后大块结瘤和行车所加冷料等异物的冲击。

现代转炉大都采用长方形炉口。炉口大小对转炉正常操作很重要。炉口过小，会使注入熔体和装入冷料发生困难，炉气排出不畅，使吹炼作业发生困难。当鼓风压力一定时，增大炉口面积，可以减少炉气排出阻力，有利于增大鼓风量以提高转炉生产率。若炉口面积过大，会增大吹炼过程的热损失，也会降低炉壳的强度。炉口面积可按转炉正常操作时熔池面积的 20%~30% 来选取，或按烟气出口速度 8~10 m/s 来确定。

在炉体炉口正对的另一侧有一个配重块，是一个用钢板围成的四方形盒子，内部装有负重物，一般为铁块或混凝土。配重块用螺栓固定在炉体上，配重的作用是让炉子的重心稳定在炉体的中心线上。

我国已成功地采用了水套炉口。这种炉口由 8 mm 厚的锅炉钢板焊成，并与保护板（也称为裙板）焊在一起。水套炉口进水温度一般为 25 ℃ 左右，出水温度一般为 50~70 ℃。实践表明，水套炉口能够减少炉口黏结物，大大缩短了清理炉口的时间，减轻了劳动强度，延长了炉口寿命。

C 风口

在转炉的后侧同一水平线上，设有一排紧密排列的风口，压缩空气由此送入炉内熔体中，参与氧化反应。它由水平风管、风口底座、风口三通、钢球和消声器组成。风口三通（见图 9-20）是一个"Y"形状铸钢管，用 2 个螺栓安装在炉体预先焊好的风口底座上。水平风管是"Y"形状的水平段，通过螺纹与风口三通相连接。钢球装在风口三通的钢球室中。送风时，钢球因风压而压向钢球压环，因而与球面部位相接触，可防止漏风。机械捅风口时，虽然钢钎把钢球捅入钢球室漏风，但钢钎一拔出来，风压又把钢球压向压环，以防漏风。消声器用于消除捅风口时产生的漏风噪声，由消声室、消声块、压缩弹簧和喇叭形压盖组成。

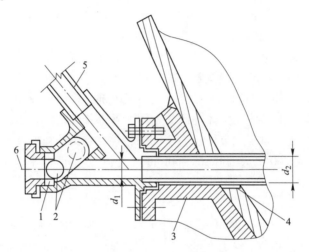

图 9-20　风口盒的结构

1—风口盒；2—钢球；3—风口底座；4—风口管；5—支风管；6—钢钎进出口；

d_1—水平风管内径；d_2—水平风管外径

在炉体的大托轮上，均匀地标有转炉的角度刻度，有一个指针固定在平台上指示角度的数值，操作人员在操作室内可以看到，从而了解转炉转动的角度。一般 0°位置是捅风眼的位置，其他一些重要的角度有 60°为进料和停风的角度；75°~80°为加氧化渣的角度；140°为出铜时摇炉的极限位置。

风口是转炉的关键部位，其直径一般为 38~50 mm。风口直径大，其截面积就大，在同样鼓风压力下鼓入的风量就多，所以采用直径大的风口能提高转炉的生产率；但是当风口直径过大时，容易使炉内熔体喷出。所以转炉风口直径的大小应根据转炉的规格来确定。风口的位置一般与水平面成 3°~7.5°。风口管过于倾斜或风口位置过低，鼓风所受的阻力会增大，将使风压增加，并给清理风口操作带来不便；同时，熔体对炉壁的冲刷作用加剧，影响炉子寿命。在一定风压下，适当增大倾角，有利于延长空气在熔体内的停留时间，从而提高氧的利用率。当风口浸入熔体的深度为 200~500 mm 时，可以获得良好的吹炼效果。

卧式侧吹转炉的优点是：处理量大；熔体搅动强烈，反应速度快，氧利用率高；可充分利于氧、硫等反应热，不需要外加燃料；单位体积热强度大，可处理大量废杂冷料。

卧式侧吹转炉的缺点是：为周期性作业，送风时率（指一个作业周期内的送风时间与周期的比值）低（0.7~0.75）；烟气量波动大，烟气中 SO_2 浓度低，不利于制酸和环保；烟气外逸，工作时喷溅物较多，影响金属回收率，且劳动条件差；耐火材料的单耗大（以生产 1 t 铜计，一般为 3~20 kg）。

9.5.2.2　回转式精炼炉的主要结构

回转式精炼炉主要由炉体、支撑装置和驱动装置三大部分组成，而与其相关的主要设施或设备有各种工艺管道（如燃料、助燃风、氧化剂、还原剂、蒸汽、压缩空气、冷却水的供应等管道）的连接装置、燃料燃烧装置、排烟装置、各种检测及控制设备等。由于回转式精炼炉理论上可在 180°范围内旋转，因此所有与其连接的相关设施均应考虑挠性连接后再铺设刚性设施。回转式精炼炉的结构如图 9-21 所示。

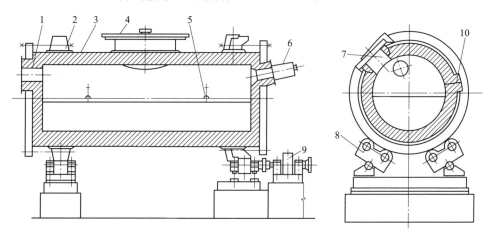

图 9-21　回转式精炼炉的结构

1—排烟口；2—壳体；3—砖砌体；4—炉盖；5—氧化还原口；6—燃烧口；

7—炉口；8—托辊；9—传动装置；10—出铜口

回转式精炼炉的炉体是一个卧式圆筒，壳体用 35~45 mm 的钢板卷成，两端头的金属端板采用压紧弹簧与圆筒连接，在筒体上设有支撑用的滚圈和传动用的齿圈以及铺设的各种工艺管道，壳体内衬有耐火材料及隔热材料。回转式精炼炉的炉体上开有炉口、燃烧口、氧化还原口、取样口、出铜口、排烟口等各种孔口，各种孔口的方位如图 9-22 所示。

筒体的中部开有一个较大的水冷炉口（炉口大小依电解残极尺寸而定）。炉口采用气动（或液动）启闭的炉口盖盖住，只有加料和倒渣时才打开。炉口中心向精炼车间主跨（配有行车）方向（或称炉前方）偏 47°，加料时，可向炉前方回转以配合行车加料（液态粗铜或一定的冷料以及造渣料等），而倒渣前，在炉子底下放有渣包，炉子向炉前方回转倒渣。

在炉口中心线偏向下方 50.5°的部位两侧各设有一个氧化还原口（又称风眼），风眼角为 21°，风眼是套管式结构，外管采用 DN40~50(DN 表示管路的公称口径，或称为公称直径，其数值单位为 mm）的不锈钢管埋设在砖砌体内，内管根据还原剂的种类不同而各有差异。用液体还原剂（如柴油、煤油）的炉子，考虑到还原剂的雾化而需要通入雾化剂，因此其内管又是套管大结构，风眼喷口直径为 20 mm。氧化及还原时将炉体回转，使风眼喷出口深入铜液以下进行氧化还原作业。由于风眼内管是易耗品，氧化还原过程中需要更换，因此结构上要便于装卸。

在炉子的后方（浇铸跨）偏 51°的位置开有一个出铜口，出铜口倾斜角为 38°，纵向

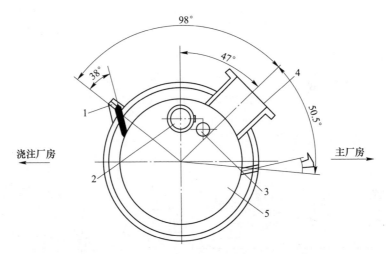

图 9-22　回转式精炼炉炉体上各种孔口的方位图

1—出铜口；2—燃烧口；3—取样口；4—加料倒渣口；5—氧化还原口

布置靠近烧嘴端。炉子的左（或右）端墙设有燃烧口及取样口，燃烧口距回转中心的高度为 800~1100 mm，倾斜角为 5°~10°；取样口在燃烧口的左侧下方。炉子的另一端开有排烟口，排烟口距回转中心的高度与燃烧口一致。燃烧口及排烟口的大小依供热负荷及排烟量而定。炉体上各孔口的方位及偏角与炉子容量无关，但其大小和结构尺寸随容量和工艺条件的不同而有所不同。

炉子内衬 350~400 mm 厚的镁铬质耐火砖，外砌 116 mm 厚的黏土砖，靠近钢壳内表面铺设 10~20 mm 厚的耐火纤维板，砌层总厚度控制在 500 mm 左右。由于风眼区部位的内衬腐蚀较为严重，需要经常修补，因此风眼砖的设计要求采用组合砖型，并便于检修。此外，要求炉壳在风眼区部位开孔的封闭面板应便于装卸。为了减轻回转式精炼炉炉体总重（减少支撑载荷及传动功率），回转式精炼炉的内衬比较薄且不设隔热层，因此壳体表面温度较高（200~250 ℃）。

回转式精炼炉的主要优点是结构简单，炉子容量大，机械化、自动化程度高，可控性强，密封性好以及能耗比较低。缺点是投资高，冷料率低（一般不超过 15%），浇铸初期铜液落差大，精炼渣含铜比较高。回转式精炼炉多用于大型或特大型铜冶炼厂的火法精炼工艺。我国过去采用固定式反射炉进行铜的火法精炼，随着铜冶炼工艺的改进及规模的加大，目前我国采用回转式精炼炉，精炼的阳极铜已达到每年 350 kt 以上，预计今后还会有较大的发展。

9.5.3　卡尔多转炉

卡尔多转炉又称为氧气斜吹转炉或氧气顶吹转炉，其工艺称为 TBRC 法。1957 年，由瑞典的 B. O. Kalling 教授与该国的 Domnarvet 钢厂共同开发出这种用于处理高磷、高硫生铁和废钢的转炉，取名为卡尔多转炉。国内外炼钢曾采用该炉处理高磷、高硫生铁和废钢，其成品质量比平炉钢好。20 世纪 70 年代，卡尔多转炉开始用于冶炼有色金属。瑞典玻利顿金属公司则于 80 年代开始使用倾斜式旋转转炉（卡尔多转炉）直接炼铅。该法的炉料加料喷枪插入口和天然气（或燃料油）、氧气喷枪插入口都设在转炉顶部，炉体可沿纵轴旋转，所以又称为顶吹旋转转炉法。卡尔多转炉由于炉体倾斜而且旋转，增加了液态金属和液态渣的接触，提高了反应速度。由于炉体旋转，炉衬受热均匀、侵蚀均匀，有利于延长炉子寿命。瑞典公司在为时三年的半工业研究之后，于 1976 年开始用卡尔多转炉处理含铅锌烟尘，1978 年建成熔炼铜精矿的工厂。我国金川有色金属公司自 1973 年开始，在 1.5 t 的卡尔多转炉内进行镍精矿和铜精矿（两者均为铜镍高硫分选后的产品）的半工业熔炼实验，基于良好的试验结果，于 80 年代初，建成了容量为 8 t 的生产炉子，取代了原来的反射炉，用于吹炼高镍铜精矿，生产出的铜阳极板含镍低，各项指标远比反射炉好得多，至今一直担负着粗铜的脱镍任务。

卡尔多转炉熔炼是间接操作的，对原料变化适应快。该设备的最大特点是能够处理各种原料，包括复杂铜精矿、氧化矿、各种品位的二次原料、烟灰、浸出渣、废旧金属等。

9.5.3.1　卡尔多转炉的主要结构

卡尔多转炉炉体在一对或两对托轮上设有两个支持托圈，每个托轮由单独的直流电动机驱动，能够带动炉体做绕轴线的旋转运动，如图 9-23 所示。炉体外壳为钢板，内砌铬镁砖，外径为 3600 mm，长为 6500 mm，操作倾角为 28°，新砌炉工作容积为 11 m³，旋转速度为 0.5~30 r/min。炉内衬底砖（125 mm）和工作层砌砖（400 mm）全部用铬镁砖砌筑。全套托轮与驱动装置又被安放在倾动架上，以使炉体以 0.1~1 r/min 的转动速度向前或向后做 360° 的圆周倾动。支撑圈与许多个膨胀元件相连，以保证在炉温发生变化时炉体和支撑圈间的弹性连接，并防止旋转运动中产生的振动传送到驱动机构。由于炉体可以根据工艺要求按不同速度旋转，也可在加料、放渣、出料时前后倾转，使用十分方便。卡尔多转炉熔化物料或吹炼时，炉体处于倾斜位置，一般与水平面呈 17°~23° 的倾角。供热、吹炼用的油氧枪和连续加料管安装在炉口前的活动烟罩上。炉子加料后，倾动至吹炼位置，然后合上烟罩，放下油氧枪和连续加料管，调整不同的氧油比进行熔化或吹炼，必要时可边加料边吹炼。氧枪喷头距熔体面的距离可以根据要求调整。操作结束时，提起油氧

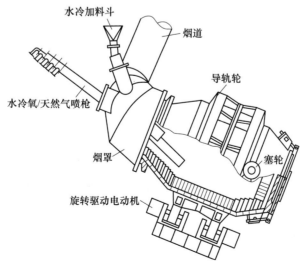

图 9-23　卡尔多转炉示意图

枪及连续加料管，停止供油、供氧、供料，然后打开烟罩，烟罩、喷枪和连续加料管的动作可采用液压传动。

通常精矿由连续加料管加入，较粗的炉料由烟罩内的移动溜槽加入。移开烟罩，倾动炉口至炉前进料位置，由储锍包倒入液体锍，大块冷料也可用吊斗倒入。喷枪一般设置两支，一支是氧气喷枪，多用单孔收缩形喷头；另一支是油氧喷枪，一般做成收缩形或拉瓦尔形。氧气喷枪还能做一定角度内的摆动。炉口用可移动的密封烟气罩来收集炉内烟气经烟道与沉降室后，进入电收尘器。

9.5.3.2 卡尔多转炉的主要特点

在炉子下面的通风坑道内，有两个轨道式抬包车用于装运液体或固体产品。与其他强化熔炼新工艺相比，卡尔多转炉的优点有：(1) 使用工业纯氧的同时运用油氧枪，因而炉子的温度容易调节，操作温度可在大范围内变化，如在 1100~1700 ℃温度下，可完成铜、镍、铅等金属硫化精矿的熔炼和吹炼过程；(2) 由于采用顶吹和可旋转炉体，熔池搅拌充分，加速了气、液、固物料之间的多相反应，具有良好的传质和传热动力学条件，特别有利于金属硫化物（MS）和金属氧化物（MO）之间交互反应的充分进行；(3) 用油或天然气氧枪控制熔炼过程的反应气氛，根据不同熔炼阶段的需要，可以有不同的氧势或还原势；(4) 由于炉子的炉气量少、炉体容积紧凑，因而散热量少，热效率高，在使用纯氧吹炼的条件下，热效率可达到 60% 或更高；(5) 虽然需要复杂的传动机构以及在高温下工作的机电装置，但仍然有较高的作业率，因为炉体体积小、拆卸容易、更换方便，一般设有备用炉体，所以修炉方便、不费时，用吊车更换一个经过烘烤的备用炉体即可，作业率可达到 95% 左右。

卡尔多转炉的缺点是间歇作业，操作频繁；烟气量和烟气成分呈周期性变化；炉子寿命较短；设备复杂，造价较高。

9.6　其他熔炼炉

电炉是一种利用电热效应所产生的热量来进行加热物料的设备，以实现预期的物理、化学变化。由于电炉较易满足某些较严格和较特殊的工艺要求，因此被广泛用于有色金属或合金的冶炼、熔化和热处理，尤其是被广泛地应用于稀有金属和特种钢的冶炼和加工。电炉与其他熔炼炉相比具有的优点有：电热功率密度大，温度、气氛易于准确控制，热利用率高，渣量小，熔炼金属的总回收率高。

按电能转变成热能的方式不同，电炉可分为电阻炉、电弧炉、感应炉、电子束炉、等离子炉五大类，在每大类中，又按其结构、用途、气氛及温度等标准可分成许多小类。

9.6.1　矿热电炉

矿热电炉是靠电极的埋弧电热和物料的电阻电热来熔炼物料的一种电炉，主要类型有铁合金炉、冰铜炉、电石炉、黄磷炉等。

9.6.1.1 矿热电炉的物料熔化原理及过程

矿热电炉中，物料加热和电热转换同时在料层中进行，属于内热源加热，热阻小，热效率高，一般电热效率在60%~80%范围内。物料熔化是电热转换和传热过程的综合效果。电热量虽可被物料充分吸收，但是要靠传热过程传递热量，才能实现工艺要求的物料熔化过程。

按电弧热在总电热量中所占的比例，物料熔化过程可分为下述两种。

（1）以电弧热为主的物料熔化过程。少渣炉就属于这种类型，例如硅铁炉，其料层结构如图9-24所示。上部是散料层，下部是熔体层；熔体层上部是渣层，而下部是硅铁。电极埋在散料层中，它的末端和渣面间产生电弧，形成埋弧空腔。散料层中产生电阻热，上升的热炉气对它对流传热，电弧对它也有辐射传热，因此散料被加热升温；但是散料不允许熔化，否则上部散料结壳，阻碍炉料下降，发生"膨料"故障。被预热的散料下降到渣面附近，受电弧的辐射加热以及电弧通过对流换热（电弧冲击）的加热而熔化。电弧热大部分以辐射和对流的方式直接传给其下的熔体，使其过热，过热熔体向电极径向方向流动，以对流的方式加热下降到渣面处的炉料。

（2）以电阻热为主的物料熔化过程。多渣炉就属于这种类型，图9-25所示的冰铜熔炼炉。炉料（铜精矿与熔剂）从炉顶加料口加入，浮动在渣面上；电极埋入渣层中，电热转换产生的热量主要靠对流传热把炉料加热熔化，熔炼反应后产生冰铜，它的密度较炉渣大，冰铜沉淀汇集于炉底。炉子连续生产，定期从渣口放渣，从冰铜口放出冰铜。

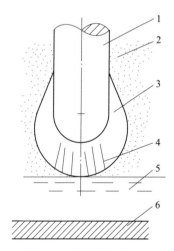

图9-24 硅铁炉中的埋弧
1—电极；2—散料层；3—埋弧空腔；
4—电弧；5—熔体层；6—炭砖层

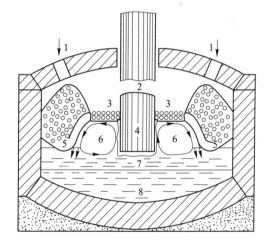

图9-25 冰铜熔炼炉中炉料熔化过程示意图
1—加料口；2—炉膛空间；3—还原剂；4—电极；
5—正在熔化的炉料；6—运动的炉渣；7—静止的炉渣；8—冰铜

9.6.1.2 矿热电炉的结构

矿热电炉一般由炉壳、钢结构、砌体、产品放出装置、加料装置、电极及电极升降和压放装置、导电装置、热工测量装置等组成。图9-26为一种连续作业式铁合金炉的结构简图。

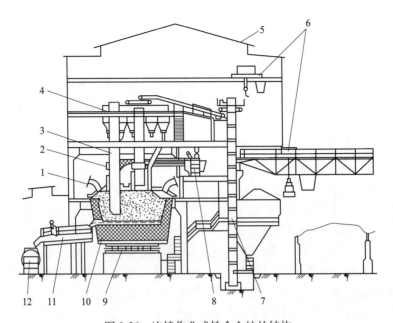

图 9-26　连续作业式铁合金炉的结构

1—出气口；2—导电装置；3—电极；4—加料装置；5—厂房；6—行车；7—装料系统；
8—电炉变压器；9—炉体旋转托架；10—炉体；11—产品放出装置；12—装料桶

9.6.1.3　矿热电炉的用途及特点

在有色金属冶金中，矿热电炉主要用于铜、镍、锡、铅等难熔精矿的熔炼和炉渣的保温等方面。在钢铁冶金中，矿热电炉主要用于钼铁、镍铁、钒铁等高熔点铁合金的熔炼。

矿热电炉熔炼的优点：（1）熔池温度容易调节，能达到较高的温度，在处理难熔矿物时可不配或少配熔剂，渣率较低；（2）炉膛空间温度低，渣线上的炉墙和炉顶可用普通耐火黏土砖砌筑，炉子寿命较长，大修炉龄可达 15 a 以上，且不超过 20 a；（3）电炉熔炼不需要燃料燃烧，因此烟气量较少，若处理硫化矿，则烟气中 SO_2 浓度较高，可制酸，环境保护好；（4）烟气温度低，一般不超过 600~800 ℃，烟气带走的热损失大大减少，热效率高，可达 60%~80%。

矿热电炉熔炼的缺点：（1）供电设备投资费用较昂贵；（2）耗电量大，成本较高；（3）要求炉料含水率一般低于 3%，否则易产生"翻料"及爆炸，恶化劳动条件，物料最好以颗粒或块状入炉，以保证良好的透气性，有利于加速熔炼反应；（4）为了减小熔炼烟气量、缩小烟气处理系统、利于环境保护，矿热电炉应密封良好，尤其是电极孔和加料口等的密封。

为了提高生产率和实现自动化操作，矿热电炉向着大功率、高电压操作的方向发展，并采用计算机控制电炉参数。

9.6.2　电弧炉

电弧炉是利用电弧的电热来熔炼金属的一种电炉。在电弧炉中，存在一个或多个电弧，靠电弧放电作用把电能转变成热能，供给加热熔炼物料所需的热量。由于电弧温度高、电热转变能力大、电热效率高、炉内气氛和炉子操作容易控制，因此电弧炉在工业上应用广泛，特别适合熔炼难熔的材料。

工业上用的电弧炉分为三类：第一类是直接电热式电弧炉，在这类电弧炉中，电弧发生在电极和被熔化的炉料之间，炉料受到电弧的接触（直接）加热，如三相炼钢电弧炉、直流电弧炉和真空自耗炉；第二类是间接电热式电弧炉，在这类电炉中，电弧发生在两根专用的电极棒之间，而炉料只是受到电弧的传热（间接）加热，主要用于铜和铜合金的熔炼，但由于其噪声大、熔炼质量差等缺点，现已被其他熔炼炉所代替；第三类是矿热炉。

9.6.2.1　直流电弧炉

具有工业规模的直流电弧炉于1982年在联邦德国投产，发展迅速，显示了其技术上和经济上的优越性，如节能降耗、节约石墨电极、降低噪声和降低电网闪烁率等。

A　工作原理

直流电弧炉内的电热过程是当两根电极与电源接通时，将两极进行短时间的接触（短路），而后分开，保持一定距离，在两极之间就会出现电弧。这是由于电极接触时，通过的短路电流很大，而电极的接触并非理想的平面接触，实际上仅仅是某些凸起点的接触，在这些接触地方通过大的短路电流，即电流密度很大，很快将接触处加热到较高的温度。电极分开以后，阴极表面产生热电子发射，发射出的电子在电场作用下朝阳极方向运动，在运动中碰撞气体的中性分子，使之电离为正离子和电子。此外，电弧的高温使气体（包括金属的蒸气）发生热电离，电场的作用也使气体电离。产生的带电质点在电场吸引下，电子飞往阳极，正离子飞往阴极，因而使电流通过两极之间的气体。但是由于电子质量轻、体积小，到达阴极的可能性大，因此电弧主要靠电子导电。在此过程中，放出大量的热和强烈的光。

B　直流电弧炉结构

图9-27为直流炼钢电弧炉结构简图，炉子有一通过炉顶中心、垂直安装的石墨电极

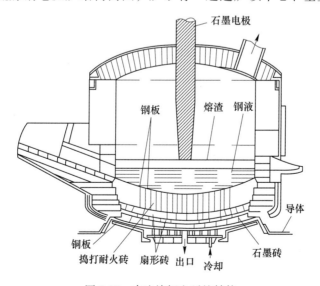

图9-27　直流炼钢电弧炉结构

作为阴极。电极固定在电极夹持器里，而固定电极夹持器的柱子可沿转动台的导辊垂直移动。炉底电极是直流电弧炉的主要结构部件，其冷却槽在炉壳外露出，而控制系统和信号系统可以连续监视炉底电极状况，以保证设备的安全运行。

直流电弧炉装有一根或多根石墨电极和一根或多根炉底电极。石墨电极是阴极，炉底电极是阳极，同时将两电极保持在一条中心线上，以保证良好的导电性能。由于直流电不存在趋肤效应和邻近效应，在石墨电极截面中电流分布均匀，因此电流密度可以取得大些。在电流相同的条件下，直流电弧炉的石墨电极尺寸比交流电弧炉的要小一点。炉底电极的大小为中心电极的 2.5~5 倍。炉底电极的材料，可以是镁炭砖石墨或普通碳钢。底部电极与熔液接触部分将被烧熔，但在每次倒完钢水后，残留在炉膛内的钢水在底部电极凝结成块，而沉积在炉底电极顶端，使之"再生"，为下一炉开炉做准备，因此从"再生"意义上来说，用碳钢比用石墨更具优越性。

目前，各国运行的直流电弧炉的差异主要是炉底电极结构形式。代表性的有法国 CLECIM 公司开发的钢棒式水冷炉底电极，德国 CHH 公司开发的触针式风冷炉底电极，奥地利 DVAI 公司开发的触片式炉底电极，瑞士 ABB 公司开发的导电炉底式风冷炉底电极。

　　C　直流电弧炉特点

与交流电弧炉相比，单电极直流电弧炉的优点有：（1）电弧稳定，因为电流方向始终是一致的；（2）减少了耐火材料的消耗，因为只有位于炉中心的单根电极，所以对炉墙的烧损程度较小；（3）自动调节器只有一相，维修容易，成本可降低 1/3~1/2；（4）短网损耗降低，由电感引起的电耗几乎为零；（5）石墨电极的消耗量减少约 50%。

9.6.2.2　交流电弧炉

三相交流电弧炉是冶炼电炉钢的主要设备。

　　A　电热特点

虽然直流电弧形成的规律对交流电弧的形成也适用，但交流电电源的瞬时电压是变化的，而且三相电极存在相位差，所以交流电弧有自己的特殊规律。当电极供交流电时，由于电源电压的瞬时值随时间周期变化，因此电弧的瞬时电流随时间变化，瞬时功率也随时间变化，是波动的电弧，而且还可能暂时中断，即可能不连续燃弧。电弧可视为一个载流的气体导体，当处于磁场中时将受电磁力的作用，以致产生电弧偏转，其大小和方向符合安培定律。

　　B　交流电弧炉结构

成套炼钢交流电弧炉设备包括电炉本体、主电路设备、电炉控制设备和除尘设备四大部分。炼钢电弧炉的本体主要由炉缸、炉身、炉盖、电极及其升降装置、倾炉机构等几部分构成，如图 9-28 所示。确定炉体的形状与尺寸，是电弧炉设计的一项重要工作。确定炉形尺寸的原则是：首先要满足炼钢工艺要求；其次要有利于炉内热交换，热损失小，能量能得到充分利用；此外，还要有较长的炉衬寿命。交流电弧炉断面形状如图 9-29 所示。

（1）炉缸：炉缸一般采用球形与圆锥形联合的形状，炉缸底为球形，熔池为截头锥形。圆锥侧面与垂线成 45°，球形底面高度 h_p 约为钢液总深度的 20%。球形底部的作用在于熔化初期易于聚集钢液，既可保护炉底，不使电弧直接在炉底燃烧，又可加速熔化，使熔渣覆盖钢液，减少钢液吸收气体。圆锥侧面与垂线成 45° 的作用在于保证出钢时炉体倾动 40°左右，这就可以把钢液出净，并且便于补炉。

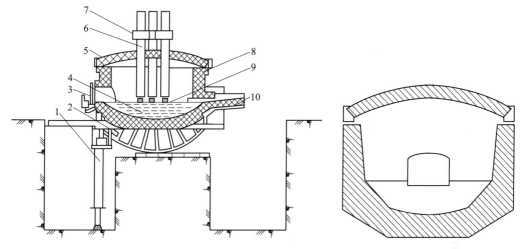

图 9-28 炼钢交流电弧炉示意图

图 9-29 交流电弧炉断面形状图

1—倾炉用液压缸；2—倾炉摇架；3—炉门；4—熔池；5—炉盖；
6—电极；7—电极夹持器；8—炉体；9—电弧；10—出钢槽

（2）炉膛：炉膛一般也是圆锥台形，炉墙倾角为 6°~7°。炉膛倾斜便于补炉，延长炉衬寿命。但倾角过大，会增大炉壳直径，加大热损失，机械装置也要增加。炉膛高度 H_k 是指斜坡平面至炉壳上沿的高度。H_x 要有一定的高度，以避免炉顶过热和二次装料。

（3）电极位置：将 3 根电极经炉顶盖上的电极孔插入炉内，排列成等边三角形，使 3 根电极的圆心在一个圆周上，称为电极极心圆或电极分布圆。电极分布圆确定了电极和电弧在炉中的位置，所以电极分布圆的半径是一个很重要的尺寸。电极分布圆太大，则炉壁的热点处将过热，该部位的炉衬寿命短；过小，则炉壁的冷点处炉温不足，影响冶炼。

（4）炉顶拱度：炉顶很重，例如日产量 50 t 的电弧炉的炉顶质量接近 5 t，有时因拱脚砖被压碎而报废。在生产实际中，炉顶中心部位容易损坏，引起炉顶砖塌落，原因是 3 个电极孔之间，砖的支持力很弱。为防止炉顶砖塌落，炉顶拱高 h 不允许太高。也有采用将 3 个电极孔处的砌砖整体打结成 1 块预制块，或采用水冷、半水冷炉盖的方法。

（5）炉壁：确定炉墙厚度的观点不一，欧洲电弧炉所采用的炉壁较厚，而在美国，即使是大炉子，其壁厚也很少超过 350 mm，小型炉炉壁厚度一般只有 230 mm，并且在砖和炉壳之间不加绝缘层。因为炉壁内表面温度很高，当炉壁厚度超过一定限度时，散热损失减少有限，而耐火材料的用量却很大幅度增加，得不偿失。

（6）炉身结构与炉盖：炉身主要由炉壳、炉衬、出钢槽、炉门等几部分组成。

9.6.2.3 电弧炉的发展趋势

电弧炉的发展趋势是电炉炉容大型化，电炉的高功率操作，富氧操作、喷粉操作等操作方法的进步，由于炉外精炼法（二次精炼）的发展带来的电炉功能的变化，连续铸造法的发展，市场废钢生产量的增加导致再生利用重要性的增大。其中因为超高功率电弧炉具有以下特点，从而备受人们关注。

超高功率电弧炉的技术特点为：（1）炉墙、炉顶耐火砌体需要水冷才能有足够的寿命；（2）为防止炉墙、炉顶过热，采取短弧低功率因数（0.65~0.7）操作；（3）炉子通电时间率（通电时间与全过程时间之比）高，推荐其值不小于0.7；（4）功率利用率（通电时间内，平均有功功率与标称最大有功功率之比）高，推荐其值不小于0.7；（5）和普通功率电炉比较，超高功率电炉生产率大约提高1倍。

9.6.3　感应电炉

感应电炉是利用感应电流在物料内流动过程中产生热量而把物料加热的一种电热设备。

9.6.3.1　感应电炉的分类及用途

感应电炉按频率不同可以分为：（1）高频熔炼炉，熔炼贵重金属和特殊合金，也可以用于熔炼钢、铸铁和有色金属等；（2）中频熔炼炉，熔炼钢、铸铁和有色金属等，也可降低频率和功率作为保温炉；（3）工频熔炼炉，又可分为工频有芯感应炉和工频无芯感应炉。

感应电炉按气氛不同可分为：（1）真空感应电炉，用于耐热合金、磁性材料、电工合金、高强钢等的熔炼及核燃料的制取；（2）非真空感应电炉，见其他标准的非真空感应炉用途。

感应电炉按原理和构造不同可分为：（1）工频有芯感应电炉，其中耐火材料坩埚炉用于熔炼钢、铸铁和有色金属等，也可降低频率和功率作为保温炉，但因炉衬寿命原因较少用于大的炼钢炉，铁坩埚炉主要用于非导磁、低熔点的金属（如铝、镁等的熔炼和保温），短线圈炉用于金属液保温（主要是铸铁保温），必要时可进行少量熔化和合金化；（2）工频无芯感应电炉，用于有色金属（铜、铝、锌等）的熔炼、铸造的保温（多与冲天炉双联作业），也可进行铸铁的熔炼等。

9.6.3.2　感应电热原理

在感应电炉中，用通交流电的感应器产生交变的电磁场，在位于磁场中的导电性物料中产生感应电动势和电流，感应电流在物料内的流动过程中，克服自身的电阻作用而产生热。概括地说，感应电热过程是电变磁、磁变电、电变热的过程，这三个过程同时进行，是个复杂的过程。由于磁路和电路都复杂，难以明确它们的规律，较简明的方法是应用电磁场理论，直接研究导体中磁、电和热转换的规律性。根据能量守恒原理，物料获得的电热功率，等于导体在交变电磁场中吸收的电磁能。

9.6.3.3　工频铁芯感应电炉

图9-30为单相双熔沟立式熔铜有芯感应电炉，有芯感应电炉炉体一般由以下基本构件组成。

（1）铁芯：与变压器的相同，构成闭合导磁体，横截面呈多边形，以减少铁芯与感应器之间的间隙。

（2）感应器（感应电炉的线圈）：有芯感应电炉皆采用工频电源，以减少感应器电损

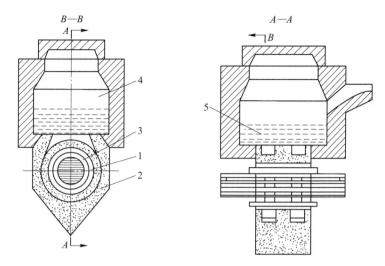

图 9-30 单相双熔沟立式熔铜有芯感应电炉
1—铁芯；2—感应器；3—双熔沟；4—炉膛；5—熔池

耗、提高电效率。感应器宜用内壁加厚的矩形或异形紫铜（纯铜）管绕制。为增大单位长度的功率，感应器可做成双层。

（3）熔沟：它的内衬材料需按熔炼工艺选定，筑炉方法目前多用散状耐火材料捣筑法。熔沟与感应器之间，常设有一不锈钢或黄铜制成的水冷套筒，熔沟内衬捣筑于其表面；套筒的另一个重要作用是保护感应器，若熔沟内衬开裂，可防止熔体漏出烧坏感应器。套筒必须沿轴向断开，避免产生感应电流而消耗电能。熔沟内衬寿命短而炉膛内衬寿命长，因此现代有芯感应电炉的熔沟常制成装配式，通过螺栓与炉壳将熔沟与炉膛连接，熔沟内衬一旦烧坏，可方便更换。

9.6.3.4 工频无芯感应电炉

无芯（坩埚式）感应电炉不存在构成闭合磁路的铁芯，所以俗称为无芯感应电炉，简称无芯炉。又因炉体为耐火材料坩埚，所以也称为坩埚式感应电炉。在有色金属材料生产中，无芯炉广泛用于铜、铝、锌等有色金属及其合金的熔炼；在钢铁工业中，用于合金钢与铸铁的熔炼。

图 9-31 为无芯感应电炉结构简图。无芯感应电炉主要由炉体、炉架、辅助装置、冷却系统和电源及控制系统组成。炉体包括炉壳、炉衬（坩埚）、感应器、磁轭（导磁体）及坚固装置等。被熔化的金属置于坩埚之中，坩埚外有隔热与绝缘层，绝缘层外紧贴感应器（感应线圈），感应器外均匀分布若干磁轭。

（1）坩埚（炉衬）材质：无芯感应电炉坩埚按材质不同可分为耐火材料坩埚和导电材料坩埚。耐火材料坩埚有打结的、浇铸成形的或砌筑的。现用多为打结的，其材质按熔炼工艺要求不同可分为酸性、碱性和中性。导电材料坩埚有铸铁、铸钢、钢板、石墨等。

（2）感应器（感应线圈）：无芯感应电炉的感应器一般为密绕的圆筒形状。

（3）磁轭（导磁体）：磁轭主要起磁引导或磁屏蔽作用，以约束感应器的漏磁通向外散发，从而防止炉壳、炉架及其他金属构架发热；同时，可提高炉子的电效率和功率因

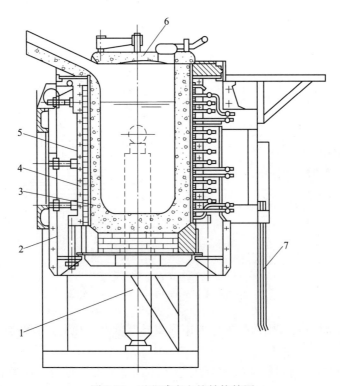

图 9-31　无芯感应电炉结构简图

1—倾炉油缸；2—炉架；3—坩埚；4—导磁体；5—感应线圈；6—炉盖；7—铜排或水冷电缆

数。磁轭由 0.2~0.35 mm 厚的硅钢片叠制而成，一般选择多个磁轭，尽可能均匀地分布在感应器外圆的圆周边上。

9.6.3.5　感应电炉的特点

热量首先到达金属熔池，再传导给熔渣，所以熔渣温度较低。感应电炉为圆柱形的熔池，这决定了坩埚熔炼中有较小的金属-渣比界面积；熔池受到强烈的电磁搅拌，电源频率越低，功率越高，搅拌越强烈，这是限制最大比功率的主要因素；感应炉的加热方式以及比表面小、散热少，所以感应炉的热效率较高；与电弧加热相比，感应加热无热点、无电弧、环境污染较轻且温度均匀；不增碳，不会局部过热，操作简单且合金烧损较少。其缺点是不能进行精炼反应，对炉衬要求较严，容量偏小又不连续生产，所以成本高。

 习　题

9-1　单选题

(1) 瓦纽柯夫炉的主要部件是（　　）。

A. 炉缸、炉墙、隔墙、炉顶、风口、加料口、上升烟道、铜锍和放渣口

B. 由炉基、炉底、炉墙、炉顶、隔墙和内虹吸池及炉体钢结构

C. 固定的炉基部分和转动的炉体部分

D. 由两个支持圈托在一对托轮上带动炉体作绕轴线的旋转运动

查看习题解析

（2）下面叙述是闪速熔炼的突出优点，除了（　　）。

A. 反应所需的热量，大部分或全部来自硫化物本身的强烈氧化放出的热

B. 烟气量小，有利于制酸，环境保护好

C. 床能力高，为 $50 \sim 60$ t/$(m^2 \cdot d)$

D. 渣含 Fe_3O_4 及渣含铜高，炉渣必须贫化

（3）下面是关于电炉的正确叙述，除了（　　）。

A. 电炉是一种利用电热效应所产生的热来加热物料的设备，以实现预期的物理、化学变化

B. 矿热电炉是靠电极的埋弧电热和物料的电阻电热来熔炼物料的一种炉

C. 电弧炉是利用电弧的电热来熔炼金属的一种电炉。电弧炉电路连接分三类：三角形、星形与进端三角形/输出星形

D. 矿热电炉一般由炉壳、钢结构、砌体、产品放出装置、加料装置、电极及电极升降、压放、导电装置、热工测量装置等组成

9-2　思考题

（1）竖炉中什么是"架顶"，为了避免这一现象，可采用什么方法？

（2）简述高炉的结构和各部件的功能。

（3）简述白银炉的结构和各部件的功能。

（4）简述奥斯麦特炉各部件的功能和特点。

（5）简述闪速炉的结构和各部件的要求。

（6）简述氧气顶吹转炉的结构和作业步骤。

（7）简述矿热电炉的结构和各部件的功能。

参 考 文 献

[1] 蒋继穆. 论重有色冶炼设备的发展趋势 [J]. 有色设备，2010 (6)：1-4.

[2] 廖新勤. 我国铝冶炼设备的现状及发展方向 [J]. 有色设备，2010 (6)：5-7.

[3] 坛论文集委员会. 浅谈浓相在氧化铝输送中的高效节能运行 [C]//2007 中国国际铝冶金技术论坛论文集. 北京：冶金工业出版社，2007 (6)：35-37.

[4] 朱云. 冶金设备 [M]. 2 版. 北京：冶金工业出版社，2013.

[5] 王鹏业. 多级离心泵内流与流致噪声特性研究 [D]. 兰州：兰州理工大学，2019.

[6] 李海洋. 龙门刨床数控系统与罗茨鼓风机叶轮型线的研究 [D]. 淄博：山东理工大学，2011.

[7] 姜新喜，范丘林. 一种实用新型往复式液压隔膜泵的探究 [J]. 中国科技纵横，2020 (13)：71-72.

[8] 周永芳，孙梅. 气动隔膜泵的工作特性分析 [J]. 农机使用与维修，2021 (1)：49-50.

[9] 杨世铭，陶文铨. 传热学 [M]. 4 版，北京：高等教育出版社，2006.

[10] 金琦凡，王宏光. 冷却塔评价指标研究与冷却数应用 [J]. 建筑节能，2020 (6)：132-136.

[11] 孟继安. 套管强化换热单元组件及穿透混合旋流高效套管式换热：CN10776409A [P]. 2018-06-19.

[12] 陈琼光，板式换热器板片结构参数对换热性能影响的分析 [D]. 沈阳：东北大学，2016.

[13] 冯燕波，唐文权，陈秀娟. 三座热风炉采用"一烧两送热并联"创新工艺 [J]. 天津冶金，2020 (2)：13-14.

[14] 张军锋，刘庆帅，葛耀君. 子午线型参数对冷却塔结构特性的影响 [J]. 应用力学学报，2020，37 (4)：1597-1606.

[15] 金琦凡，王宏光. 冷却塔评价指标研究与冷却数应用 [J]. 建筑节能，2020，48 (6)：132-138.

[16] 凡刘佳，史玉涛，张烽. 逆流式冷却塔热力性能数值模拟及改进分析 [J]. 能源化工，2020，41 (1)：11-16.

[17] 王亮. 钕铁硼酸溶导流筒搅拌槽三维流场与混合过程的研究分析 [D]. 赣州：江西理工大学，2018.

[18] 曹创. 气体分布器对搅拌釜内气液分散特性的影响 [D]. 武汉：华东理工大学，2013.

[19] 李鹏，王仕博，王华. 底吹熔池氧枪排布对气体振荡射流强化搅拌效果的定量评价 [J]. 中国有色金属学报，2020，30 (7)：1653-1664.

[20] 乔志洪. 一种辊式电磁搅拌装置新型支承托辊结构的研究 [J]. 机电产品开发与创新，2019，32 (4)：52-54.

[21] 訾福宁，谭冠军，林富贵. 双对辊式电磁搅拌装置在板坯连铸机上的应用 [J]. 连铸，2012，32 (4)：29-32.

[22] 汤景明. 第 2 讲：无心炉的炉料、电磁搅拌、允许最大功率及坩埚尺寸的确定 [J]. 工业加热，2000，32 (4)：54-56.

[23] 陈启东，孙越高. 复合型旋流分离器：CN106111360A [P]. 2016-11-16.

[24] 韩伟. 6 m 浓密机结构创新 [J]. 中国新技术新产品，2014 (10)：119.

[25] 张宏钧，陶成强. 过滤分离器结构的优化 [J]. 化工设计通讯，2019，54 (6)：157.

[26] 潘威丞. 紧凑型静电聚结分离器的设计及实验研究 [D]. 北京：北京化工大学，2019.

[27] 陈艳飞，张保玉，乌仁娜. 基于颗粒塑料的摩擦式静电分离器整体性能的废旧电气和电子设备改进 [J]. 绿色科技，2019，54 (4)：171-173.

[28] 刘殿宇. 蒸发器工艺设计计算及应用 [M]. 北京：化学工业出版社，2020.

[29] 李州，秦炜. 液-液萃取 [M]. 北京：化学工业出版社，2013.

[30] 叶庆国，陶旭梅，徐东彦. 分离工程 [M]. 2 版. 北京：化学工业出版社，2017.

[31] 马尚润，朱福兴，李开华. 提高流水线镁电解电解槽使用寿命生产实践 [J]. 有色金属（冶炼部

分），2020（8）：56-58.

[32] 郑正，冯勇，昌克云，等．一种高纯铜生产用电解液循环装置：CN210945808U［P］.2020-07-07.

[33] 张洪亮，田应甫，成海燕，等．一种金属预焙阳极铝电解槽密封槽单：CN208328140U［P］.2019-01-04.

[34] 周廷熙，张勇，钱清．一种铅电解阴极导电棒拔棒机：CN201176460Y［P］.2009-01-07.

[35] 蔡兵，李正中，叶锋．云锡铜业 ISA 电解试生产实践［J］.中国有色冶金，2016（2）：25-27.

[36] 陈德华，郭鑫，叶锋．锌电解自动剥板机在云南某冶炼厂的应用［J］.矿冶，2019，28（3）：94-96.

[37] 何金辉．制钠电解槽结构优化的模拟研究［D］.包头：内蒙古科技大学，2013.

[38] 张朝辉，袁昆鹏，巨建涛．19 m² 竖炉改造及效果［J］.烧结球团，2012，37（6）：51-53.

[39] 李秀敏，张晓林．回转圆筒干燥器主要技术参数的确定［J］.工业炉，2011，33（6）：43-45.

[40] 崔红红．109 m² 沸腾焙烧炉产能释放的浅析［J］.甘肃冶金，2020，42（5）：21-22.

[41] 许良．大型流态化焙烧炉生产能力分析［J］.中国有色冶金，2020（3）：41.

[42] 张小平，李志永，康惠萍，等．回转式精炼炉托辊装置强度分析［J］.太原重型机械学院学报，2003，24（4）：254-255.

[43] 崔慧君．大型回转式铜精炼炉的优化设计［D］.武汉：华中科技大学，2006.

[44] 武汉威林炉衬材料有限责任公司．高炉砌筑技术手册［M］.北京：冶金工业出版社，2006.

[45] 罗银华．富邦富氧侧吹熔炼炉技改实践［J］.中国有色冶金，2014（2）：51-52.

[46] 张小明，袁刘旸，袁唐斌．和鼎侧吹熔炼炉技术改造［J］.有色冶金设计与研究，2019，40（3）：14-16.

[47] 李家合，吴克富．闪速炉反应塔结构与砌筑的探讨［J］.甘肃冶金.2020，42（3）：24-26.